全国一级造价工程师
职业资格考试
考点·精要

建设工程造价案例分析（土木建筑工程、安装工程）

李毅佳　王则诏　编著

中国计划出版社
·北　京·

图书在版编目（CIP）数据

建设工程造价案例分析 / 李毅佳编著. -- 北京 : 中国计划出版社, 2025.8（2025.9重印）. -- （考点·精要）.
ISBN 978-7-5182-1886-8

Ⅰ. TU723.3

中国国家版本馆CIP数据核字第20255YG041号

全国一级造价工程师职业资格考试考点·精要

建设工程造价案例分析(土木建筑工程、安装工程)

JIANSHE GONGCHENG ZAOJIA ANLI FENXI(TUMU JIANZHU GONGCHENG,ANZHUANG GONGCHENG)

李毅佳　王则诏　编著

策划编辑：张　颖　　责任编辑：张　颖

封面设计：韩可斌

中国计划出版社出版发行

网址：www. jhpress. com

地址：北京市西城区木樨地北里甲 11 号国宏大厦 C 座 4 层

邮政编码：100038　电话：(010)63906433(发行部)

北京厚诚则铭印刷科技有限公司印刷

787mm×1092mm　1/16　17 印张　389 千字

2025 年 8 月第 1 版　2025 年 9 月第 3 次印刷

定价：79.00 元

前　言

本书对全国一级造价工程师职业资格考试建设工程造价案例分析科目考试的考核要点进行了系统整理、概括，形成每个题目的解题要点、解题框架、解题易错点等知识精要。本书的编写设计旨在让广大考生在完成精讲学习后，能用最短的时间系统地梳理知识，真正实现做题从“敢下手”到“能上手”的突破。

在题目设置上，编者真正从考生的角度出发，充分考虑备考后期时间紧、任务重的实际情况，对历年真题、教材题目进行改编时，特意保留核心考点并删除冗余信息；针对教材中未包含的高频易错点补充自编题目。这些题目与知识点紧密呼应形成完整体系，力求实现考点、题型的全面覆盖，最大限度地减少重复考题，确保考生高效地完成必要练习。

最后，编者衷心希望各位考生能通过学习本书，在短时间内进行高效复习，达到最好的学习效果，进而顺利通过考试。

编　者

2025 年 8 月

目　　录

第一章　建设项目投资估算与财务评价

一、本章考核要点

本章考核要点见表 1.1。

表 1.1　主要知识点及考核要点

序号	考试大纲要求	考核要点
1	建设项目投资估算	建设项目总投资；固定资产总投资；建设投资；建筑工程费；生产能力指数法；系数估算法；建设期利息；流动资金
2	建设项目财务分析	经营成本；折旧费；摊销费；借款本金偿还；借款利息支出；总成本费用；维持运营投资；增值税；增值税附加税；税前利润；所得税；税后利润；项目债务偿还能力；总投资收益率；资本金净利润；投资现金流量表；资本金现金流量表；财务计划现金流量表；静态投资回收期
3	建设项目不确定性分析与风险分析	盈亏平衡点；敏感度系数；临界点

二、精要·题眼

（一）建设项目投资估算

1. 建设项目总投资

建设项目总投资=固定资产总投资（工程造价）+流动资产投资（流动资金）

2. 固定资产总投资

固定资产总投资=建设投资+建设期利息

3. 建设投资

建设投资=设备购置费+建筑工程费+安装工程费+工程建设其他费+基本预备费+价差预备费

4. 设备购置费

设备购置费=设备原价+设备运杂费

5. 建筑工程费（类似工程预算法）

$$D = A \cdot K$$

$$K = a\% K_1 + b\% K_2 + c\% K_3 + d\% K_4$$

式中：　D——拟建工程成本单价；

A——类似工程成本单价；

K——成本单价综合调整系数；

$a\%$、$b\%$、$c\%$、$d\%$——类似工程预算的人工费、材料费、施工机具使用费、企业管理费占预算成本的比重，如 $a\%$ =类似工程人工费/类似工程预算成本×100%，$b\%$、$c\%$、$d\%$类同；

K_1、K_2、K_3、K_4——拟建工程地区与类似工程预算成本在人工费、材料费、施工机具使用费、企业管理费之间的差异系数，如 K_1 =拟建工程概算的人工费（或工资标准）/类似工程预算人工费（或地区工资标准），K_2、K_3、K_4 类同。

6. 安装工程费

安装工程费=设备原价×安装费率（或者根据题目设定：设备购置费×安装费率）

7. 工程建设其他费

工程建设其他费=土地购置费+其余工程建设其他费

8. 基本预备费

基本预备费=（工程费用+工程建设其他费用）×基本预备费率

9. 价差预备费

$$P = \sum I_t[(1+f)^m(1+f)^{0.5}(1+f)^{t-1}-1]$$

式中：I_t——建设期第 t 年的投资计划额（工程费用+工程建设其他费用+基本预备费）；

f——建设期年均投资价格上涨率；

m——建设前期年限。

10. 生产能力指数法

$$C_2 = C_1\left(\frac{Q_2}{Q_1}\right)^x \cdot f$$

式中：C_1——已建项目静态投资额；

C_2——拟建成类似项目的静态投资额；

Q_1——已建类似项目的生产能力；

Q_2——拟建项目的生产能力；

f——不同时期、不同地点的定额、单价、费用和其他差异的综合调整系数；

x——生产能力指数（案例分析考试中，若题目未给定则默认为 1）。

11. 设备系数法

$$C = E(1 + f_1P_1 + f_2P_2 + f_3P_3 + \cdots + f_nP_n)$$

式中：C——拟建项目的静态投资；

E——拟建项目根据当时当地价格计算的设备购置费；

P_1、P_2、$P_3\cdots P_n$——已建成类似项目中建筑安装工程费用及其他工程费等与设备购置费的比例；

f_1、f_2、$f_3\cdots f_n$——不同建设时间、地点而产生的定额、价格、费用标准等差异的调整系数。

12. 主体专业系数法

$$C = E(1 + f_1 P_1' + f_2 P_2' + f_3 P_3' + \cdots + f_n P_n')$$

式中：C——拟建项目的静态投资；

E——与生产能力直接相关的工艺设备投资；

P_1'、P_2'、P_3'+…P_n'——已建项目中各专业工程费用与工艺设备投资的比重；

f_1、f_2、f_3…f_n——不同建设时间、地点而产生的定额、价格、费用**标准等差异**的调整系数。

13. 类似工程法

$$C = E(1 \times f + f_1 P_1 + f_2 P_2 + f_3 P_3 + \cdots + f_n P_n)$$

式中：C——拟建项目的静态投资；

E——已建项目的设备购置费；

P_1、P_2、P_3…P_n——已建成类似项目中建筑安装工程费用及其他工程费等与设备购置费的比例；

f、f_1、f_2、f_3…f_n——设备购置费、建筑工程费、安装工程费及其他费等由于不同建设时间、地点而产生**费用上涨**系数。

（注：投资估算中无此方法，但案例分析考试进行过考察，与类似工程预算法原理最为相似，故暂名为类似工程法。）

14. 建设期利息

建设期利息=Σ（年初累计借款+本年新增借款÷2）×**贷款有效利率**

$$\textbf{贷款有效利率} = \left(1 + \frac{\text{名义利率}}{\text{计息周期次数}}\right)^{\text{计息周期次数}} - 1$$

15. 流动资金（分项详细估算法）

流动资金=流动资产-流动负债

流动资产=应收账款+预付账款+存货+库存现金

$$\text{应收账款} = \frac{\text{年经营成本(含进项税)}}{\text{应收账款周转次数}}$$

$$\text{预付账款} = \frac{\text{外购商品或服务年费用金额(含进项税)}}{\text{预付账款周转次数}}$$

存货=外购原材料、燃料+其他材料+在产品+产成品

$$\text{外购原材料、燃料} = \frac{\text{年外购原材料、燃料费用}}{\text{分项周转次数}}$$

$$\text{其他材料费} = \frac{\text{年其他材料费用}}{\text{其他材料周转次数}}$$

$$\text{在产品} = \frac{\text{年外购原材料、燃料动力} + \text{年工资及福利费} + \text{年修理费} + \text{年其他制造费用}}{\text{在产品周转次数}}$$

$$\text{产成品} = \frac{\text{年经营成本} - \text{年其他营业费用}}{\text{产成品周转次数}}$$

$$\text{库存现金} = \frac{\text{年工资及福利费} + \text{年其他费用}}{\text{现金周转次数}}$$

年其他费用 = 制造费用 + 管理费用 + 营业费用 -（以上三项费用中所含的工资及福利费、折旧费、摊销费、修理费）

流动负债 = 应付账款 + 预收账款

$$应付账款 = \frac{外购原材料、燃料动力费及其他材料年费用}{应付账款周转次数}$$

$$预收账款 = \frac{预收的营业收入年金额}{预售账款周转次数}$$

16. 流动资金（扩大指标估算法）

年流动资金额 = 年费用基数 × 各类流动资金率

（注：一般常用的基数有营业收入、经营成本、总成本费用和建设投资等。）

（二）建设项目财务分析

1. 税后利润（净利润）

税后利润（净利润）= 税前利润（利润总额）- 所得税

2. 税前利润（利润总额）

税前利润 = 营业收入（不含销项税）- 总成本费用（不含进项税）- 增值税附加 + 补贴收入

3. 营业收入（不含销项税）

营业收入（不含销项税）= 产量 × 不含销项税单价

4. 总成本费用（不含进项税）

总成本费用（不含进项税）= 经营成本（不含进项税）+ 折旧费 + 摊销费 + 利息支出 + 维持运营投资

5. 经营成本（不含进项税）

经营成本 =（经营成本）固定成本 + 可变成本

=（经营成本）固定成本 + 产量 × 单位产品可变成本

6. 固定资产年折旧费

$$折旧费 = \frac{（建设投资形成固定资产部分 - 可抵扣固定资产进项税 + 建设期利息）\times（1 - 残值率）}{固定资产折旧年限}$$

$$= \frac{（固定资产总投资形成固定资产部分 - 可抵扣固定资产进项税）\times（1 - 残值率）}{折旧年限}$$

7. 无形资产（其他资产）摊销费

摊销费 = 建设投资形成无形资产部分 / 摊销年限

8. 还款利息支出

还款利息支出 = 建设投资借款利息 + 流动资金借款利息 + 短期借款利息

9. 建设投资借款利息

建设投资借款利息 = **期初借款余额** × 建设投资借款有效利率

期初借款余额 = 上一年期初借款余额 - **上一年度还借款本金**

（注：运营期第 1 年的期初借款余额为建设期借款本金和建设期利息的和。）

（1）还款方式：等额还本、利息照付（等额本金）。

各年还借款本金 = 运营期初借款余额 / 约定还款年限

（2）还款方式：等额还本付息（等额本息）。

$$\textbf{各年还借款本金}=\textbf{各年还本付息和}-\text{各年偿还建设投资借款利息}$$

$$\textbf{各年还本付息和}=\text{运营期初借款余额}\times\frac{(1+i)^n\times i}{(1+i)^n-1}$$

式中：i——建设投资借款利率；

n——约定还款年限。

（3）还款方式：最大偿还能力还款。

最大偿还能力偿还借款利息＝期初借款余额×有效利率

最大偿还能力偿还借款本金＝折旧费+摊销费+税后利润

（注：案例分析考试中不考虑计提公积金、利润分配，故未分配利润在数值上等同于税后利润，本书直接以税后利润替代未分配利润。）

10. 流动资金借款利息

流动资金借款利息支出＝期初借款余额×流动资金借款有效利率

期初借款余额＝∑本年度及以前年度投入流动资金借款

流动资金借款本金偿还＝∑运营期各年投入流动资金借款

（注：运营期全部流动资金借款本金在项目期末利用回收的流动资金一次性偿还。）

11. 短期借款利息（临时借款利息）：

若“税后利润+折旧费+摊销费”小于该年应还本金，则该年的税后利润全部用于还款，不足部分为该年的资金亏损，并需用短期借款（临时借款）来弥补偿还本金的不足部分。

短期借款利息＝短期借款本金×短期借款有效利率

短期借款本金＝当年应还本金-（税后利润+折旧费+摊销费）

（注：短期借款本金需要在发生的1年期内偿还。）

12. 维持运营投资

（1）资本化处理（计入固定资产原值）：

改造后的折旧费＝改造前折旧费+新增折旧费

$$\text{新增折旧费}=\frac{(\text{维持运营投资}-\text{可抵扣进项税})\times(1-\text{残值率})}{\text{新增固定资产折旧年限}}$$

总成本费用＝经营成本+改造后折旧费+摊销费+利息支出

其中，维持运营投资为零。

（2）费用化处理（列入年度总成本）：

改造后的折旧费＝改造前折旧费

总成本费用＝经营成本+折旧费+摊销费+利息支出+维持运营投资

其中，维持运营投资为当年投入的资金。

13. 增值税

增值税应纳税额＝当期销项税额-当期进项税额-可抵扣固定资产进项税额

式中：当期进项税额——经营成本中包含的进项税；

可抵扣固定资产进项税额——建设投资中包含的进项税。

$$当期销项税额=不含税的销售收入\times销项税税率$$

$$当期进项税额=经营成本固定成本中进项税+经营成本可变成本进项税额$$
$$=经营成本固定成本中进项税+单位产品进项税额\times产量$$

（注：当期销项税额小于当期进项税额（含可抵扣固定资产进项税额）不足抵扣时，其不足部分可以结转下期继续抵扣。）

14. 所得税

$$所得税=应纳税所得额\times所得税率$$
$$=（税前利润-以前年度亏损）\times所得税率$$

15. 偿债能力分析

（1）与应还本金比较：

若“税后利润+折旧费+摊销费”小于该年应还本金，则当年不具备还款能力，该年税后利润全部用于还款，不足部分为该年的资金亏损，并需用临时借款来弥补偿还本金的不足部分。

若“税后利润+折旧费+摊销费：大于或等于该年应还本金，则当年具备还款能力，该年为资金盈余年份。

（2）偿债备付率：

$$偿债备付率=\frac{可用于还本付息的资金}{当期应还本付息的资金}$$
$$=\frac{息税前利润加折旧和摊销-企业所得税}{当期应还本付息的金额}$$
$$=\frac{折旧费+摊销费+税后利润+利息支出}{当期应偿还借款本金+利息支出}$$

16. 总投资收益率

$$总投资收益率=\frac{正常生产年份息税前利润/运营期内年平均息税前利润}{总投资}\times 100\%$$

$$息税前利润=利息支出+税前利润$$

$$总投资=建设投资+建设期利息+流动资金投资$$

17. 资本金净利润率

$$资本金净利润率=\frac{正常生产年份税后利润/运营期内年平均税后利润}{项目资本金}\times 100\%$$

$$项目资本金=建设投资资本金+流动资金资本金$$

18. 投资现金流量表

投资现金流量表见表 1.2。

表 1.2　项目投资现金流量表　　单位：万元

序号	项目	建设期/年	运营期/年					
		1	2	3	4	5	6	7
1	现金流入							

续表1.2

序号	项目	建设期/年	运营期/年					
		1	2	3	4	5	6	7
1.1	营业收入（不含销项税额）							
1.2	销项税额							
1.3	补贴收入							
1.4	回收固定资产余值							
1.5	回收流动资金							
2	现金流出							
2.1	建设投资							
2.2	流动资金投资							
2.3	经营成本（不含进项税额）							
2.4	进项税额							
2.5	应纳增值税							
2.6	增值税附加							
2.7	维持运营投资							
2.8	调整所得税							
3	所得税后净现金流量							
4	累计税后净现金流量							
5	折现系数（10%）							
6	折现后净现金流							
7	累计折现净现金流量							

19. 资本金现金流量表

资本金现金流量表见表1.3。

表1.3　项目资本金现金流量表　　单位：万元

序号	项目	建设期/年	运营期/年					
		1	2	3	4	5	6	7
1	现金流入							
1.1	营业收入（不含销项税额）							
1.2	销项税额							
1.3	补贴收入							
1.4	回收固定资产余值							
1.5	回收流动资金							
2	现金流出							

续表1.3

序号	项目	建设期/年	运营期/年					
		1	2	3	4	5	6	7
2.1	项目资本金							
2.2	借款本金偿还							
2.3	借款利息支付							
2.4	流动资金投资							
2.5	经营成本（不含进项税额）							
2.6	进项税额							
2.7	应纳增值税							
2.8	增值税附加							
2.9	维持运营投资							
2.10	所得税							
3	所得税后净现金流量							
4	累计税后净现金流量							
5	折现系数（10%）							
6	折现后净现金流量							
7	累计折现净现金流量							

20. 财务计划现金流量表

财务计划现金流量表见表1.4。

表1.4　财务计划现金流量表　　单位：万元

序号	项目	计算期/年							
		1	2	3	4	5	6	7	8
1	经营活动净现金流量								
1.1	现金流入								
1.1.1	营业收入								
1.1.2	增值税销项税额								
1.2	现金流出								
1.2.1	经营成本								
1.2.2	增值税进项税额								
1.2.3	增值税								
1.2.4	增值税附加税								

续表1.4

序号	项目	计算期/年							
		1	2	3	4	5	6	7	8
1.2.5	所得税								
2	投资活动净现金流量								
2.1	现金流入								
2.2	现金流出								
2.2.1	建设投资								
2.2.2	流动资金								
3	筹资活动净现金流量								
3.1	现金流入								
3.1.1	项目资本金投入								
3.1.2	建设投资借款								
3.1.3	流动资金借款								
3.2	现金流出								
3.2.1	各种利息支出								
3.2.2	偿还债务本金								
3.2.3	应付利润								
4	净现金流量（1+2+3）								
5	累计盈余资金								

注：**累计盈余资金**=折旧费+摊销费+税后利润−当年应还本金+（当期销项税额−当期进项税额−当期应纳增值税额）。

由于考试时间限制，本公式为造价工程师考试中可以运用的简易公式，运用的前提条件是**不考虑应付利润**。

21. 固定资产余值

固定资产余值=（使用年限−运营期）×年折旧费+残值

残值=固定资产原值×残值率

22. 静态投资回收期

$$静态投资回收期=（累计净现金流量出现正值的年份-1）+\frac{|出现正值年份上年累计净现金流量|}{出现正值年份当年净现金流量}$$

其中，净现金流量为投资现金流量表中的净现金流量。

（注：静态投资回收期一般应从建设期开始计算，有特别约定按特别约定。）

（三）建设项目不确定性分析与风险分析

1. 产量盈亏平衡分析

对于一个建设项目而言，随着产销量的变化，盈利与亏损之间一般至少有一个转折点，我们称这个转折点为盈亏平衡点，在这点上，销售收入与成本费用相等，既不亏损也不盈利。

（1）设问求解法：

设产量盈亏平衡点为 Q。

$$税前利润=Q\times不含税单价-总成本费用固定成本-Q\times不含税单位可变成本-增值税附加税+补贴收入=0$$

式中，增值税附加税应考虑是否发生。产量的变化会影响增值税的变化，若盈亏平衡点的增值税计算值为负值，则当年不缴纳增值税及附加税；若盈亏平衡点的增值税计算值为正值，则：

$$增值税附加=（Q\times不含税单价\times增值税率-Q\times单位产品进项税-当期抵扣的可抵扣固定资产进项税）\times增值税附加率$$

$$总成本费用固定成本=总成本费用-总成本费用可变成本$$

$$总成本费用固定成本=经营成本固定成本+折旧费+摊销费+利息支出+维持运营投资$$

（2）公式法解法：

$$产量盈亏平衡点=\frac{年固定成本}{不含税产品单价-不含税单位产品可变成本-单位产品增值税\times增值税附加税率}$$

2. 敏感性分析

（1）敏感度系数，指项目评价指标变化率与不确定性因素变化率之比。

$$敏感度系数=\frac{评价指标变化率}{不确定因素变化率}$$

（2）临界点，指不确定性因素的变化使项目由可行变为不可行的临界数值，一般采用不确定性因素相对基本方案的变化率或其对应的具体数值表示。临界点可通过敏感性分析图得到近似值，也可采用试算法求解。

三、典型例题

（一）建设项目投资估算

例题 1.1 项目建设期 2 年，运营期 10 年，建设投资资金来源为自有资金和贷款，贷款为 3 000 万元，贷款年利率为 7.2%（按月计息），建设投资贷款部分在建设期内均衡投入。【2016 年真题（节选，改编）】

问题：列式计算建设期利息。（计算过程及结果均保留两位小数。）

答案：

（1）有效利率$=\left(1+\frac{7.22\%}{12}\right)^{12}-1=7.44\%$。

（2）第 1 年建设期贷款利息$=1\,500\times\frac{1}{2}\times7.44\%=55.80$（万元）。

（3）第 2 年建设期贷款利息 = $\left(1\ 555.8+1\ 500\times\frac{1}{2}\right)\times 7.44\%=171.55$（万元）。

（4）建设期利息 = 55.8+171.55 = 227.35（万元）。

例题 1.2　拟建项目占地面积 30 亩，建筑面积 11 000m^2，其项目设计标准、规模与该企业 2 年前在另一城市修建的同类项目相同，已建同类项目的单位建筑工程费用为 1 600 元/m^2，建筑工程的综合用工量为 4.5 工日/m^2，综合工日单价为 80 元/工日，建筑工程费用中的材料费占比为 50%，机械使用费占比为 8%。考虑地区和交易时间差异，拟建项目的综合工日单价为 100 元/工日，材料费修正系数为 1.1，机械使用费用的修正系数为 1.05，人材机以外的其他费用修正系数为 1.08。

根据市场询价，该拟建项目设备投资估算为 2 000 万元。设备安装工程费用为设备投资的 15%。项目土地相关费用按 20 万元/亩计算，除土地外的工程建设其他费用为项目建安工程费的 15%，项目的基本预备费为 5%，不考虑价差预备费。【2016 年真题（节选，改编）】

问题：列式计算拟建项目的建筑工程费用综合调整系数、工程费、工程建设其他费、基本预备费和建设投资。(计算过程及结果均保留两位小数。)

答案：

（1）综合调整系数：

1）人工费占比 = 4.5×80/1 600 = 22.5%。

2）人工费修正系数 = 100/80 = 1.25。

3）人材机以外的其他费用占比 = 1−22.5%−50%−8% = 19.50%。

4）综合差异系数 = 22.5%×1.25+50%×1.1+8%×1.05+19.5%×1.08 = 1.13。

（2）工程费：

1）建筑工程费 = 1 600×1.13×11 000/10 000 = 1 988.80（万元）。

2）设备购置费 = 2 000（万元）。

3）安装工程费 = 2 000×15% = 300（万元）。

4）工程费 = 1 988.80+2 000+300 = 4 288.80（万元）。

（3）工程建设其他费用 = 20×30+（1 988.80+300）×15% = 943.32（万元）。

（4）基本预备费 =（4 288.80+943.32）×5% = 261.61（万元）。

（5）建设投资 = 4 288.8+943.32+261.61 = 5 493.73（万元）。

例题 1.3　按现行价格计算的该项目生产线设备购置费为 720 万元，当地已建同类同等生产规模生产线项目的建筑工程费用、生产线设备安装工程费用、其他辅助设备购置及安装费用占生产线设备购置费的比重分别为 70%、20%、15%。根据市场调查，现行生产线设备购置费较已建项目有 10% 的下降，建筑工程费用、生产线设备安装工程费用较已建项目有 20% 的上涨，其他辅助设备购置及安装费用无变化。拟建项目的其他相关费用为 500 万元（含预备费）。【2018 年真题（节选）】

问题：列式计算拟建项目的建设投资。(计算过程及结果均保留两位小数。)

答案：

建设投资：

（1）建筑工程费=720/（1−10%）×70%×1.2=672.00（万元）。

（2）生产设备安装工程费=720/（1−10%）×20%×1.2=192.00（万元）。

（3）辅助设备购置及安装费=720/（1−10%）×15%=120.00（万元）。

（4）建设投资=720+672+192+120+500=2 204.00（万元）。

例题 1.4 拟建项目 A 建筑面积 4 500m^2。已知已建类似项目的建筑工程费是 3 000 元/m^2，已建项目的人工、材料、机械占建筑工程费的比例分别是 22%，54%，8%。拟建项目的建筑工程费与已建项目建筑工程费相比，同比人工、材料、机械分别增长为 1.2，1.1、1.05；其中综合管理费以人材机为基数计算，较已建项目上涨 10%。拟建项目土地费用为 20 万元/亩，共 8 亩，其他建设费用是建安工程费的 15%，进口设备购置费是 520 万元，其中安装工程费为设备购置费的 20%，基本预备费是 5%，不考虑价差预备费。【2022 年补考真题（节选）】

问题：计算已建类似项目综合管理费率和拟建 A 项目的建设投资。（计算过程及结果均保留两位小数。）

答案：

（1）综合管理费率：

1）已建类似项目综合管理费占比=1−22%−54%−8%=16.00%。

2）已建类似综合管理费率=16%/（22%+54%+8%）=19.05%。

（2）拟建 A 项目的建设投资：

1）建筑工程费=3 000×（22%×1.2+1.1×54%+8%×1.05）×［1+19.05%×（1+10%）］×4 500/10 000=1 538.18（万元）。

2）安装工程费=520×20%=104.00（万元）。

3）建筑安装工程费=1 538.18+104=1 642.18（万元）。

4）工程建设其他费=20×8+1 642.18×15%=406.33（万元）。

5）基本预备费=（1 642.18+406.33+520）×5%=128.43（万元）。

6）建设投资=1 642.18+406.33+520+128.43=2 696.94（万元）。

例题 1.5 某集团公司拟建设 A、B 两个工业项目，A 项目为拟建年产 30 万 t 的铸钢厂，根据调查统计资料提供的当地已建年产 25 万 t 铸钢厂的主厂房工艺设备投资约 2 400 万元。A 项目的生产能力指数为 1。已建类似项目参考资料有：主厂房其他各专业工程投资占工艺设备投资的比例，见表 1.5。项目其他各系统工程及工程建设其他费用占主厂房工程费用的比例，见表 1.6。【教材例题（节选）】

表 1.5 主厂房其他各专业工程投资占工艺设备投资的比例

专业工程	占比
加热炉	0.12
汽化冷却	0.01
余热锅炉	0.04
自动化仪表	0.02
起重设备	0.09

续表1.5

专业工程	占比
供电与传动	0.18
建安工程	0.40

表 1.6 项目其他各系统工程及工程建设其他费用占主厂房工程费用的比例

项目	占比
动力系统	0.30
机修系统	0.12
总图运输系统	0.20
行政及生活福利设施工程	0.30
工程建设其他费	0.20

A 项目建设资金来源为自有资金和贷款，贷款本金为 8 000 万元，分年度按投资比例发放，贷款利率 8%（按年计息）。建设期 3 年，第 1 年投入 30%，第 2 年投入 50%，第 3 年投入 20%。预计建设期物价年平均上涨率 3%，投资估算到开工的时间按一年考虑，基本预备费率为 10%。

问题：(1) 对于 A 项目，已知拟建项目与类似项目的综合调整系数为 1.25，试用生产能力指数法估算 A 项目主厂房的工艺设备投资。

(2) 用系数估算法估算 A 项目的固定资产总投资。

(计算过程及结果均保留两位小数。)

答案：

问题（1）：A 项目主厂房工艺设备投资：

A 项目主厂房工艺设备投资 $= 2\,400 \times \left(\frac{30}{25}\right)^{1} \times 1.25 = 3\,600.00$(万元)。

问题（2）：A 项目的固定资产总投资：

1) 主厂房工程费用 $=3\,600\times(1+12\%+1\%+4\%+2\%+9\%+18\%+40\%)=6\,696.00$（万元）。

2) 工程建设其他费用 $=6\,696\times(30\%+12\%+20\%+30\%+20\%)=7\,499.52$（万元）。

3) 基本预备费 $=(6\,696+7\,499.52)\times10\%=1\,419.55$（万元）。

4) 静态投资 $=6\,696+7\,499.52+1\,419.55=15\,615.07$（万元）。

5) 建设期各年的静态投资额：

第 1 年，$15\,615.07\times30\%=4\,684.52$（万元）。

第 2 年，$15\,615.07\times50\%=7\,807.54$（万元）。

第 3 年，$15\,615.07\times20\%=3\,123.01$（万元）。

价差预备费 $= 4\,684.52 \times [(1+3\%)^{1}(1+3\%)^{0.5}(1+3\%)^{1-1}-1] + 7\,807.54 \times [(1+3\%)^{2}(1+3\%)^{0.5}(1+3\%)^{2-1}-1] + 3\,123.01 \times [(1+3\%)^{3}(1+3\%)^{0.5}(1+3\%)^{3-1}-1] = 1\,151.58$（万元）。

6) A 项目的建设投资 $=15\,615.07+1\,151.58=16\,766.65$（万元）。

7）建设期贷款利息计算：

①第 1 年贷款利息 = （0+8 000×30% ÷2） ×8% =96.00（万元）。

②第 2 年贷款利息 = [（8 000×30% +96） + （8 000×50% ÷2）] ×8% = （2 400+96+4 000÷2） ×8% =359.68（万元）。

③第 3 年贷款利息 = [（2 400+96+4 000+359.68） + （8 000×20% ÷2）] ×8% = （6 855.68+1 600÷2） ×8% =612.45（万元）。

④建设期贷款利息 =96+359.68+612.45=1 068.13（万元）。

8）固定资产总投资 =16 766.65+1 068.13=17 834.78（万元）。

（二）建设项目财务分析

例题 1.6 某拟建项目建设期 2 年，运营期 6 年。建设投资总额 3 540 万元，建设投资预计形成无形资产 540 万元，其余形成固定资产。固定资产使用年限 10 年，残值率为 4%，固定资产余值在项目运营期末收回。无形资产在运营期 6 年中，均匀摊入成本。项目的投资、收益、成本等基础测算数据见表 1.7。

表 1.7 某建设项目资金投入、收益及成本表 单位：万元

序号	项目	年份				
		1	2	3	4	5~8
1	建设投资 其中：资本金 贷款本金	1 200	340 2 000			
2	流动资金 其中：资本金 贷款本金			300 100	400	
3	年产销量/万件			60	120	120
4	年经营成本 其中：可抵扣进项税			1 850 170	3 560 330	3 560 330

建设投资借款合同规定的还款方式为：运营期的前 4 年等额还本，利息照付。借款利率为 6%（按年计息）；流动资金借款利率、短期临时借款利率均为 4%（按年计息）。

流动资金为 800 万元，在项目的运营期末全部收回。

设计生产能力为年产量 120 万件某产品，产品不含税售价为 36 元/件，增值税税率为 13%，增值税附加综合税率为 12%，所得税率为 25%，行业基准收益率为 8%。

行业平均总投资收益率为 10%，资本金净利润率为 15%。

本项目不考虑计提任意盈余公积金、不分配投资者股利。

假定建设投资中无可抵扣固定资产进项税额。

问题：（1）列式计算建设期利息、固定资产年折旧费、无形资产摊销费、固定资产余值。

（2）列式计算项目运营期各年应纳增值税。

（3）列式计算项目运营期第 1 年、第 2 年的偿还银行本金、偿还银行利息、不含进项税总成本费用、税前利润、所得税和税后利润，并判断运营期第 1 年是否满足还款要求。

（4）假定建设投资借款还完的年份为正常年份，列式计算项目总投资收益率和资本金净利润率，并判断项目是否可行。

（5）列式计算项目计算期第 3 年、第 4 年、第 8 年资本金净现金流量。

（计算过程及结果均保留两位小数。）

答案：

问题（1）：

1）建设期利息＝2 000/2×6%＝60.00（万元）。

2）固定资产年折旧费＝（3 540－540+60）×（1－4%）/10＝293.76（万元）。

3）无形资产摊销费＝540/6＝90.00（万元）。

4）固定资产余值＝（10－6）×293.76+（3 540－540+60）×4%＝1 297.44（万元）。

问题（2）：

1）运营期第 1 年应纳增值税＝60×36×13%－170＝110.80（万元）。

2）运营期第 2～6 年应纳增值税＝120×36×13%－330＝231.60（万元）。

问题（3）：

运营期第 1 年：

1）偿还银行本金＝（2 000+60）/4＝515.00（万元）。

2）偿还银行利息支出：

①建设投资借款利息＝（2 000+60）×6%＝123.60（万元）。

②流动资金借款利息＝100×4%＝4.00（万元）。

③利息支出＝123.6+4＝127.60（万元）。

3）不含进项税总成本费用＝（1 850－170）+293.76+90+127.60＝2 191.36（万元）。

4）税前利润＝60×36－2 191.36－110.8×12%＝－44.66（万元）。

5）所得税＝0。

6）税后利润＝－44.66（万元）。

7）用于还本金的资金＝293.76+90+（－44.66）＝339.10（万元）<要求偿还应还本金 515.00 万元，故运营期第 1 年不满足还款要求。

运营期第 2 年：

1）偿还银行本金＝515+（515－339.1）＝690.90（万元）。

2）偿还银行利息支出：

①建设投资借款利息＝（2 060－515）×6%＝92.70（万元）。

②流动资金借款利息＝（100+400）×4%＝20.00（万元）。

③临时借款利息＝（515－339.1）×4%＝7.04（万元）。

④利息支出＝92.7+20+7.04＝119.74（万元）。

3）不含税总成本费用＝（3 560－330）+293.76+90+119.74＝3 733.50（万元）。

4）税前利润＝120×36－3 733.5－231.6×12%＝558.71（万元）。

5）所得税=（558.71-44.66）×25%=128.51（万元）。

6）税后利润=558.71-128.51=430.20（万元）。

问题（4）：

1）总投资收益率（按照运营期第6年为正常年份）：

①利息支出=500×4%=20.00（万元）。

②总成本费用=（3 560-330）+293.76+90+20=3 633.76（万元）。

③税前利润=120×36-3 633.76-231.6×12%=658.45（万元）。

④总投资收益率=（20+658.45）/（3 540+60+800）×100%=15.42%。

总投资收益率15.42%>行业平均总投资收益率为10%，项目可行。

2）资本金净利润率（按照运营期第6年为正常年份）：

①所得税=658.45×25%=164.61（万元）。

②税后利润=658.45-164.61=493.84（万元）。

③资本金净利润率=493.84/（1 540+300）×100%=26.84%。

资本金净利润率26.84%>行业平均资本金净利润率为15%，项目可行。

问题（5）：

1）计算期第3年资本金净现金流量：

①现金流入=60×36×（1+13%）=2 440.80（万元）。

②现金流出=300+515+127.60+1 850+110.8×（1+12%）=2 916.70（万元）。

③净现金流量=2 440.8-2 916.7=-475.90（万元）。

2）计算期第4年资本金净现金流量：

①现金流入=120×36×（1+13%）=4 881.60（万元）。

②现金流出=690.90+119.74+3 560+231.6×（1+12%）+128.51=4 758.54（万元）。

③净现金流量=4 881.6-4 758.54=123.06（万元）。

3）计算期第8年资本金净现金流量：

①现金流入=120×36×（1+13%）+1 297.44+800=6 979.04（万元）。

②现金流出=500+20+3 560+231.6×（1+12%）+164.61=4 504.00（万元）。

③净现金流量=6 979.04-4 504=2 475.04（万元）。

例题1.7 某拟建工业项目的基础数据如下：

（1）建设投资为5 260万元（其中可抵扣进项税260万元），预计全部形成固定资产。建设期2年，运营期8年。

（2）本项目固定资产投资来源为自有资金和贷款。自有资金在建设期内均衡投入；贷款总额为2 000万元，在建设期内每年贷入1 000万元。贷款年利率10%（按年计息）。贷款合同规定的还款方式为：运营期的前4年等额还本付息。固定资产残值300万元，按直线法折旧，折旧年限12年。

（3）企业适用的增值税税率为13%，增值税附加税税率为12%，企业所得税税率为25%。

（4）项目流动资金全部为自有资金。

（5）项目的资金投入、收益、成本费用见表1.8。

表 1.8　建设项目资金投入、收益、成本费用表　　　单位：万元

序号	项目	计算期/年				
		1	2	3	4	5~10
1	建设投资 其中：资本金 贷款本金	 1 630 1 000	 1 630 1 000			
2	营业收入 （不含销项税）			3 300	4 300	4 700
3	经营成本 （不含进项税）			2 500	3 200	3 600
4	经营成本中的进项税			230	290	320
5	流动资产 （现金+应收账款+预付账款+存货）			530	680	760
6	流动负债 （应付账款+预收账款）			90	120	130

（6）本项目不考虑计提任意盈余公积金、不分配投资者股利。【教材例题（改编）】

问题：（1）列式计算建设期贷款利息和运营期年固定资产折旧费。

（2）列式计算项目运营期各年增值税。

（3）列式计算运营期第 1 年、第 2 年不含进项税总成本费用、税前利润、所得税、税后利润、偿债备付率，并说明能否满足还款要求。

（4）列式计算项目的运营期第 2 年的累计盈余资金（无应付利润）。

(计算过程及结果均保留两位小数。)

答案：

问题（1）：

1）建设期贷款利息：

①建设期第 1 年利息＝1 000/2×10%＝50.00（万元）。

②建设期第 2 年利息＝（1 050+1 000/2）×10%＝155.00（万元）。

③合计建设期利息＝50+155＝205.00（万元）。

2）年固定资产折旧费＝（5 260−260+205−300）/12＝408.75（万元）。

问题（2）：

1）运营期第 1 年增值税＝3 300×13%−230−260＝−61.00（万元），当年应纳增值税为 0。

2）运营期第 2 年增值税＝4 300×13%−290−61＝208.00（万元）。

3）运营期第 3~8 年增值税＝4 700×13%−320＝291.00（万元）。

问题（3）：

运营期第 1 年：

1）不含进项税总成本费用：

①利息支出 =（2 000+205）×10% = 220. 50（万元）。

②总成本费用 = 2 500+408. 75+220. 5 = 3 129. 25（万元）。

2）税前利润 = 3 300−3 129. 25 = 170. 75（万元）。

3）所得税 = 170. 75×25% = 42. 69（万元）。

4）税后利润 = 170. 75−42. 69 = 128. 06（万元）。

5）偿债备付率：

①还本付息和 =（2 000+205）×1.1^4×0.1/（1.1^4−1）= 695. 61（万元）。

②偿债备付率 =（220. 5+408. 75+128. 06）/695. 61 = 1. 09。

6）偿债备付率>1，具有还款能力。

运营期第 2 年：

1）不含进项税总成本费用：

①运营期第 1 年还本金 = 695. 61−220. 5 = 475. 11（万元）。

②利息支出 =（2 205−475. 11）×10% = 172. 99（万元）。

③总成本费用 = 3 200+408. 75+172. 99 = 3 781. 74（万元）。

2）税前利润 = 4 300−3 781. 74−208×12% = 493. 30（万元）。

3）所得税 = 493. 3×25% = 123. 33（万元）。

4）税后利润 = 493. 3−123. 33 = 369. 97（万元）。

5）偿债备付率 =（172. 99+408. 75+369. 97）/695. 61 = 1. 37。

6）偿债备付率>1，具有还款能力。

问题（4）：

第 2 年累计盈余资金：

①第 1 年盈余资金 = 408. 75+128. 06−475. 11+（3 300×13%−230）= 260. 70（万元）。

②第 2 年应还本金 = 695. 61−172. 99 = 522. 62（万元）。

③第 2 年盈余资金 = 408. 75+369. 97−522. 62+（4 300×13%−290−208）= 317. 10（万元）。

④第 2 年累计盈余资金 = 260. 7+317. 1 = 577. 80（万元）。

例题 1. 8 某企业投资新建一项目，生产一种市场需求较大的产品。项目的基础数据如下：

（1）项目建设投资估算为 1 600 万元（含固定资产可抵扣进项税 112 万元），建设期 1 年，运营期 8 年。建设投资（不含固定资产可抵扣进项税）全部形成固定资产，固定资产使用年限 8 年，残值率 4%，按直线法折旧。

（2）项目流动资金估算为 200 万元，运营期第 1 年年初投入，在项目的运营期末全部回收。

（3）项目资金来源为自有资金和贷款，建设投资贷款利率为 8%（按年计息），流动资金贷款利率为 5%（按年计息）。贷款合同约定运营期第 1 年按照项目的最大偿还能力还款，运营期第 2~4 年将未偿还款项等额本息偿还。建设投资自有资金和贷款在建设期内均衡投入。

(4) 项目正常年份的设计产能为 10 万件，运营期第 1 年的产能为正常年份产能的 80%。根据目前市场同类产品价格估算的产品不含税销售价格为 65 元/件。

(5) 项目资金投入、收益及成本等基础测算数据见表 1.9。

表 1.9 项目资金投入、收益及成本表 单位：万元

序号	项目	年份					
		1	2	3	4	5	6~9
1	建设投资 其中：自有资金 贷款本金	1 600 600 1 000					
2	流动资金 其中：自有资金 贷款本金		200 100 100				
3	年产销量/万件		8	10	10	10	10
4	年经营成本 其中：可抵扣进项税		240 16	300 20	300 20	300 20	330 25

(6) 该项目产品适用的增值税税率为 13%，增值税附加综合税率为 10%，所得税税率为 25%。

(7) 在建设期贷款利息偿还完成之前，不计提盈余公积金，不分配投资者股利。【教材例题（改编）】

问题：(1) 列式计算项目的建设期贷款利息及年固定资产折旧额。

(2) 列式计算项目运营期第 1 年的增值税、税后利润，项目运营期第 1 年偿还的建设投资贷款本金和利息。

(3) 列式计算项目运营期第 2 年应偿还的建设投资贷款本息额，并通过计算说明项目能否满足还款要求。

(4) 项目运营后期（建设期贷款偿还完成后），考虑到市场成熟和竞争，预估产品单价在 65 元的基础上下调 10%，列式计算运营后期正常年份的资本金净利润率。

(5) 项目资本金现金流量表运营期第 1 年、第 2 年和最后 1 年的净现金流量分别是多少？

(6) 项目财务计划现金流量表运营期第 1 年、第 2 年的净现金流量分别是多少？

(计算过程及结果均保留两位小数。)

答案：

问题（1）：

1) 建设期贷款利息为 = 1 000/2×8% = 40.00（万元）。

2) 年固定资产折旧额 =（1 600−112+40）×（1−4%）/8 = 183.36（万元）。

问题（2）：

1）增值税 = 8×65×13% − 16 − 112 = −60.4 万元<0，所以运营期第 1 年的增值税为 0。

2）税后利润：

①建设投资借款利息 =（1 000+40）×8% = 83.2（万元）。

②流动资金借款利息 = 100×5% = 5.00（万元）。

③利息支出合计 = 83.2+5 = 88.20（万元）。

④总成本费用 = 240−16+183.36+88.2 = 495.56（万元）。

⑤税前利润 = 65×8−495.56−0 = 24.44（万元）。

⑥所得税 = 24.44×25% = 6.11（万元）。

⑦税后利润 = 24.44−6.11 = 18.33（万元）。

3）运营期第 1 年偿还的建设投资借款本金 = 183.36+18.33 = 201.69（万元）。

4）运营期第 1 年偿还的建设投资借款利息 = 83.20（万元）。

问题（3）：

1）运营期第 2 年应偿还的建设投资贷款本息额：

（1 040−201.69）$\times 1.08^3 \times 0.08/(1.08^3-1)$ = 325.29（万元）。

2）运营期第 2 年判断能否满足还款要求：

①偿还建设投资贷款利息 = 838.31×8% = 67.06（万元）。

②偿还建设投资贷款本金 = 325.29−67.06 = 258.23（万元）。

③偿还流动资金贷款利息 = 100×5% = 5.00（万元）。

④总成本费用 = 300−20+183.36+67.06+5 = 535.42（万元）。

⑤增值税 = 65×10×13% −20−60.4 = 4.1（万元）。

⑥税前利润 = 65×10−535.4−4.1×10% = 114.17（万元）。

⑦所得税 = 114.17×25% = 28.54（万元）。

⑧税后利润 = 114.17×（1−25%）= 85.63（万元）。

⑨可供还款资金为 = 183.36+85.63 = 268.99（万元）>偿还本金 258.23 万元，可满足还款要求。

问题（4）：

正常年份资本金净利润率：

①流动资金借款利息 = 100×5% = 5.00（万元）。

②总成本费用 = 330−25+183.36+5 = 493.36（万元）。

③增值税 = 10×65×90%×13% −25 = 51.05（万元）。

④税前利润 = 10×65×90% −493.36−51.05×10% = 86.54（万元）。

⑤所得税 = 86.54×25% = 21.64（万元）。

⑥税后利润 = 86.54−21.64 = 64.90（万元）。

⑦资本金净利润率 = 64.9/（600+100）= 9.27%。

问题（5）：

1）运营期第 1 年资本金净现金流量：

①现金流入 = 65×8×1.13 = 587.60（万元）。

②现金流出=100+201. 69+88. 2+240+6. 11=636. 00（万元）。

③资本金净现金流量=587. 6−636=−48. 40（万元）。

2）运营期第 2 年资本金净现金流量：

①现金流入=65×10×1. 13=734. 50（万元）。

②现金流出=258. 23+72. 06+300+4. 1+4. 1×10%+28. 54=663. 34（万元）。

③资本金净现金流量=734. 5−663. 34=71. 16（万元）。

3）运营期第 8 年资本金净现金流量：

①回收固定资产余值=（1 600−112+40）×4%=61. 12（万元）。

②现金流入=65×90%×10×1. 13+61. 12+200=922. 17（万元）。

③现金流出=100+5+51. 05+5. 11+330+21. 63=512. 79（万元）。

④资本金净现金流量=922. 17−512. 79=409. 38（万元）。

问题（6）：

1）运营期第 1 年财务计划净现金流量：

183. 36+18. 33−201. 69+（8×65×13%−16）=51. 60（万元）。

2）运营期第 2 年财务计划净现金流量：

183. 36+85. 63−258. 23+（65×10×13%−20−4. 1）=71. 16（万元）。

例题 1. 9 某企业拟投资建设一工业项目，生产一种市场急需的产品。该项目相关基础数据如下：

（1）项目建设期 1 年，运营期 8 年。建设投资估算 1 500 万元（含可抵扣进项税 100 万元），建设投资（不含可抵扣进项税）全部形成固定资产，固定资产使用年限 8 年，期末净残值率 5%，按直线法折旧。

（2）项目建设投资来源为自有资金和银行借款。借款总额为 1 000 万元，借款年利率 8%（按年计息），借款合同约定的还款方式为运营期前 5 年等额还本付息。自有资金和借款在建设期内均衡投入。

（3）项目投产当年以自有资金投入运营期流动资金 400 万元。

（4）项目设计产量为 2 万件/年，单位产品不含税销售价格预计为 450 元，单位产品不含税可变成本估算为 240 元，单位产品平均可抵扣进项税估算为 15 元，正常达产年份的经营成本为 550 万元（不含可抵扣进项税）。

（5）项目运营期第 1 年产量为设计产量的 80%，营业收入为达产年份营业收入的 80%，以后各年均达到设计产量。

（6）企业适用的增值税税率为 13%，增值税附加按应纳增值税的 12%计算，企业所得税税率为 25%。【2020 年真题（改编）】

问题：（1）列式计算项目建设期贷款利息和固定资产年折旧额。

（2）列式计算项目运营期第 1 年、第 2 年的企业应纳增值税额。

（3）列式计算项目运营期第 1 年的经营成本、总成本费用。

（4）列式计算项目运营期第 1 年、第 2 年的税前利润，并说明运营期第 1 年项目可用于还款的资金能否满足还款要求。

（5）列式计算项目运营期第 1 年、第 2 年的产量盈亏平衡点（用生产能力利用率表示）。

（计算过程及结果均保留两位小数。）

答案：

问题（1）：

1）建设期贷款利息 = 1 000×1/2×8% = 40.00（万元）。

2）固定资产年折旧额 =（1 500−100+40）×（1−5%）/8 = 171.00（万元）。

问题（2）：

1）运营期第 1 年增值税 = 450×2×80%×13% − 15×2×80% − 100 = −30.40（万元），增值税 = 0。

2）运营期第 2 年增值税 = 450×2×13% − 15×2 − 30.4 = 56.60（万元）。

问题（3）：

1）运营期第 1 年经营成本：

①经营成本固定成本 = 550−240×2 = 70.00（万元）。

②运营期第 1 年经营成本 = 70+240×2×80% = 454.00（万元）。

2）运营期第 1 年总成本费用：

①利息支出 =（1 000+40）×8% = 83.20（万元）。

②运营期第 1 年总成本费用 = 454+171+83.2 = 708.20（万元）。

问题（4）：

1）运营期第 1 年税前利润 = 450×2×80% − 708.2 = 11.80（万元）。

2）运营期第 2 年税前利润：

①运营期前 5 年应偿还本息额 = 1 040×1.08^5×8%/（1.08^5−1）= 260.47（万元）。

②运营期第 1 年偿还本金 = 260.47−83.2 = 177.27（万元）。

③运营期第 2 年利息支出 =（1 040−177.27）×8% = 69.02（万元）。

④运营期第 2 年总成本费用 = 550+171+69.02 = 790.02（万元）。

④运营期第 2 年税前利润 = 450×2−790.02−56.60×12% = 103.19（万元）。

3）运营期第 1 年能否满足还款要求：

用于还本金资金 = 8.85+171 = 179.85（万元）>当年应还本金 177.27 万元，运营期第一年可以满足还款要求。

问题（5）：

1）运营期第 1 年产量盈亏平衡点：

①运营期第 1 年总成本费用固定成本 = 70+171+83.2 = 324.20（万元）。

②设运营期第 1 年产量为 Q_1：

450Q−（324.2+240Q）= 0

解得：Q = 1.54 万件。

③生产能力利用率盈亏平衡点 = 1.54/1.6×100% = 96.25%。

2）运营期第 2 年产量盈亏平衡点：

①运营期第 2 年总成本费用固定成本 = 70+171+69.02 = 310.02（万元）。

②设运营期第 2 年产量为 Q，增值税为正值：

450Q−（310.02+240Q）−（450Q×13%−15Q−30.4）×12% = 0

解得：$Q=1.50$ 万件。

③验算增值税：$450\times1.5\times13\%-15Q-30.4=34.85$（万元），假设正确。

④生产能力利用率盈亏平衡点 = 1.5/2×100% = 75.00%

例题 1.10 某企业投资新建一项目，生产一种市场需求较大的产品。项目的基础数据如下：

（1）该项目的建设投资估算为 1 600 万元（含可抵扣进项税 120 万元），建设期 1 年，运营期 8 年，建设投资全部形成固定资产，固定资产使用年限 8 年，残值率 4%，按直线法折旧。

（2）项目流动资金估算为 200 万元，运营期第 1 年年初投入，在运营期末全部回收。

（3）项目资金来源为自有资金和贷款，贷款 1 000 万用于建设投资，建设投资贷款利率为 8%（按年计息）；贷款 100 万用于流动资金投资，流动资金贷款利率为 5%（按年计息）。建设投资贷款的还款方式为运营期前 4 年等额还本付息；流动资金在项目期末还本。

（4）项目正常年份的设计产能为 10 万件，单位产品不含税销售价格预计为 60 元，正常年份的经营成本 300 万元（其中可抵扣进项税 20 万元）。企业适用的增值税税率为 13%，增值税附加按应纳增值税的 10% 计算，企业所得税税率为 25%。

（5）运营期第 1 年为正常年份产能的 80%，该年营业收入和经营成本均为正常年份的 80%，以后各年均达到设计产能。【经典例题（自编）】

问题：（1）列式计算项目的建设期贷款利息及年固定资产折旧额。

（2）列式计算项目运管期第 1、2 年的增值税、税前利润、所得税、税后利润。

（3）若企业希望项目运营期第 1 年不借助其他资金来源能够满足建设投资贷款还款要求，产品的不含税销售单价至少应确定为多少？

（4）项目运营后期（建设期贷款偿还完成后），列式计算运营后期正常年份的资本金净利润率。

（计算过程和结果数据有小数的，保留两位小数。）

答案：

问题（1）：

1）建设期贷款利息 = 1 000/2×8% = 40.00（万元）。

2）固定资产折旧额 =（1 600−120+40）×（1−4%）/8 = 182.40（万元）。

问题（2）：

运营期第 1 年：

1）增值税 = 60×10×80%×13%−20×80%−120 = −73.60（万元）<0，应纳增值税为 0。

2）税前利润：

①建设投资借款利息支出 = 1 040×8% = 83.20（万元）。

②流动资金借款利息支出 = 100×5% = 5.00（万元）。

③总成本费用 =（300−20）×80%+182.4+83.2+5 = 494.60（万元）。

④税前利润 = 60×10×80%−494.6 = −14.60（万元）。

3）所得税 = 0。

4）税后利润 = −14.60（万元）。

运营期第 2 年：

1）增值税 = 60×10×13% −20−73.60 = −15.60（万元）<0，应纳增值税为 0。

2）税前利润：

①运营期第 1 年建设投资还款本利和 = 1 040×1.08^4×8%/（1.08^4−1）= 314.00（万元）。

②运营期第 1 年建设投资还本金 = 314−83.2 = 230.80（万元）。

③建设投资借款利息支出 =（1 040−230.8）×8% = 64.74（万元）。

④流动资金借款利息支出 = 100×5% = 5.00（万元）。

⑤总成本费用 =（300−20）+182.4+64.74+5 = 532.14（万元）。

⑥税前利润 = 60×10−532.14 = 67.86（万元）。

3）所得税 =（67.86−14.6）×25% = 13.32（万元）。

4）税后利润 = 67.86−13.32 = 54.54（万元）。

问题（3）：

1）满足还款要求需要的税后利润 = 230.8−182.4 = 48.40（万元）。

2）设不含税的单价为 P，单价为 P 时增值税为负值。

（10×80%×P−494.6）×（1−25%）= 48.40（万元）。

P = 69.89（元/件）。

3）验算：增值税 = 69.89×10×80%×13% −20×80% −120 = −63.31（万元）<0，假设成立。

问题（4）：

正常年份资本金净利润率：

①流动资金借款利息 = 100×5 = 5.00（万元）。

②总成本费用 = 280+182.4+5 = 467.40（万元）。

③增值税 = 60×10×13% −20 = 58.00（万元）。

④税前利润 = 60×10−467.4−58×10% = 126.80（万元）。

⑤所得税 = 126.8×25% = 31.70（万元）。

⑥税后利润 = 126.8−31.70 = 95.10（万元）。

⑦资本金净利润率 = 95.1/（600+100）= 13.59%。

例题 1.11　某新建建设项目的基础数据如下：

（1）项目建设期 2 年，运营期 10 年，建设投资 3 600 万元（可抵扣进项税 100 万元），除可抵扣进项税外的建设投资预计全部形成固定资产。

（2）项目建设投资的资金来源为自有资金和贷款，贷款为 2 000 万元，贷款年利率为 6%，贷款合同约定：运营期第 1 年按照项目的最大偿还能力还款，运营期 2~5 年将未偿还款项按等额还本付息偿还。建设投资贷款部分在建设期内均衡投入。

（3）项目固定资产使用年限为 10 年，残值率为 5%，采用直线法折旧。

（4）流动资金 250 万元由项目自有资金在运营期第 1 年投入。

（5）运营期正常年份含税营业收入为 950 万元，含税经营成本为 300 万元（可抵扣进项税为 20 万元），所得税税率为 25%，增值税为 13%，增值税附加为 12%。

（6）运营期第 1 年达到设计产能的 80%，该年营业收入、经营成本均为正常年份的

80%，以后各年均达到设计产能。

（7）建设投资中的进项税第一年抵扣比例为60%，第二年抵扣比例为40%。在建设期贷款偿还完成之前，不计提盈余公积金，不分配投资者股利。【经典例题（自编）】

问题：（1）列式计算项目建设期的贷款利息。

（2）列式计算项目运营期第1年偿还的贷款本金和利息。

（3）列式计算项目运营期第2年应偿还的本息额，并通过计算说明能否满足还款要求。

（4）在项目资本金现金流量表中，列项计算运营期第1年的净现金流量是多少万元？（计算结果有小数的，保留两位小数。）

答案：

问题（1）：

建设期第1年贷款利息=1 000/2×6%=30.00（万元）。

建设期第2年贷款利息=（1 030+1 000/2）×6%=91.80（万元）。

建设期贷款利息=30.00+91.80=121.80（万元）。

问题（2）：

1）运营期第1年偿还的贷款利息=（2 000+121.80）×6%=127.31（万元）。

2）运营期第1年偿还的贷款本金：

①折旧费=（3 600−100+121.8）×（1−5%）/10=344.07（万元）。

②总成本费用=（300−20）×80%+344.07+127.31=695.38（万元）。

③增值税=672.57×13%−20×80%−100×60%=11.43（万元）。

④不含税的收入=950/（1+13%）×80%=672.57（万元）。

⑤税前利润=672.57−695.38−11.43×12%=−24.18（万元）。

⑥税后利润=−24.18（万元）。

⑦偿还贷款本金=344.07+（−24.18）=319.89（万元）。

问题（3）：

1）运营期第2年偿还本息额=（2 000+121.80−319.89）$\times 1.06^4 \times 6\% /(1.06^4 - 1)$=520.02（万元）。

2）说明能否满足还款要求：

①运营期第2年偿还的贷款利息=（2 000+121.80−319.89）×6%=108.11（万元）。

②总成本费用=（300−20）+344.07+108.11=732.18（万元）。

③增值税=840.71×13%−20−100×40%=49.29（万元）。

④不含税的收入=950/（1+13%）=840.71（万元）。

⑤税前利润=840.71−732.18−49.29×12%=102.62（万元）。

⑥所得税=（102.62−24.18）×25%=19.61（万元）。

⑦税后利润=102.62−19.61=83.01（万元）。

⑧运营期第2年偿还的贷款本金=520.02−108.11=411.91（万元）。

⑨用于还本金资金=344.07+83.01=427.08（万元）>应还贷款本金=411.91万元，满足还款要求。

问题（4）：

现金流入 = 950×80% = 760.00（万元）。

现金流出 = 250+319.89+127.31+300×80% +11.43+11.43×12% = 950.00（万元）。

净现金流量 = 760−950 = −190.00（万元）。

例题 1.12 某企业拟投资建设一个生产市场急需产品的工业项目。该项目建设期 1 年，运营期 8 年。项目投产第一年可获得当地政府扶持该产品生产的补贴收入 100 万元。项目建设的其他基本数据如下：

（1）项目建设投资估算 1 000 万元，预计全部形成固定资产（包含可抵扣固定资产进项税额 80 万元），固定资产使用年限 10 年，按直线法折旧，期末净残值率 4%，固定资产余值在项目运营期末收回；投产当年需要投入运营期流动资金 200 万元。

（2）正常年份年产量为 10 万件，单位产品不含税销售价格预计为 60 元，经营成本为 350 万元（其中进项税额为 25 万元）。

（3）投产第一年仅达到设计生产能力的 80%，营业收入、经营成本及其所含进项税额均为正常年份的 80%；以后各年均达到设计生产能力。

（4）企业适用的增值税税率为 13%，增值税附加按应纳增值税的 10% 计算，企业所得税税率为 25%。行业所得税后基准收益率为 10%，基准投资回收期为 6 年，企业投资者可接受的最低所得税后收益率为 15%。

（5）运营第 3 年，需要花费 50 万元（无可抵扣进项税额）更新新型自动控制设备配件，维持以后的正常运营，该维持运营投资按当期费用计入年度总成本。【教材例题（改编）】

问题：（1）列式计算项目运营期各年应纳增值税额和调整所得税，并完成拟建项目投资现金流量表的编制，见表 1.10。

表 1.10 项目投资现金流量表 单位：万元

序号	项目	建设期/年	运营期/年				
		1	2	3	4	5~8	9
1	**现金流入**						
1.1	营业收入（不含销项税）						
1.2	销项税额						
1.3	补贴收入						
1.4							
1.5							
2	**现金流出**						
2.1	建设投资						
2.2							
2.3	经营成本（不含可抵扣进项税）						
2.4	进项税额						

续表1.10

序号	项目	建设期/年	运营期/年				
		1	2	3	4	5~8	9
2.5	应纳增值税						
2.6	增值税附加						
2.7	调整所得税						
2.8	维持运营投资						
3	**税后净现金流量**						

（2）列式计算项目的静态投资回收期、财务净现值。

（3）已知折现率为17%、18%对应的财务净现值分别为13.52万元、-20.03万元，使用插值法确定项目财务内部收益率。

（4）假定运营期第4~8年为正常年份，列式计算项目总投资收益率。

（计算过程及结果保留两位小数。）

答案：

问题（1）：

1）应纳增值税：

①运营期第1年应纳增值税=10×60×80%×13%-25×80%-80=-37.60（万元）。

②运营期第2年应纳增值税=10×60×13%-25-37.6=15.40（万元）。

③运营期第3~8年应纳增值税=10×60×13%-25=53.00（万元）。

2）调整所得税：

①折旧费=（1 000-80）×（1-4%）÷10=88.32（万元）。

②运营期第1年调整所得税：

总成本费用=（350-25）×80%+88.32=348.32（万元）。

税前利润=10×80%×60-348.32+100=231.68（万元）。

调整所得税=231.68×25%=57.92（万元）。

③运营期第2年调整所得税：

总成本费用=（350-25）+88.32=413.32（万元）。

税前利润=10×60-413.32-15.4×10%=185.14（万元）。

调整所得税=185.14×25%=46.29（万元）。

④运营期第3年调整所得税：

总成本费用=（350-25）+88.32+50=463.32（万元）。

税前利润=10×60-463.32-53×10%=131.38（万元）。

调整所得税=131.38×25%=32.82（万元）。

⑤运营期第4~8年调整所得税：

总成本费用=（350-25）+88.32=413.32（万元）。

税前利润=10×60-413.32-53×10%=181.38（万元）。

调整所得税=181.38×25%=45.35（万元）。

3）项目投资现金流量表见表 1.11。

表 1.11　项目投资现金流量表　　单位：万元

序号	项目	建设期/年	运营期/年				
		1	2	3	4	5~8	9
1	**现金流入**	0.00	642.40	678.00	678.00	678.00	1 091.44
1.1	营业收入（不含销项税）		480.00	600.00	600.00	600.00	600.00
1.2	销项税额		62.40	78.00	78.00	78.00	78.00
1.3	补贴收入		100.00				
1.4	回收固定资产余值						213.44
1.5	回收流动资金						200.00
2	**现金流出**	1 000.00	537.92	413.23	491.15	453.65	453.65
2.1	建设投资	1 000.00					
2.2	流动资金投资		200.00				
2.3	经营成本（不含可抵扣进项税）		260.00	325.00	325.00	325.00	325.00
2.4	进项税额		20.00	25.00	25.00	25.00	25.00
2.5	应纳增值税		0.00	15.40	53.00	53.00	53.00
2.6	增值税附加			1.54	5.30	5.30	5.30
2.7	调整所得税		57.92	46.29	32.85	45.35	45.35
2.8	维持运营投资				50.00		
3	**税后净现金流量**	-1 000.00	104.48	264.77	186.85	224.35	637.79

问题（2）：

1）静态投资回收期=（1 000-104.48-264.77-186.85）/224.35+4=5.98（年）。

2）财务净现值=$-1\ 000\times1.1^{-1}+104.48\times1.1^{-2}+264.77\times1.1^{-3}+186.85\times1.1^{-4}+224.35\times1.1^{-5}+224.35\times1.1^{-6}+224.35\times1.1^{-7}+224.35\times1.1^{-8}+637.79\times1.1^{-9}$=260.02（万元）。

问题（3）：

设项目财务内部收益率为 F。

$(F-17\%)/13.52=(18\%-F)/20.03$。

$F=17.40\%$。

问题（4）：

总投资收益率=181.38/（1 000+200）=15.12%。

例题 1.13　某企业投资建设一个工业项目，生产运营期 10 年，于 5 年前投产。该项目固定资产投资总额 3 000 万元（不含可抵扣进项税），全部形成固定资产，固定资产使用年限 10 年，残值率 5%，直线法折旧。

目前，项目建设期贷款已偿还完成，建设期可抵扣进项税已抵扣完成，处于正常生产年份。正常生产年份的年销售收入为920万元（不含销项税），年经营成本324万元（含可抵扣进项税24万元）。

项目运营期第一年投入流动资金200万元，增值税13%，增值税附加12%，企业所得税25%。为了提高生产效率，降低生产成本，企业拟开展生产线智能化，数字化改造且改造后企业可获得政府专项补贴支持，具体相关经济数据如下：

（1）改造工程建设投资800万（含可抵扣进项税60万元），全部形成新增固定资产，新增固定资产使用年限同原固定资产剩余使用年限，残值率、折旧和原固定资产相同，改造工程建设投资由企业自有资金投入。

（2）改造工程在项目运营期第6年（改造年）年初开工，2个月完工，达到可使用状态，并投产使用。

（3）改造年的产能、销售收入、经营成本按改造前正常年份的数值计算，改造后第2年（即运营期第7年）开始，项目产能提升20%，且增加的产能被市场完全吸收，同时由于改造提升了原材料等利用效率，使经营成本及可抵扣进项税均降低10%，所需流动资金比改造前降低30%。

（4）改造后第2年，企业获得当地政府给予的补贴收入100万元（不收增值税）。【2022年真题】

问题：（1）列式计算项目改造前正常年份的应缴增值税、总成本费用、税前利润及企业所得税。

（2）列式计算项目改造年和改造后第2年应缴增值税和企业所得税。

（3）以政府视角计算由于项目改造引起的税收变化总额（仅考虑增值税和企业所得税）。

（4）遵循“有无对比”原则，列式计算改造后正常年份的项目投资收益率。（改造工程建设投资按改造年初一次性投入考虑，改造年的新增固定资产折旧按整年考虑）

（计算过程和计算结果均保留两位小数。）

答案：

问题（1）：

改造前正常年份：

1）应纳增值税＝920×13%－24＝95.60（万元）。

2）总成本费用：

①折旧费＝3 000×（1－5%）/10＝285.00（万元）。

②总成本费用＝（324－24）＋285＝585.00（万元）。

3）税前利润＝920－585－95.6×12%＝323.53（万元）。

4）企业所得税＝323.53×25%＝80.88（万元）。

问题（2）：

1）改造年应纳增值税＝920×13%－24－60＝35.60（万元）。

2）改造年企业所得税：

①折旧费＝285＋（800－60）×（1－5%）/5＝425.60（万元）。

②总成本费用＝（324－24）＋425.60＝725.60（万元）。

③税前利润＝920－725.60－35.6×12%＝190.13（万元）。

④企业所得所得税=190.13×25%=47.53（万元）。

3）改造后第2年应纳增值税=920×（1+20%）×13%−24×（1−10%）=121.92（万元）。

4）改造后第2年企业所得税：

①总成本费用=（324−24）×（1−10%）+425.60=695.60（万元）。

②税前利润=920×（1+20%）−695.6−121.92×12%+100=493.77（万元）。

③所得税=493.77×25%=123.44（万元）。

问题（3）：

1）不改造后5年税收：

①增值税合计=95.6×5=478.00（万元）。

②所得税合计=80.88×5=404.40（万元）。

③合计税收=478+404.40=882.40（万元）。

2）改造后后5年税收：

①增值税合计=35.60+121.92×4=523.28（万元）。

②第8～10年税前利润=920×（1+20%）−695.6−14.63=393.77（万元）。

③第8～10年所得税=393.77×25%=98.44（万元）。

④所得税合计=47.53+123.44+98.44×3=466.29（万元）。

⑤合计税收=523.28+466.29=989.57（万元）。

3）税收增加额=989.57−882.4=107.17（万元）。

问题（4）：

改造后正常年份：

1）息税前利润增加额=393.77−323.53=70.24（万元）。

2）总投资增加额=800−200×30%=740.00（万元）。

3）（增量）总投资收益率=70.24/740=9.49%。

例题1.14 某企业拟投资建设一工业项目，生产一种市场急需的产品。融资前分析的该项目相关基础数据如下：

（1）建设投资2 200万元（可抵扣进项税140万元），项目建设期1年，运营期8年，建设投资预让全部形成固定资产，固定资产使用年限为8年，残值率10%，直线法折旧。

（2）投产当年需要投入运营期流动资金200万元，运营期期末收回。

（3）项目正常年份的设计产能为5 000件/年，经营成本1 200万元（其中可抵扣进项税为80万元），单位产品可变成本估算为2 150元（其中可抵扣进项税为150元）。

（4）根据市场调查和预测，不含税销售价格为3 500～4 000元/件。若定价为3 500元/件，则市场竞争力较强，设计产能足额利用，运营期第1年即可达到设计产能；若定价为4 000元/件，以销量定产量，每年为设计产能的80%。

（5）增值税为13%，增值税附加为12%，所得税税率为25%，行业普遍可接受的总投资收益率为15%。【2024年真题】

问题：（1）若定价为3 500元/件，列式计算项目运营期第1年、第2年应纳增值税额和运营期第1年、第8年的调整所得税，并完成拟建项目投资现金流量表的编制，见表1.12。

表 1.12　项目投资现金流量表　　单位：万元

序号	项目	建设期	运营期/年		
		1	2	3~8	9
1	**现金流入**			……	
1.1	营业收入（不含销项税）			……	
1.2	销项税额			……	
1.3	回收固定资产余值			……	
1.4	回收流动资金			……	
2	**现金流出**			……	
2.1	建设投资			……	
2.2	流动资金投资			……	
2.3	经营成本（不含可抵扣进项税）			……	
2.4	进项税额			……	
2.5	应纳增值税			……	
2.6	增值税附加			……	
2.7	调整所得税			……	
3	**税后净现金流量**			……	

（2）列式计算市场价格为 3 500 元/件和 4 000 元/件时，正常年份息税前利润（EBIT）各为多少？哪种单价的总投资收益率较低？较低的总投资收益率是多少？是否能达到行业普遍可接受的总投资收益率？

（3）计算不利定价下（总投资收益率较低）的产量盈亏平衡点。若投资人要求项目正常年份产量盈亏平衡点需小于设计产能的60%，判断该项目的可行性。（计算产量盈亏平衡点时不考虑增值税附加的影响）

（以万元为单位，计算过程和结果均保留两位小数。）

答案：

问题（1）：

1）运营期第 1 年应纳增值税＝3 500×0.5×13%－80－140＝7.50（万元）。

2）运营期第 2 年应纳增值税＝3 500×0.5×13%－80＝147.50（万元）。

3）运营期第 1 年调整所得税：

①折旧费＝（2 200－140）×（1－10%）/8＝231.75（万元）。

②总成本费用＝（1 200－80）+231.75＝1 351.75（万元）。

③税前利润＝3 500×5 000/10 000－1 351.75－7.5×12%＝397.35（万元）。

④调整所得税＝397.35×25%＝99.34（万元）。

4）运营期第 8 年调整所得税：

①税前利润＝3 500×5 000/10 000－1 351.75－147.5×12%＝380.55（万元）。

②调整所得税=380. 55×25% =95. 14（万元）。

5）项目投资现金流量表见表 1. 13。

表 1. 13　项目投资现金流量表　　单位：万元

序号	项目	建设期/年	运营期/年		
		1	2	3~8	9
1	**现金流入**	0	1 977. 50	……	2 383. 50
1. 1	营业收入（不含销项税）		1 750. 00	……	1 750. 00
1. 2	销项税额		227. 50	……	227. 50
1. 3	回收固定资产余值			……	206. 00
1. 4	回收流动资金			……	200. 00
2	**现金流出**	2 200. 00	1 507. 74	……	1 460. 34
2. 1	建设投资	2 200. 00		……	
2. 2	流动资金投资		200. 00	……	
2. 3	经营成本（不含可抵扣进项税）		1 120. 00	……	1 120. 00
2. 4	进项税额		80. 00	……	80. 00
2. 5	应纳增值税		7. 50	……	147. 50
2. 6	增值税附加		0. 90	……	17. 70
2. 7	调整所得税		99. 34	……	95. 14
3	**税后净现金流量**	−2 200. 00	469. 76	……	923. 16

问题（2）：

1）市场价格为 3 500 元/件息税前利润=380. 55（万元）。

2）市场价格为 4 000 元/件息税前利润：

①经营成本中的固定成本=（1 200−80）−（2 150−150）×0. 5=120. 00（万元）。

②经营成本=120+2 000×0. 5×80% =920. 00（万元）。

③总成本费用=920+231. 75=1 151. 75（万元）。

④经营成本固定成本进项税=80−150×0. 5=5. 00（万元）。

⑤当期进项税=5. 00+150×0. 5×80% =65. 00（万元）。

⑥应纳增值税=4 000×0. 5×80% ×13% −65=143. 00（万元）。

⑦息税前利润=4 000×0. 5×80% −1 151. 75−143×12% =431. 09（万元）。

3）息税前利润 380. 55 万元<431. 09 万元，产品定价 3 500 元/件的总投资收益率较低。

4）较低的总投资收益率=380. 55/（2 200+200）= 15. 86%。

5）15. 86%>15%，项目达到行业普遍可接受的总投资收益率水平。

问题（3）：

1）总成本费用固定成本＝120+231.75＝351.75（万元）。

2）设项目不利定价下的产量盈亏平衡点为 Q 万件/年。

3 500Q－（120+231.75+2 000Q）＝0。

解得：Q＝0.23（万件/年）。

3）盈亏平衡点生成能力利润率＝0.23/0.5＝46.00%<60%，项目具有可行性。

例题 1.15 某新建建设项目建设期 1 年，运营期 8 年，基础数据如下：

（1）建设投资 2 500 万元（可抵扣进项税 150 万元），除可抵扣进项税外的建设投资预计全部形成固定资产，项目固定资产使用年限为 8 年，残值率为 5%，采用直线法折旧。

（2）项目建设投资的资金来源为自有资金和贷款，贷款总额为 1 500 万元，贷款年利率为 5%（按年计息），贷款合同约定的还款方式为运营期前 4 年等额还本付息。

（3）流动资金 300 万元由项目自有资金在运营期第 1 年投入。

（4）项目正常年份的设计产能为 5 万件，不含税销售价格为 360 元/件，正常年份的经营成本 1 200 万元（其中可抵扣进项税为 80 万元）。所得税税率为 25%，增值税为 13%，增值税附加为 12%。

（5）运营期第 1 年达到设计产能的 80%，该年营业收入和经营成本均为正常年份的 80%，以后各年均达到设计产能。【2023 年真题】

问题：（1）列式计算项目运营期第 1 年和第 2 年应纳增值税额。

（2）采用不含税费用，计算运营期第 1 年、第 2 年的总成本费用、所得税和税后利润。

（3）运营期第 1 年末的项目累计盈余资金（无应付利润）。

（4）若行业基准收益率为 10%，单价为 360 元/件时的资本金现金流的净现值为 610 万元；产品单价上涨 10% 后，项目资本金现金流的净现值为 1 235 万元。在保证项目可行的前提下，试计算单价下浮的临界百分比为多少？

（计算结果以万元为单位，小数点后保留两位。）

答案：

问题（1）：

运营期第 1 年应纳增值税＝360×5×80%×13%－80×80%－150＝－26.80（万元），应纳增值税为 0。

运营期第 2 年应纳增值税＝360×5×13%－80－26.80＝127.20（万元）。

问题（2）：

1）运营期第 1 年总成本费用：

①建设期利息＝1 500/2×5%＝37.50（万元）。

②折旧费＝（2 500+37.5－150）×（1－5%）/8＝283.52（万元）。

③利息支出＝（1 500+37.5）×5%＝76.88（万元）。

④总成本费用＝（1 200－80）×80%+283.52+76.88＝1 256.40（万元）。

2）运营期第 1 年所得税：

①税前利润＝360×5×80%－1 256.40＝183.60（万元）。

②所得税 = 183.60×25% = 45.90（万元）。

3）运营期第 1 年税后利润 = 183.60−45.90 = 137.70（万元）。

4）运营期第 2 年总成本费用：

①每年应还本息和 =（1 500+37.5）×［（1+5%）^{4}×5%］/［（1+5%）^{4}−1］= 433.59（万元）。

②运营期第 1 年应还本金 = 433.59−76.88 = 356.71（万元）。

③利息支出 =（1 537.50−356.71）×5% = 59.04（万元）。

④总成本费用 =（1 200−80）+283.52+59.04 = 1 462.56（万元）。

5）运营期第 2 年所得税：

①税前利润 = 360×5−1 462.56−127.2×12% = 322.18（万元）。

②所得税 = 322.18×25% = 80.55（万元）。

6）运营期第 2 年税后利润：

税后利润 = 322.18−80.55 = 241.63（万元）。

问题（3）：

运营期第 1 年累计盈余资金 = 283.52+0+137.70−356.71+（360×5×80%×13%−80×80%−0）
= 187.71（万元）。

问题（4）：

设净现值为 0 时，价格下降的临界百分点为 x，则：

$$\frac{610}{1\ 235} = \frac{x}{x + 10\%}$$

$$x = 9.76\%$$

产品单价下浮的临界百分比为 9.76%。

（三）建设项目不确定性分析与风险分析

例题 1.16 某新建项目正常年份的设计生产能力为 100 万件某产品，年固定成本为 580 万元（不含可抵扣进项税），单位产品不含税销售价预计为 56 元，单位产品不含税可变成本估算额为 40 元。企业适用的增值税税率为 13%，增值税附加税税率为 12%，所得税税率为 25%，单位产品平均可抵扣进项税预计为 5 元。【教材例题（改编）】

问题：（1）对项目进行盈亏平衡分析，计算项目的产量盈亏平衡点。

（2）在市场销售良好情况下，正常生产年份的最大可能税后利润为多少？

（3）在市场销售不良情况下，企业欲保证年税后利润 120 万元的年产量应为多少？

（4）在市场销售不良情况下，企业将产品的市场价格由 56 元降低 10% 销售，则欲保证年税后利润 60 万元的年产量应为多少？

（计算结果以万元/万件为单位，小数点后保留两位。）

答案：

问题（1）：

设产量盈亏平衡点位 Q 万件。

$56Q-580-40Q-(56Q\times13\%-5Q)\times12\%=0$。

$Q=36.88$（万件）。

问题（2）：

1）增值税 = 100×56×13% - 100×5 = 228.00（万元）。

2）税前利润 = 100×56-580-100×40-228×12% = 992.64（万元）。

3）所得税 = 992.64×25% = 248.16（万元）。

4）税后利润 = 992.64-248.16 = 744.48（万元）。

问题（3）：

设产量为 Q 万件。

$[56Q-580-40Q-(56Q\times13\%-5Q)\times12\%]\times(1-25\%)=120$。

$Q=47.05$（万件）。

问题（4）：

1）产品价格 = 56×90% = 50.40（元/件）。

2）产量为 Q 万件。

$[50.4Q-580-40Q-(50.4Q\times13\%-5Q)\times12\%]\times(1-25\%)=60$。

$Q=64.62$（万件）。

例题 1.17 某投资项目以财务净现值为分析对象，就项目的投资额、产品价格和年经营成本等因素进行敏感性分析，相关数据见表 1.14。【教材例题（改编）】

表 1.14 单因素敏感性分析表

因素	变化幅度		
	-10%	0	+10%
投资额	251.75	131.75	11.75
单位产品价格	-94.26	131.75	357.75
年经营成本	227.80	131.75	35.69

问题：（1）列式计算投资额、产品价格和年经营成本敏感度系数，确定最敏感因素。

（2）保证项目可行的前提下，计算该产品价格下浮临界百分比。

（计算结果小数点后保留两位。）

答案：

问题（1）：

1）投资额敏感度系数 =（11.75-131.75）/131.75/10% = -9.11。

2）产品价格敏感度系数 =（357.75-131.75）/131.75/10% = 17.15。

3）年经营成本敏感度系数 =（35.69-131.75）/131.75/10% = -7.29。

4）因为产品价格敏感度系数绝对值最大，最敏感因素为产品价格。

问题（2）：

1）-100%/17.15% = -5.83%。

2）产品价格下浮临界百分比为-5.83%，即最多下浮 5.83%。

第二章　工程设计、施工方案技术经济分析

一、本章考核要点

本章考核要点见表 2.1。

表 2.1　主要知识点及考核要点

序号	考试大纲要求	考核要点
1	工程设计、施工方案技术经济指标设置	综合评价法；价值工程多方案选优；价值工程单方案成本优化；最小费用法；净现值法；净年值法；费用效率法；期望值；决策树法；成本利润率；产值利润率
2	工程设计、施工方案评价	
3	工程设计、施工方案比选与优化	
4	工程网络计划的调整与优化	工期优化；费用优化

二、精要·题眼

（一）工程设计、施工方案比选与优化

1. 0—1 评分法（功能权重）

各功能权重计算表见表 2.2。

表 2.2　各功能权重计算表

功能指标	F_1	F_2	F_3	F_4	功能得分	修正得分	功能权重
F_1	×	1	1	1	3	4	0.40
F_2	0	×	1	1	2	3	0.30
F_3	0	0	×	1	1	2	0.20
F_4	0	0	0	×	0	1	0.10
合计					6	10	1.00

注：表中重要性关系为 $F_1>F_2>F_3>F_4$。

（1）根据各功能因素重要性之间的关系，将各功能一一对比，重要的得 1 分，不重要的得 0 分。

（2）横向汇总计算各功能的功能得分。

（3）为防止功能指数中出现零的情况，需要将各功能总得分分别加 1 进行修正。

（4）最后用修正得分除以总得分即为功能权重。

某项功能指标重要系数 = 该功能修正得分/Σ各功能修正得分

（注：在案例分析考试中，无论0—1评分法还是0—4评分法，表格会直接给定，无需考生自己绘制表格。）

2. 0-4评分法（功能权重）

各功能权重计算表见表2.3。

表2.3 各功能权重计算表

功能指标	F_1	F_2	F_3	F_4	F_5	功能得分	功能权重
F_1	×	4	2	3	4	13	0.325
F_2	0	×	0	1	2	3	0.075
F_3	2	4	×	3	4	13	0.325
F_4	1	3	1	×	3	8	0.200
F_5	0	2	0	1	×	3	0.075
合计						40	1.000

注：表中重要性关系为：F_1 相对 F_2 很重要；F_3 相对 F_4 较重要；F_1 与 F_3 同等重要；F_2 与 F_5 同等重要。

（1）按0-4评分法的规定，两个功能因素比较时，其相对重要程度有以下三种基本情况：

1）很重要的功能因素得4分，另一很不重要的功能因素得0分；

技巧——把重要性关系用符号表示：$F_1>>F_2$。

2）较重要的功能因素得3分，另一较不重要的功能因素得1分；

技巧——把重要性关系用符号表示：$F_3>F_4$。

3）同样重要的功能因素各得2分。

技巧——把重要性关系用符号表示：$F_1=F_3$；$F_2=F_5$。

（2）整理重要性关系：$F_1=F_3>F_4>F_2=F_5$。

（3）根据重要性关系打分，并横向汇总计算各功能得分。

（4）计算功能权重。

某项功能指标重要系数=该功能得分/∑各功能得分

（注：0—4评分法中，若四个功能项目进行比较，功能得分合计恒定为24分；若五个功能项目进行比较，功能得分合计恒定为40分。）

3. 专家直接评分法（功能权重）

各功能权重计算表见表2.4。

表2.4 各功能权重计算表

功能指标	A	B	C	D	E	F	G	功能得分	功能权重
F_1	10	9	8	10	10	9	9	65	0.342
F_2	5	6	4	6	7	5	7	40	0.211
F_3	8	8	6	8	7	8	6	51	0.268

续表2.4

功能指标	A	B	C	D	E	F	G	功能得分	功能权重
F_4	6	5	4	6	4	4	5	34	0.179

注：A~G7 名专家对 F_1 ~ F_4 四个功能指标进行了打分。

（1）将专家打分横向汇总计算各功能得分。

（2）计算功能权重。

某项功能指标重要系数＝该功能得分/∑各功能得分

（注：此方法未在教材中出现，但在案例分析考试中有所涉及。）

4. 综合评价法（综合评审法）

（1）确定各方案功能指标得分，见表 2.5。

表 2.5　各设计方案的评价指标得分

指标	方案评价指标得分		
	A 框架结构	B 剪力墙结构	C 框架剪力墙结构
初始投资	8	10	9
年维护费用	10	8	9
使用年限	10	8	9
面积系数	10	5	6

注：一般案例分析中方案功能指标的分由题目直接给定。

（2）确定方案功能权重（0—1 评分法，0—4 评分法，专家直接评分法）。

（3）计算方案加权得分，见表 2.6。

表 2.6　各设计方案的加权得分计算表

指标	功能权重	方案加权得分		
		A 框架结构	B 剪力墙结构	C 框架剪力墙结构
初始投资	0.35	8×0.35＝2.800	10×0.35＝3.500	9×0.35＝3.150
年维护费用	0.05	10×0.05＝0.500	8×0.05＝0.400	9×0.05＝0.450
使用年限	0.35	10×0.35＝3.500	8×0.35＝2.800	9×0.35＝3.150
面积系数	0.25	10×0.25＝2.500	5×0.25＝1.250	6×0.25＝1.500
合计		9.300	7.950	8.250

注：案例分析考试中多为列式计算，原理与填表一致；本表为了表达计算过程将列式带入表格中，在案例分析考试中直接填入结果即可，列式省略。

方案加权得分＝∑方案评价指标得分×功能权重

（4）选择方案。**加权得分最高**的方案为**最优方案**。

5. 价值工程法——多方案选优

（1）确定各方案功能指标得分（同综合评价法）。

（2）确定方案功能权重（同综合评价法）。

（3）计算方案加权得分（同综合评价法）。

（4）计算方案功能指数 F，见表 2.7。

表 2.7　方案功能指数计算表

指标	功能权重	方案加权得分		
		A 框架结构	B 剪力墙结构	C 框架剪力墙结构
初始投资	0.35	8×0.35=2.800	10×0.35=3.500	9×0.35=3.150
年维护费用	0.05	10×0.05=0.500	8×0.05=0.400	9×0.05=0.450
使用年限	0.35	10×0.35=3.500	8×0.35=2.800	9×0.35=3.150
面积系数	0.25	10×0.25=2.500	5×0.25=1.250	6×0.25=1.500
合计		9.300	9.300	7.950
功能指数		9.3/（9.3+7.95+8.25）=0.365	7.95/（9.3+7.95+8.25）=0.312	8.25/（9.3+7.95+8.25）=0.324

注：案例分析考试中多为列式计算，原理与填表一致；本表为了表达计算过程将列式带入表格中，在案例分析考试中直接填入结果即可，列式省略。各方案功能指数=本方案加权得分/∑各方案加权得分。

（5）计算方法成本指数 C，见表 2.8。

表 2.8　成本指数计算表

指标	方案			
	A	B	C	合计
单方造价/（元/m²）	1 520	1 216	1 260	3 996
成本指数	1 520/3 996=0.380	1 216/3 996=0.304	1 260/3 996=0.315	0.999

注：成本指数合计不等于 1 是由于过程中小数点位数保留导致；案例分析考试中多为列式计算，原理与填表一致；本表为了表达计算过程将列式带入表格中，实际在案例分析考试中列式省略，直接填入结果即可。各方案成本指数=本方案成本/∑各方案成本。

（6）计算方案价值指数 V，见表 2.9。

表 2.9　价值指数计算表

指标	方案		
	A	B	C
功能指数	0.365	0.312	0.324
成本指数	0.380	0.304	0.315
价值指数	0.365/0.380=0.961	0.312/0.304=1.026	0.324/0.315=1.029

注：案例分析考试中多为列式计算，原理与填表一致；本表为了表达计算过程将列式带入表格中，在案例分析考试中直接填入结果即可，列式省略。

（7）选择方案。**价值指数最大**的方案为**最优方案**。

6. 价值工程法——单方案成本优化

单方案成本优化示例见表 2. 10。

表 2. 10　功能指数、成本指数、价值指数和目标成本降低额计算表

功能项目	功能评分	功能指数	目前成本/万元	成本指数	价值指数	目标成本/万元	成本降低额/万元
桩基围护工程	10	0. 106 4	153 5	0. 119 7	0. 888 9	1 294. 89	240. 11
地下室工程	11	0. 117 0	148 2	0. 115 5	1. 013 0	1 423. 89	58. 11
主体结构工程	35	0. 372 3	4 705	0. 366 8	1. 015 0	4 530. 89	174. 11
装饰工程	38	0. 404 3	5 105	0. 398 0	1. 015 8	4 920. 33	184. 67
合计	94	1. 000 0	12 827	1. 000 0	—	12 170	657

注：根据成本降低额的大小，功能改进顺序依次为：桩基围护工程、装饰工程、主体结构工程、地下室工程。在案例分析考试中表格直接给定，表格中功能指数、成本指数、价值指数、目标成本、成本降低额需要考生填写。

（1）计算功能指数：

$$（单方案成本优化）功能指数=本功能评分/\sum 各功能评分$$

（2）计算目标成本：

$$各功能目标成本=总目标成本\times 功能指数$$

（3）计算目标成本降低额：

$$各功能目标成本降低额=目前成本-目标成本$$

（4）计算成本指数：

$$成本指数=各功能目前成本/目前总成本$$

（5）计算价值指数：

$$价值指数=功能指数/成本指数$$

（6）确定功能改进顺序：

1）**根据成本降低额的大小确定改进顺序**（案例分析考试中通常采用）。

原则：根据各功能成本降低额从大到小的顺序依次排列（若成本降低额为负值，则说明本项功能可能需要增加成本，通常先对成本需要降低的功能进行改进，再对成本需要增加的功能进行改进）。

2）根据价值指数大小确定改进顺序（案例分析考试中通常不采用）。

原则：按照价值指数从低到高的顺序依次排列。

7. 最小费用法

（1）绘制现金流量图。

1）初始投资。根据题目要求确定，**一般发生在建设期末运营期初**。

2）年运营维护费。根据题目要求确定，一般发生在运营期每年年末。**年运营期维护**

费不一定是寿命周期年费用，如果题目设定有建设期，还需要进一步等值换算为寿命周期年费用。

3）大修费。根据题目要求确定，从运营期开始计算，最后一个大修周期末不发生该笔费用。

4）残值。根据题目要求确定，一般发生在运营期末，绘制为现金流入。**计算费用现值或费用年值时，需要将残值从费用中减去**。

（2）将寿命周期成本费用折算为现值或年值。

1）费用现值：将所有费用折算至建设期初。

$$P = F \times (1 + i)^{-n} = F \times (P/F,\ i,\ n)$$

$$P = A \times \frac{(1 + i)^{n} - 1}{(1 + i)^{n} \times i} = A \times (P/A,\ i,\ n)$$

2）费用年值：将所有费用折算至计算期每年。

$$A = P \times \frac{(1 + i)^{n} \times i}{(1 + i)^{n} - 1} = P \times (A/P,\ i,\ n)$$

（3）选择方案。**费用现值或年值最小**的方案为最优方案。

（注：最小费用现值一般用于比较寿命周期相同的方案，最小费用年值一般用于比较寿命周期不同的方案，但在造价案例分析考试中会明确要求，考生认真审题即可。）

8. 净现值法

（1）绘制现金流量图。

1）初始投资、年运营维护费、大修费同最小费用法。

2）**年收益（如租金），一般发生在运营期每年年末**。

（2）将系统效益折算为现值（建设期初）。

（3）将寿命周期成本费用折算为现值（建设期初）。

（4）**净现值=收益现值–费用现值**。

（5）选择方案。**净现值最大**的方案为最优方案。

（注：净现值法一般用于比较寿命周期相同的方案，净年值法一般用于比较寿命周期不同的方案，但在**造价案例分析考试中会明确要求，考生认真审题即可**。）

9. 净年值法

（1）绘制现金流量图。

1）初始投资、年运营维护费、大修费同最小费用法。

2）年收益（如租金），一般发生在运营期每年年末。**租金不一定是寿命周期年费用，如果题目设定有建设期，还需要进一步等值换算为寿命周期年费用**。

（2）将系统效益折算为年值。

（3）将寿命周期成本费用折算为年值。

（4）**净现值=收益年值–费用年值**。

（5）选择方案。**净年值最大**的方案为**最优方案**。

（注：净现值法一般用于比较寿命周期相同的方案，净年值法一般用于比较寿命周期不同的方案，但在造价案例分析考试中会明确要求，考生认真审题即可。）

10. 费用效率法

（1）绘制现金流量图。

1）初始投资、年运营维护费、大修费同最小费用法。费用效率法中还可能涉及环境成本、社会成本等，根据题意进行现金流量图绘制即可。

2）年收益（如租金），一般发生在运营期每年年末。租金不一定是寿命周期年费用，如果题目设定有建设期，还需要进一步等值换算为寿命周期年费用。

（2）将系统效益折算为现值或年值。

（3）将寿命周期成本费用折算为现值或年值。

（4）费用效率系数＝收益现值或年值/费用现值或年值。

（5）选择方案。费用效率系数最大的方案为最优方案。

（注：费用效率系数是用收益现值/费用现值，还是收益年值/费用年值，根据题意确定。两者的结果通常是一致的。）

11. 期望值

$$期望值=\Sigma（损益值\times对应概率）$$

12. 决策树

决策树是以方框和圆圈为节点，并由直线连接而成的一种像树枝形状的结构。其中，方框表示决策点，圆圈表示机会点；从决策点画出的每条直线代表一个方案，叫作方案枝，从机会点画出的每条直线代表一种自然状态，叫作概率枝。决策树的绘制是自左向右（决策点和机会点的编号左小右大，上小下大），而计算则是自右向左。各机会点的期望值计算结果应标在该机会点上方，最后将决策方案以外的方案枝用两短线排除。见图2.1。

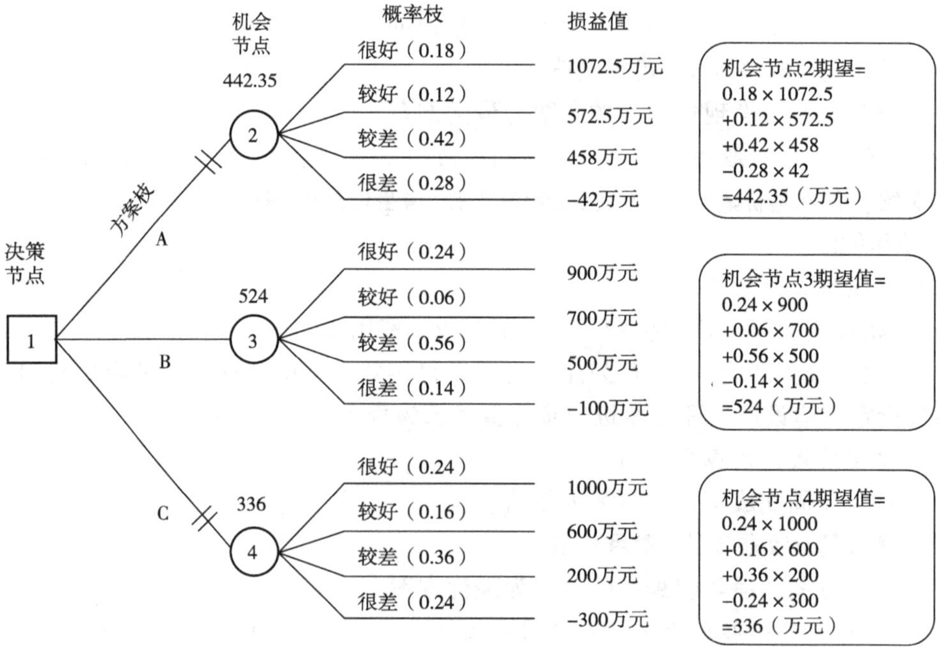

图2.1　决策树示意图

（二）工程网络计划的调整与优化

1. 直接成本、间接成本、总成本费用

（1）直接成本与工作的持续时间成反比。

（2）间接成本与总工期成正比。

（3）总成本费用变化=直接成本变化+间接成本变化+工期奖罚。

2. 产值利润率

产值利润率=利润额/合同额

利润额=合同额-成本额

3. 成本利润率（实际利润率）

成本利润率=利润额/成本额

4. 工期优化

工期优化是指网络计划的计算工期不满足要求工期时，通过压缩关键工作的持续时间以满足要求工期目标的过程。

（1）应选择缩短持续时间所需增加的费用最少的关键工作压缩。

（2）被压缩的关键工作在压缩完成后仍应为关键工作。

（3）若优化过程中出现多条关键线路时，为使工期缩短，应将各关键线路持续时间压缩同一数值。

5. 费用优化

费用优化又称工期成本优化，是指寻求工程总成本最低时的工期或按要求工期寻求最低成本的计划安排过程。

（1）压缩关键线路上直接费增加≤（间接费减少+工期奖励的工作）。

（2）被压缩的关键工作在压缩完成后仍应为关键工作。

（3）若优化过程中出现多条关键线路时，且平行关键线路上关键工作直接费增加合计≤（间接费减少+工期奖励），应将各关键线路持续时间压缩同一数值。

（4）重复上述过程，直至总成本费用最低。

三、典型例题

（一）工程设计、施工方案比选与优化

例题 2.1 某方案，有关专家决定从五个功能对不同方案进行评价，五个功能之间的重要性关系排序为 $F_2>F_1>F_4>F_3>F_5$。【经典例题（自编）】

问题：采用 0—1 评分法，求各功能的功能权重，完成表格 2.11。

（计算结果保留两位小数。）

表 2.11 功能权重计算表

功能	F_1	F_2	F_3	F_4	F_5	功能得分	修正得分	功能权重
F_1	×							
F_2		×						
F_3			×					

续表2.11

功能	F_1	F_2	F_3	F_4	F_5	功能得分	修正得分	功能权重
F_4				×				
F_5					×			
合计								

答案：

采用0-1评分法，答案见表2.12。

表2.12 功能权重计算表

功能	F_1	F_2	F_3	F_4	F_5	功能得分	修正得分	功能权重
F_1	×	0	1	1	1	3	4	0.27
F_2	1	×	1	1	1	4	5	0.33
F_3	0	0	×	0	1	1	2	0.13
F_4	0	0	1	×	1	2	3	0.20
F_5	0	0	0	0	×	0	1	0.07
合计						10	15	1.00

例题2.2 某设计方案，有关专家决定从五个功能对不同方案进行评价。【经典例题（自编）】

问题：根据表格2.13中给定的数据，采用0—1评分法，完成表格。

(计算结果保留两位小数。)

表2.13 功能权重计算表

功能	F_1	F_2	F_3	F_4	F_5	功能得分	修正得分	功能权重
F_1	×	0	1	1	0			
F_2		×			1			
F_3			×	0				
F_4				×				
F_5					×			
合计								

答案：

采用0-1评分法，答案见表2.14。

表2.14 功能权重计算表

功能	F_1	F_2	F_3	F_4	F_5	功能得分	修正得分	功能权重
F_1	×	0	1	1	0	2	3	0.20

续表2.14

功能	F_1	F_2	F_3	F_4	F_5	功能得分	修正得分	功能权重
F_2	1	×	1	1	1	4	5	0.33
F_3	0	0	×	0	0	0	1	0.07
F_4	0	0	1	×	0	1	2	0.13
F_5	1	0	1	1	×	3	4	0.27
合计						10	15	1.00

例题 2.3 某设计方案，有关专家决定从四个功能对不同方案进行评价，若四个功能之间的重要性关系为：F_1 与 F_2 同等重要，F_1 相对 F_4 较重要，F_2 相对 F_3 很重要。【经典例题（自编）】

问题：采用 0—4 评分法，求各功能的功能权重，完成表格 2.15。（计算结果保留三位小数。）

表 2.15 功能权重计算表

功能	F_1	F_2	F_3	F_4	功能得分	功能权重
F_1	×					
F_2		×				
F_3			×			
F_4				×		
合计						

答案：

采用 0-4 评分法，答案见表 2.16。

表 2.16 功能权重计算表

功能	F_1	F_2	F_3	F_4	功能得分	功能权重
F_1	×	2	4	3	9	0.375
F_2	2	×	4	3	9	0.375
F_3	0	0	×	1	1	0.042
F_4	1	1	3	×	5	0.208
合计					24	1.000

例题 2.4 某设计方案，有关专家决定从五个功能对不同方案进行评价。【经典例题（自编）】

问题：根据表格中给定的数据，用 0—4 评分法，计算功能权重，完成表 2.17。（计算结果保留三位小数。）

表 2.17　功能权重计算表

功能	F_1	F_2	F_3	F_4	F_5	功能得分	功能权重
F_1	×	0	1	1	0		
F_2		×					
F_3			×				
F_4				×			
F_5					×		
合计							

答案：

采用 0-4 评分法，答案见表 2.18。

表 2.18　功能权重计算表

功能	F_1	F_2	F_3	F_4	F_5	功能得分	功能权重
F_1	×	0	1	1	0	2	0.050
F_2	4	×	3	3	2	12	0.300
F_3	3	1	×	2	1	7	0.175
F_4	3	1	2	×	1	7	0.175
F_5	4	2	3	3	×	12	0.300
合计						40	1.000

例题 2.5　某承包人在一多层厂房工程施工中，拟定了三个可供选择的施工方案。专家组为此进行技术经济分析，对各方案的技术经济指标打分见表 2.19，并一致认为各技术经济指标的重要程度为：F_1 相对于 F_2 很重要，F_1 相对于 F_3 较重要，F_2 和 F_4 同等重要，F_3 和 F_5 同等重要。【经典例题（自编）】

表 2.19　各方案的技术经济指标得分

技术经济指标	方案		
	A	B	C
F_1	10	9	9
F_2	8	10	10
F_3	9	10	9
F_4	8	9	10
F_5	9	9	8

问题：（1）采用 0—4 评分法计算各技术经济指标的权重，将计算结果填入表 2.20 中。

表 2.20　技术经济指标权重计算表

项目	F_1	F_2	F_3	F_4	F_5	得分	权重
F_1	×						
F_2		×					
F_3			×				
F_4				×			
F_5					×		
合计							

（2）按 F_1 到 F_5 的评价指标体系，采用综合评审法对三个方案进行评价，并推荐最优方案。

（3）已知 A、B、C 三个施工方案的成本指数分别为 0.343 9、0.316 7、0.339 4，请采用价值指数法选择最佳施工方案。

（功能指数和价值指数的计算结果保留四位小数，其余保留三位小数。）

答案：

问题（1）：采用 0–4 评分法，答案见表 2.21。

表 2.21　技术经济指标权重计算表

项目	F_1	F_2	F_3	F_4	F_5	得分	权重
F_1	×	4	3	4	3	14	0.350
F_2	0	×	1	2	1	4	0.100
F_3	1	3	×	3	2	9	0.225
F_4	0	2	1	×	1	4	0.100
F_5	1	3	2	3	×	9	0.225
合计						40	1.000

问题（2）：

1）方案 A 加权得分 = 10×0.35+8×0.1+9×0.225+8×0.1+9×0.225 = 9.150。

2）方案 B 加权得分 = 9×0.35+10×0.1+10×0.225+9×0.1+9×0.225 = 9.325。

3）方案 C 加权得分 = 9×0.35+10×0.1+9×0.225+10×0.1+8×0.225 = 8.975。

4）结论：因方案 B 加权得分最高，应该选择方案 B。

问题（3）：

1）功能指数：

①方案加权得分合计 = 9.15+9.325+8.975 = 27.450。

②A 方案功能指数 = 9.15/27.450 = 0.333 3。

③B 方案功能指数 = 9.325/27.450 = 0.339 7。

④C 方案功能指数 = 8.975/27.450 = 0.327 0。

2）价值指数：

A 方案价值指数=0.333 3/0.343 9=0.969 2。

B 方案价值指数=0.339 7/0.316 7=1.072 6。

C 方案价值指数=0.327 0/0.339 4=0.963 5。

3）结论：因为 B 方案价值指数最大，所以 B 方案为最佳施工方案。

例题 2.6 某设计院承担了长约 1.8km 的高速公路隧道工程项目的设计任务。为控制工程成本，拟对选定计划的设计方案进行价值工程分析，专家组选取了 4 个主要功能项目，7 名专家进行了功能项目报价，其打分结果见表 2.22。【2018 年真题】

表 2.22 功能项目评价得分表

功能项目	A	B	C	D	E	F	G
石质隧道挖掘工程	10	9	8	10	10	9	9
钢筋混凝土内衬工程	5	6	4	6	7	5	7
路基及路面工程	8	8	6	8	7	8	6
通风照明监控工程	6	5	4	6	4	4	5

经测算，该四个功能项目的目前成本见表 2.23，其目标总成本拟限定在 18 700 万元。

表 2.23 各功能项目目前成本

功能项目	石质隧道挖掘工程	钢筋混凝土内衬工程	路基及路面工程	通风照明监控工程
目前成本/万元	6 500	3 940	5 280	3 360

问题：（1）根据价值工程基本原理，简述提高产品价值的途径。

（2）计算该设计方案中各功能项目得分，将计算结果填写在答题卡表 2.24 中。

（计算结果保留三位小数。）

表 2.24 各功能项目得分计算表

功能项目	A	B	C	D	E	F	G	功能得分
石质隧道挖掘工程	10	9	8	10	10	9	9	
钢筋混凝土内衬工程	5	6	4	6	7	5	7	
路基及路面工程	8	8	6	8	7	8	6	
通风照明监控工程	6	5	4	6	4	4	5	

（3）计算该设计方案中各功能项目的价值指数、目标成本和目标成本降低额，将计算结果填写在答题卡表 2.25 中。

表 2.25　价值指数、目标成本和目标成本降低额计算表

功能项目	功能得分	功能指数	目前成本/万元	成本指数	价值指数	目标成本/万元	降低额/万元
石质隧道挖掘工程			6 500				
钢筋混凝土内衬工程			3 940				
路基及路面工程			5 280				
通风照明监控工程			3 360				
合计			19 080				

（4）确定功能改进的前两项功能项目。

答案：

问题（1）：

提高功能，降低成本；成本不变，提高功能；功能不变，降低成本；功能较大幅度提高，成本较少幅度提高；功能较小降低，成本大幅降低。

问题（2）：

计算结果见表 2.26。

表 2.26　功能项目得分计算表

功能项目	A	B	C	D	E	F	G	功能得分
石质隧道挖掘工程	10	9	8	10	10	9	9	65.000
钢筋混凝土内衬工程	5	6	4	6	7	5	7	40.000
路基及路面工程	8	8	6	8	7	8	6	51.000
通风照明监控工程	6	5	4	6	4	4	5	34.000

问题（3）：

计算结果见表 2.27。

表 2.27　价值指数、目标成本和目标成本降低额计算表

功能项目	功能得分	功能指数	目前成本/万元	成本指数	价值指数	目标成本/万元	降低额/万元
石质隧道挖掘工程	65.000	0.342	6 500	0.341	1.003	6 395.400	104.600
钢筋混凝土内衬工程	40.000	0.211	3 940	0.206	1.024	3 945.700	-5.700
路基及路面工程	51.000	0.268	5 280	0.277	0.968	5 011.600	268.400
通风照明监控工程	34.000	0.179	3 360	0.176	1.017	3 347.300	12.700
合计	190.000	1.000 0	19 080	1.000 0	—	18 700.000	380.000

问题（4）：

第一项：路基及路面工程。

第二项：石质隧道挖掘工程。

例题 2.7 某国有企业投资新建一大厦，通过公开招标方式进行施工招标，选定了某承包商。土建工程的合同价格为 20 300 万元（不含税），其中利润为 800 万元。该土建工程由地基基础工程（A）、主体结构工程（B）、装饰工程（C）、屋面工程（D）、节能工程（E）五个分部工程组成，中标后该承包商经过认真测算、分析，各分部工程的功能得分和成本所占比例见表 2.28。【2022 年真题（节选）】

表 2.28 各分部工程的功能得分和成本所占比例见表

分项工程项目	各分项工程功能评分	各分项工程成本占比
A	26	0.24
B	35	0.33
C	22	0.20
D	9	0.08
E	16	0.15

问题：（1）承包商以分部工程为对象进行价值工程分析，计算各分部工程的功能指数及目前成本。

（2）承包商制订了强化成本管理方案，计划将目标成本额控制在 18 500 万元，计算各分部工程的目标成本及其可能降低额度，并据此确定各分部工程成本管控的优先顺序。

（计算过程和结果均保留三位小数。）

答案：

问题（1）：

1）各分部工程的功能指数：

①功能合计得分＝26+35+22+9+16＝108。

②A＝26/108＝0.241；B＝35/108＝0.324；C＝22/108＝0.204；D＝9/108＝0.083；E＝16/108＝0.148。

2）目前成本：

A＝19 500×0.24＝4 680.000（万元）；B＝19 500×0.33＝6 435.000（万元）；

C＝19 500×0.20＝3 900.000（万元）；D＝19 500×0.08＝1 560.000（万元）；

E＝19 500×0.15＝2 925.000（万元）。

问题（2）：

1）各分部工程的目标成本：

A＝18 500×0.241＝4 458.500（万元）；B＝18 500×0.324＝5 994.000（万元）；

C＝18 500×0.204＝3 774.000（万元）；D＝18 500×0.083＝1 535.500（万元）；

E＝18 500×0.148＝2 738.000（万元）。

2）各分部工程成本降低额：

A＝4 680−4 458.5＝221.500（万元）；B＝6 435−5 994＝441.000（万元）；

C＝3 900－3 774＝126.000（万元）；D＝1 560－1 535.5＝24.500（万元）；

E＝2 925－2 738＝187.000（万元）。

3）各分部工程成本管控的优先顺序：B→A→E→C→D。

例题 2.8 某市政府拟改善城市某路口的交通状况，提出 A、B 两个方案，与两方案相关的费用数据见表 2.29。已知基准折现率为 8%，现值系数见表 2.30。【经典例题（自编）】

表 2.29 方案费用数据表

项目	建设投资/万元	使用年限/年	大修费/（万元/次）	大修周期/年	年度运行费/（万元/年）	残值
A	650	40	35	10	10	10
B	800	50	40	15	8	15

表 2.30 现值系数表

n	10	15	20	30	40	45	50
（P/A，8%，n）	6.710	8.560	9.818	11.258	11.925	12.108	12.233
（P/F，8%，n）	0.463	0.315	0.215	0.099	0.046	0.031	0.021

问题：（1）若不考虑建设期，列式计算各方案的年度寿命周期成本，利用最小费用法优选方案。

（2）若建设期为 1 年，建设投资发生在使用年期初，其余资金发生在年末，列式计算各方案的年度寿命周期成本，利用最小费用法优选方案。

（计算结果保留三位小数。）

答案：

问题（1）：

1）A 方案费用年值＝10+［650+35×（P/F，8%，10）+35×（P/F，8%，20）+35×（P/F，8%，30）−10×（P/F，8%，40）］×（A/P，8%，40）

＝10+（650+35×0.463+35×0.215+35×0.099−10×0.046）/11.925

＝66.749（万元）。

2）B 方案费用年值＝8+［800+40×（P/F，8%，15）+40×（P/F，8%，30）+40×（P/F，8%，45）−15×（P/F，8%，50）］×（A/P，8%，50）

＝8+（800+40×0.315+40×0.099+40×0.031−15×0.021）/12.233

＝74.826（万元）。

3）结论：因为 A 方案费用年值低，应选择 A 方案。

问题（2）：

1）A 方案费用年值＝［10×（P/A，8%，40）+650+35×（P/F，8%，10）+35×（P/F，8%，20）+35×（P/F，8%，30）−10×（P/F，8%，

40）］×（P/F，8%，1）×（A/P，8%，41）

=（10×11.925+650+35×0.463+35×0.215+35×0.099−10×0.046）×0.926/11.967=61.593（万元）。

2）B方案费用年值=［8×（P/A，8%，50）+800+40×（P/F，8%，15）+40×（P/F，8%，30）+40×（P/F，8%，45）−15×（P/F，8%，50）］×（P/F，8%，1）×（A/P，8%，51）

=（8×12.233+800+40×0.315+40×0.099+40×0.031−15×0.021）×0.926/12.253=69.177（万元）。

3）结论：因为A方案费用年值低，应选择A方案。

例题2.9 某建设单位拟建一幢建筑面积为8 650m² 的综合办公楼，该办公楼供暖热源拟由社会热网公司提供，室内采暖方式可以考虑两种：方案A为暖气片采暖，方案B为低温地热辐射（地热盘管）采暖。有关投资和费用资料如下：

（1）一次性支付社会热网公司入网费60元/m²，每年缴纳外网供暖费用为28元/m²（其中包含应由社会热网公司负责的室内外维修支出费用5元/m²）。

（2）方案A的室内外工程初始投资为110元/m²；每年日常维护管理费用5元/m²。

（3）方案B的室内外工程初始投资为130元/m²；每年日常维护管理费用6元/m²；该方案应考虑室内有效使用面积增加带来的效益（按每年2元/m² 计算）。

（4）不考虑建设期的影响，初始投资设在期初。两个方案的使用寿命均为50年，大修周期均为15年，每次大修费用均为16元/m²。不计残值，基准收益率为6%的现值系数见表2.31。【教材例题】

表2.31 现值系数表

系数	n								
	10	15	20	25	30	35	40	45	50
（P/A，6%，n）	7.360 1	9.712 2	11.469 9	12.783 4	13.764 8	14.498 2	15.046 3	15.455 8	15.761 9
（P/F，6%，n）	0.558 4	0.417 3	0.311 8	0.233 0	0.174 1	0.130 1	0.097 2	0.072 7	0.054 3

问题：（1）试计算方案A、B的初始投资费用、年运行费用、每次大修费用。

（2）列式计算B方案费用现值。

（3）在建设单位拟采用方案B后，有关专家提出一个新的方案C，即供暖热源采用地下水源热泵，室内供热为集中空调（同时也用于夏季供冷）。其初始工程投资为280元/m²；每年地下水资源费用为10元/m²，每年用电及维护管理等费用45元/m²；大修周期10年，每次大修费15元/m²，使用寿命为50年，不计残值。该方案应考虑室内有效使用面积增加和冬季供暖、夏季制冷使用舒适度带来的效益（按每年6元/m² 计算）。初始投资和每年运行费用、大修费用及效益均按60%为采暖，40%为制冷，试在方案B、C中选择较经济的方案。

（计算结果保留三位小数。）

答案：

问题（1）：

1）方案A初始投资费用=（60×8 650+110×8 650）/10 000=147.050（万元）。

方案A年运行费用=（28×8 650+5×8 650）/10 000=28.545（万元）。

方案A每次大修费用=16×8 650/10 000=13.840（万元）。

2）方案B初始投资费用=（60×8 650+130×8 650）/10 000=164.350（万元）。

方案B年运行费用=［28×8 650+（6−2）×8 650］/10 000=27.680（万元）。

方案B每次大修费用=16×8 650/10 000=13.840（万元）。

问题（2）

方案B的费用现值=27.68×（P/A，6%，50）+13.84×（P/F，6%，15）+13.84×（P/F，6%，30）+13.84×（P/F，6%，45）+164.35

=27.68×15.761 9+13.84×0.417 3+13.84×0.174 1+13.84×0.072 7+164.35=609.831（万元）。

问题（3）：

1）方案C初始投资费用=280×8 650×60%/10 000=145.320（万元）。

2）方案C年运行费用=（10×8 650+45×8 650−6×8 650）×60%/10 000=25.431（万元）。

3）方案C每次大修费用=15×8 650×60%/10 000=7.785（万元）。

4）方案C的费用现值=25.431×（P/A，6%，50）+7.785×（P/F，6%，10）+7.785×（P/F，6%，20）+7.785×（P/F，6%，30）+7.785×（P/F，6%，40）+145.32

=25.431×15.761 9+7.785×0.558 4+7.785×0.311 8+7.785×0.174 1+7.785×0.097 2+145.32

=555.047（万元）。

5）因为方案C费用现值更小，所以选择方案C。

例题2.10 某大型综合楼建设项目，现有A、B、C三个设计方案，经造价工程师估算的基础资料见表2.32。【教材例题】

表2.32 方案基础资料

指标	方案		
	A	B	C
初始投资/万元	4 000	3 000	3 500
维护费用/（万元/年）	30	80	50
使用年限/年	70	50	60

经专家组确定的评价指标体系为：①初始投资；②年维护费用；③使用年限；④结构体系；⑤墙体材料；⑥面积系数；⑦窗户类型。各指标的重要程度系数依次为5、3、2、4、3、6、1，各专家对指标打分的算术平均值见表2.33。

表 2.33 指标打分的算术平均值

指标	方案		
	A	B	C
初始投资	8	10	9
年维护费用	10	8	9
使用年限	10	8	9
结构体系	10	6	8
墙体材料	6	7	7
面积系数	10	5	6
窗户类型	8	7	8

问题：（1）如果不考虑其他评审要素，使用最小年费用法选择最佳设计方案（折现率按 10%）。

（2）如果按上述 7 个指标组成的指标体系对 A、B、C 三个设计方案进行综合评审，确定各指标的权重，并采用综合评价法选择最佳设计方案。

（3）如果上述 7 个评价指标的后 4 个指标定义为功能项目，寿命期年费用作为成本，试用价值工程方法优选最佳设计方案。

[除问题（1）保留两位小数外，其余计算结果均保留三位小数。]

答案：

问题（1）：

1）A 方案年费用：

4 000×$(A/P, 10\%, 70)$+30＝4 000×0.1×1.1^{70}÷$(1.1^{70}-1)$+30＝430.51（万元）。

2）B 方案年费用：

3 000×$(A/P, 10\%, 50)$+80＝3 000×0.1×1.1^{50}÷$(1.1^{50}-1)$+80＝382.58（万元）。

3）C 方案年费用：

3 500×$(A/P, 10\%, 60)$+50＝3 500×0.1×1.1^{60}÷$(1.1^{60}-1)$+50＝401.15（万元）。

4）结论：由于 B 方案的寿命期年费用最小，故选择 B 方案为最佳设计方案。

问题（2）：

1）各指标的权重：

①各指标重要程度的系数之和＝5+3+2+4+3+6+1＝24。

②初始投资的权重＝5÷24＝0.208。

③年维护费用的权重＝3÷24＝0.125。

④使用年限的权重＝2÷24＝0.083。

⑤结构体系的权重＝4÷24＝0.167。

⑥墙体材料的权重＝3÷24＝0.125。

⑦面积系数的权重＝6÷24＝0.250。

⑧窗户类型的权重＝1÷24＝0.042。

2）各方案的综合得分：

①A 方案 = 8×0.208+10×0.125+10×0.083+10×0.167+6×0.125+10×0.250+8×0.042 = 9.000。

②B 方案 = 10×0.208+8×0.125+8×0.083+6×0.167+7×0.125+5×0.250+7×0.042 = 7.165。

③C 方案 = 9×0.208+9×0.125+9×0.083+8×0.167+7×0.125+6×0.250+8×0.042 = 7.791。

④结论：由于 A 方案的综合得分最高，故选择 A 方案为最佳设计方案。

问题（3）：

1）各方案的功能指数：

①各功能项目的权重：

系数之和为 4+3+6+1 = 14。

结构体系的权重 = 4÷14 = 0.286。

墙体材料的权重 = 3÷14 = 0.214。

面积系数的权重 = 6÷14 = 0.429。

窗户类型的权重 = 1÷14 = 0.071。

2）各方案的功能综合得分：

①A 方案 = 10×0.286+6×0.214+10×0.429+8×0.071 = 9.002。

②B 方案 = 6×0.286+7×0.214+5×0.429+7×0.071 = 5.856。

③C 方案 = 8×0.286+7×0.214+6×0.429+8×0.071 = 6.928。

3）各方案的功能指数：

①方案加权得分合计 = 9.002+5.856+6.928 = 21.786。

②F_A = 9.002÷21.786 = 0.413。

③F_B = 5.856÷21.786 = 0.269。

④F_C = 6.928÷21.786 = 0.318。

4）各方案的成本指数：

①方案寿命期年费用合计 = 430.51+382.58+401.15 = 1 214.24（万元）。

②C_A = 430.51÷1 214.24 = 0.355。

③C_B = 382.58÷1 214.24 = 0.315。

④C_C = 401.15÷1 214.24 = 0.330。

5）各方案的价值指数：

①V_A = 0.413÷0.355 = 1.163。

②V_B = 0.269÷0.315 = 0.854。

③V_C = 0.318÷0.330 = 0.964。

6）结论：由于 A 方案的价值指数最大，故选择 A 方案为最佳设计方案。

例题 2.11 建设单位要求设计单位提供楼宇智能化方案供选择。设计单位提供了两个能够满足建设单位要求的方案，本项目的造价咨询单位对两个方案的相关费用和收入进行了测算，有关数据见表 2.34。建设期为 1 年，不考虑期末残值，购置、安装费及所有收支费用均发生在年末，年复利率为 8%，现值系数见表 2.35。【2022 年真题（节选）】

表 2.34　两个方案的基础数据表

方案	购置、安装费/万元	大修理周期/年	每次大修理费/万元	使用年限/年	年运营收入/万元	年运营维护费/万元
方案一	1 500	15	160	45	250	80
方案二	1 800	10	100	40	280	75

表 2.35　现值系数表

系数	1	10	15	20	30	40	41	45	46
(*P/A*, 8%, *n*)	0. 926	6. 710	8. 559	9. 818	11. 258	11. 925	11. 967	12. 109	12. 137
(*P/F*, 8%, *n*)	0. 926	0. 463	0. 315	0. 215	0. 099	0. 046	0. 043	0. 031	0. 029

问题：对楼宇智能化方案采用净年值法计算分析，建设单位应选择哪个方案？（计算过程和结果均保留三位小数。）

答案：

（1）方案一：

年效益＝250×（*P/A*，8%，45）×（*P/F*，8%，1）×（*A/P*，8%，46）
＝250×12. 109×0. 926/12. 137＝230. 966（万元）。

年费用＝［1 500+160×（*P/F*，8%，15）+160×（*P/F*，8%，30）+80×（*P/A*，8%，45）］×（*P/F*，8%，1）×（*A/P*，8%，46）
＝（1 500+160×0. 315+160×0. 099+80×12. 109）×0. 926/12. 137
＝193. 406（万元）。

净年值＝230. 966−193. 406＝37. 560（万元）。

（2）方案二：

年效益＝280×（*P/A*，8%，40）×（*P/F*，8%，1）×（*A/P*，8%，41）
＝280×11. 925×0. 926/11. 967＝258. 370（万元）。

费用年值＝［1 800+100×（*P/F*，8%，10）+100×（*P/F*，8%，20）+100×（*P/F*，8%，30）+75×（*P/A*，8%，40）］×（*P/F*，8%，1）×（*A/P*，8%，41）
＝［1 800+100×（0. 463+0. 215+0. 099）+75×11. 925］×0. 926/11. 967
＝214. 502（万元）。

净年值＝258. 37−214. 502＝43. 868（万元）。

（3）结论：由于方案二的净年值最大，故建设单位应选择方案二。

例题 2. 12　某利用原有仓储库房改建养老院项目，有两个可选设计方案：

方案一：不改变原建筑结构和外立面装修，内部格局和装修做部分调整。

方案二：部分改变原建筑结构，外立面装修全部拆除重做，内部格局和装修做部分调整。经建设单位组织的专家评审，决定从施工工期（Z_1）、初始投资（Z_2）、维护费用（Z_3）、空间利用（Z_4）、使用年限（Z_5）五个指标对设计方案进行评价。专家组

决定采用0-1评分法对各指标的重要程度进行评分，评分结果见表2.36。【2022年补考真题】

表2.36 指标重要程度评分表

指标	Z_1	Z_2	Z_3	Z_4	Z_5
Z_1	×	1	1	0	0
Z_2		×	1	0	0
Z_3			×	0	0
Z_4				×	1
Z_5					×

专家组对各设计方案的评价指标Z_1到Z_5的打分见表2.37。

表2.37 各设计方案评价指标打分算数平均值

指标	方案一	方案二
Z_1	10	10
Z_2	10	8
Z_3	9	9
Z_4	8	7
Z_5	7	7

问题：（1）利用表2.38，计算各指标的权重。

表2.38 指标权重计算表

指标	Z_1	Z_2	Z_3	Z_4	Z_5	得分	修正得分	权重
Z_1	×	1	1	0	0			
Z_2		×	1	0	0			
Z_3			×	0	0			
Z_4				×	1			
Z_5					×			
合计								

（2）按Z_1到Z_5的评价指标体系，采用综合评审法对两个方案进行评价，并推荐最优方案。

（3）在选定方案一的前提下，设计单位提出，通过增设护理检测系统降低维护费用，该系统又有甲、乙、丙三个设计方案。方案甲、乙、丙功能指数及造价见表2.39。采用价值工程法选择最优方案。

表 2.39 各设计方案功能指数及造价

项目	方案甲	方案乙	方案丙
功能指数	0.38	0.37	0.25
造价	20	18	15

(4) 某仓库现有两个投资收益方案，初始投资 33 万元，建设期 1 年，使用年限 30 年。

方案 A：前 5 年免租金，第 6 年以后开始收租金。年租金 8 万元，年维修费 1 万元。每 10 年大修一次，每次大修费用 3 万元。

方案 B：前 15 年租金 5 万元，年维修费 1 万元。每 10 年大修一次，每次大修理费 3 万元，15 年后以 50 万元转让给用户。

两个方案的基础数据见表 2.40，初始投资发生在使用年期初，其余资金发生在年末。已知年复利率为 8%，现值系数见表 2.41。用净现值法比选方案。

表 2.40 方案基础数据表

项目 方案	初始投资 /万元	大修周期 /年	每次大修费 /万元	年租金 /万元	年维修 /万元	年租金年限 /年
A	33	10	3	8	1	25
B	33	10	3	5	1	15

表 2.41 现值系数表

名称	1	5	6	10	20	30
$(P/A, 8\%, n)$	0.926	3.993	4.623	6.710	9.818	11.258
$(P/F, 8\%, n)$	0.926	0.681	0.631	0.463	0.215	0.099

(计算过程和结果均保留三位小数。)

答案：

问题 (1)：

答案填入表 2.42。

表 2.42 指标权重计算表

指标	Z_1	Z_2	Z_3	Z_4	Z_5	得分	修正得分	权重
Z_1	×	1	1	0	0	2	3	0.200
Z_2	0	×	1	0	0	1	2	0.133
Z_3	0	0	×	0	0	0	1	0.067
Z_4	1	1	1	×	1	4	5	0.333

续表2.42

指标	Z_1	Z_2	Z_3	Z_4	Z_5	得分	修正得分	权重
Z_5	1	1	1	0	×	3	4	0.267
合计						10	15	1.000

问题（2）：

1）方案一加权得分＝10×0.2+10×0.133+9×0.067+8×.333+7×0.267＝8.466。

2）方案二加权得分＝10×0.2+8×0.133+9×0.067+7×0.333+7×0.267＝7.867。

3）结论：因方案一综合得分高，推荐方案一为最优方案。

问题（3）：

1）成本指数：

①成本合计＝20+18+15＝53.000（万元）。

②方案甲＝20/53＝0.377；方案乙＝18/53＝0.340；方案丙＝15/53＝0.283。

2）价值指数：

方案甲＝0.38/0.377＝1.008；方案乙＝0.37/0.340＝1.088；方案丙＝0.25/0.283＝0.883。

3）结论：因方案乙价值指数最高，故选择方案乙为最优方案。

问题（4）：

1）A方案：

①效益现值＝8×（P/A，8%，25）×（P/F，8%，5）×（P/F，8%，1）
＝8×10.675×0.681×0.926
＝53.854（万元）。

②费用现值＝［33+1×（P/A，8%，30）+3×（P/F，8%，10）+3×（P/F，8%，20）］×（P/F，8%，1）
＝（33+1×11.258+3×0.463+3×0.215）×0.926＝42.866（万元）。

③净现值＝53.854−42.866＝10.988（万元）。

2）B方案：

①效益现值＝［5×（P/A，8%，15）+50×（P/F，8%，15）］×（P/F，8%，1）

$$=\left[5\times\frac{(1+8\%)^{15}-1}{(1+8\%)^{15}\times 8\%}+50\times(1+8\%)^{-15}\right]\times 0.926$$

＝54.226（万元）。

②费用现值＝［33+1×（P/A，8%，15）+3×（P/F，8%，10）］×（P/F，8%，1）

$$=\left[33+1\times\frac{(1+8\%)^{15}-1}{(1+8\%)^{15}\times 8\%}+3\times(1+8\%)^{-10}\right]\times 0.926$$

＝39.771（万元）。

③净现值：54.226−39.771＝14.455（万元）。

3）结论：应该选择B方案，B方案净现值更大。

例题2.13 某利用原有仓储库房改建养老院项目，有三个可选设计方案。方案一：

不改变原建筑结构和外立面装修，内部格局和装修做部分调整；方案二：部分改变原建筑结构，外立面装修全部拆除重做，内部格局和装修做较大调整；方案三：整体拆除新建。三个方案的基础数据见表 2.43。假设初始投资发生在期初，维护费用和残值发生在期末。

表 2.43　各设计方案的基础数据表

指标	方案一	方案二	方案三
初始投资/万元	1 200	1 800	2 100
维护费用/（万元/年）	150	130	120
使用年限/年	30	40	50
残值/万元	20	40	70

经建设单位组织的专家评审，决定从施工工期（Z_1）、初始投资（Z_2）、维护费用（Z_3）、空间利用（Z_4）、使用年限（Z_5）、建筑能耗（Z_6）六个指标对设计方案进行评价。专家组决定采用 0—1 评分法对各指标的重要程度进行评分，评分结果见表 2.44。专家组对各设计方案的评价指标打分的算术平均值见表 2.45。【2021 年真题】

表 2.44　指标重要程度评分表

指标	Z_1	Z_2	Z_3	Z_4	Z_5	Z_6
Z_1	×	0	0	1	1	1
Z_2	1	×	1	1	1	1
Z_3	1	0	×	1	1	1
Z_4	0	0	0	×	0	1
Z_5	0	0	0	1	×	1
Z_6	0	0	0	0	0	×

表 2.45　各设计方案评价指标打分算术平均值

指标	方案一	方案二	方案三
Z_1	10	8	7
Z_2	10	7	6
Z_3	8	9	10
Z_4	6	9	10
Z_5	6	8	10
Z_6	7	9	10

问题：（1）利用表 2.46，计算各指标的权重。

表 2.46　指标权重计算表

指标	Z_1	Z_2	Z_3	Z_4	Z_5	Z_6	得分	修正得分	权重
Z_1	×	0	0	1	1	1			
Z_2	1	×	1	1	1	1			
Z_3	1	0	×	1	1	1			
Z_4	0	0	0	×	0	1			
Z_5	0	0	0	1	×	1			
Z_6	0	0	0	0	0	×			
合计									

（2）按 Z_1 到 Z_6 的评价指标体系，采用综合评审法对三个方案进行评价，并推荐最优方案。

（3）为了进一步对三个方案进行比较，专家组决定采用结构耐久度、空间利用、建筑能耗、建筑外观四个指标作为功能项目，经综合评价确定的三个方案的功能指数分别为：方案一 0.241，方案二 0.351，方案三 0.408。如果在只考虑初始投资、维护费用和残值的前提下，已知方案一和方案二的寿命期年费用分别为 256.415 万元和 280.789 万元，试计算方案三的寿命期年费用，并用价值工程方法选择最优方案。年复利率为 8%，现值系数见表 2.47。

表 2.47　现值系数表

名称	10	20	30	40	50
$(P/A，8\%，n)$	6.710	9.818	11.258	11.925	12.233
$(P/F，8\%，n)$	0.463	0.215	0.099	0.046	0.021

（4）在选定方案二的前提下，设计单位提出，通过增设护理检测系统降低维护费用，该系统又有 A、B 两个设计方案。方案 A 初始投资 60 万元，每年降低维护费用 8 万元，每 10 年大修一次，每次大修费用 20 万元；方案 B 初始投资 100 万元，每年降低维护费用 11 万元，每 20 年大修一次，每次大修费用 50 万元，试分别计算 A、B 两个方案的净现值，并选择最优方案。

答案：

问题（1）：

答案见表 2.48。

表 2.48　指标权重计算表

指标	F_1	F_2	F_3	F_4	F_5	F_6	得分	修正得分	权重
F_1	×	0	0	1	1	1	3	4	0.190
F_2	1	×	1	1	1	1	5	6	0.286

续表2.48

指标	F_1	F_2	F_3	F_4	F_5	F_6	得分	修正得分	权重
F_3	1	0	×	1	1	1	4	5	0.238
F_4	0	0	0	×	0	1	1	2	0.095
F_5	0	0	0	1	×	1	2	3	0.143
F_6	0	0	0	0	0	×	0	1	0.048
合计							15	21	1.000

问题（2）：

1）方案一加权得分=10×0.19+10×0.286+8×0.238+6×0.095+6×0.148 7×0.048=8.428。

2）方案二加权得分=8×0.19+7×0.286+9×0.238+9×0.095+6×0.143+7×0.048=8.095。

3）方案三加权得分=7×0.19+6×0.286+10×0.238+10×0.095+10×0.143+10×0.048=8.286。

4）结论：因方案一得分最高，故推荐方案一为最优方案。

问题（3）：

1）年费用=120+2 100×（A/P，8%，50）−70×（P/F，8%，50）×（A/P，8%，50）
=120+2 100/12.233−70×0.021/12.233=291.547（万元）。

2）成本指数：

①方案加权得分合计=256.415+280.789+291.547=828.751（万元）。

②方案一=256.415/828.751=0.309。

③方案二=280.789/828.751=0.339。

④方案三=291.547/828.751=0.352。

3）价值指数：

①方案一=0.241/0.309=0.780。

②方案二=0.351/0.339=1.035。

③方案三=0.408/0.352=1.159。

4）因方案三价值指数最高，故选择方案三为最优方案。

问题（4）：

1）A方案净现值=8×（P/A，8%，40）−20×［（P/F，8%，10）+（P/F，8%，20）+20×（P/F，8%，30）］−60
=8×11.925−20×（0.463+0.215+0.099）−60=19.860（万元）。

2）B方案净现值=11×（P/A，8%，40）−50×（P/F，8%，20）−100
=11×11.925−50×0.216−100=20.425（万元）。

3）结论：因B方案费用净现值最大，故选择B方案为最优方案。

例题2.14 为加快城市更新，改善市区主干道的交通状况，某市规划局提出建设交通设施项目拟定有地铁、轻轨和高架道路三个方案。该三个方案的使用寿命均按50年计算，分别需每15年、10年、20年大修一次。单位时间价值为10元/小时，基准折现率为8%，其他有关数据，见表2.49。现值系数见表2.50。

不考虑建设工期的差异，即建设投资均按期初一次性投资考虑，不考虑动拆迁工作和建设期间对交通的影响，三个方案均不计残值，每年按360天计算。【教材例题】

表2.49 各方案基础数据表

指标	地铁	轻轨	高架道路
建设投资/万元	1 000 000	500 000	300 000
年维修和运行费/（万元/年）	10 000	8 000	3 000
每次大修费/（万元/次）	40 000	30 000	20 000
日均客流量/（万人/天）	50	30	25
人均节约时间/（小时/人）	0.7	0.6	0.4
运行收入/（元/人）	3	3	0
土地升值/（万元/年）	50 000	40 000	30 000

表2.50 现值系数表

系数	10	15	20	30	40	45	50
$(P/A, 8\%, n)$	6.710	8.560	9.818	11.258	11.925	12.108	12.233
$(P/F, 8\%, n)$	0.463	0.315	0.215	0.099	0.046	0.031	0.021

问题：（1）三个方案的年度寿命周期成本各为多少？

（2）若采用寿命周期成本的费用效率（CE）法，应选择哪个方案？

（3）若轻轨每年造成的噪声影响损失为7 000万元，将此作为环境成本，则在地铁和轻轨两个方案中，哪个方案较好？

（费用效率系数保留两位小数，其余取整。）

答案：

问题（1）：

1）地铁的年度寿命周期成本：10 000+｛1 000 000+40 000×［（P/F，8%，15）+（P/F，8%，30）+（P/F，8%，45）］｝/（A/P，8%，50）

=10 000+［1 000 000+40 000×（0.315+0.099+0.031）］/12.233

=93 201（万元）。

2）轻轨的年度寿命周期成本：8 000+｛500 000+30 000×［（P/F，8%，10）+（P/F，8%，20）+（P/F，8%，30）+（P/F，8%，40）］｝/（A/P，8%，50）

=8 000+［500 000+30 000×（0.463+0.215+0.099+0.046）］/12.233

=50 891（万元）。

3）高架道路的年度寿命周期成本：3 000+｛300 000+20 000×［（P/F，8%，20）+（P/F，8%，40）］｝/（A/P，8%，50）

=3 000+［300 000+20 000 ×（0. 215+0. 046）］/12. 233=27 951（万元）。

问题（2）：

1）地铁的年度费用效率：

①年度系统效率=50×（0. 7×10+3）×360+50 000=230 000（万元）。

②费用效率=230 000/93 201=2. 47。

2）计算轻轨的年度费用效率：

①年度系统效率=30×（0. 6×10+3）×360+40 000=137 200（万元）。

②费用效率=137 200/50 891=2. 70。

3）计算高架道路的年度费用效率：

①年度系统效率 25×0. 4×10×360+30 000=66 000（万元）。

②费用效率=66 000/27 951=2. 36。

4）结论：由于轻轨的费用效率最高，因此应选择建设轻轨。

问题（3）：

1）轻轨的年度费用效率=137 200/（50 891+7 000）=2. 37。

2）结论：地铁费用效率=2. 47>轻轨费用效率=2. 37，因此，若考虑将噪声影响损失作为环境成本，则地铁方案优于轻轨方案。

例题 2. 15　某国有企业投资新建一大厦，通过公开招标方式进行施工招标，选定了某承包商，土建工程的合同价格为 20 300 万元（不含税），其中利润为 1 800 万元。施工过程中占工程成本 50% 的材料费仍可能上涨，经预测上涨 10% 的概率为 0. 6，上涨 5% 的概率为 0. 3。【经典例题（自编）】

问题：承包商在该工程的期望成本利润率应为多少？（计算结果保留三位小数。）

答案：

（1）材料费期望值=18 500×50%×1. 1×0. 6+18 500×50%×1. 05×0. 3+18 500×50%×1×0. 1
=9 943. 750（万元）。

（2）期望成本=9 943. 75+18 500×50%=19 193. 750（万元）。

（3）期望成本利润率=（20 300−19 193. 75）/19 193. 75=5. 764%。

例题 2. 16　某方案总费用为 200 万，其中防水保温敷设占 90%，拆除费占 10%。防水保温敷设中人工费占比为 15%，材料费占比为 50%。拆除费用中人工费占比 80%，不计算材料费。若材料费上涨 10% 的概率为 0. 2，人工费上涨 20% 的概率为 0. 6。其余费用无变化。【经典例题 · 自编】

问题：求该方案成本的期望值。（计算结果保留两位小数）

答案：

（1）人工费=200×90%×15%+200×10%×80%=43. 00（万元）。

（2）人工费期望值=43×1. 2×0. 6+43×0. 4=48. 16（万元）。

（3）材料费=200×90%×50%=90. 00（万元）。

（4）材料费期望值=90×1. 1×0. 2+90×0. 8=91. 80（万元）。

（5）其余费用=180×35%+20×20%=67. 00（万元）。

（6）方案成本期望值=48. 16+91. 8+67=206. 96（万元）。

例题 2.17 某建设项目有 A、B、C 三个投资方案。其中，A 方案投资额为 2 000 万元的概率为 0.6，投资额为 2 500 万元的概率为 0.4；在这两种投资额情况下，年净收益额为 400 万元的概率为 0.7，年净收益额为 500 万元的概率为 0.3。

通过对 B 方案和 C 方案的投资额及发生概率、年净收益额及发生概率的分析，得到该两方案的投资效果、发生概率及相应的净现值数据，见表 2.51。

表 2.51 B 方案和 C 方案评价基础数据表

方案	效果	概率	净现值/万元
B 方案	好	0.24	900
	较好	0.06	700
	较差	0.56	500
	很差	0.14	−100
C 方案	好	0.24	1 000
	较好	0.16	600
	较差	0.36	200
	很差	0.24	−300

假定 A、B、C 三个投资方案的建设投资均发生在期初，年净收益额均发生在当年年末，寿命期均为 10 年，基准折现率为 10%。

在计算净现值时取年金现值系数（P/A，10%，10）= 6.145。【教材例题（改编）】

问题：(1) 列式计算 A 方案的期望值。

(2) 决策树法进行投资方案决策。

(计算结果保留两位小数。)

答案：

问题 (1)：

1) A 方案投资额期望值 = 2 000×0.6+2 500×0.4 = 2 200.00（万元）。

2) A 方案年净收益额期望值 = 400×0.7+500×0.3 = 430.00（万元）。

3) A 方案净现值的期望值 = 430×（P/A，10%，10）−2 200 = 430×6.145−2 200 = 442.35（万元）。

问题 (2)：

1) 绘制决策树，如图 2.2 所示。

A 方案投资效果好的净现值 = −2 000+500×6.145 = 1 072.50（万元）。

A 方案投资效果较好的净现值 = −2 500+500×6.145 = 572.50（万元）。

A 方案投资效果较差的净现值 = −2 000+400×6.145 = 458.00（万元）。

A 方案投资效果很差的净现值 = −2 500+400×6.145 = −42.00（万元）。

2) 各机会节点净现值：

机会点② = 442.35（万元）。

机会点③ = 900×0.24+700×0.06+500×0.56−100×0.14 = 524.00（万元）。

机会点④ = 1 000×0.24+600×0.16+200×0.36−300×0.24 = 336.00（万元）。

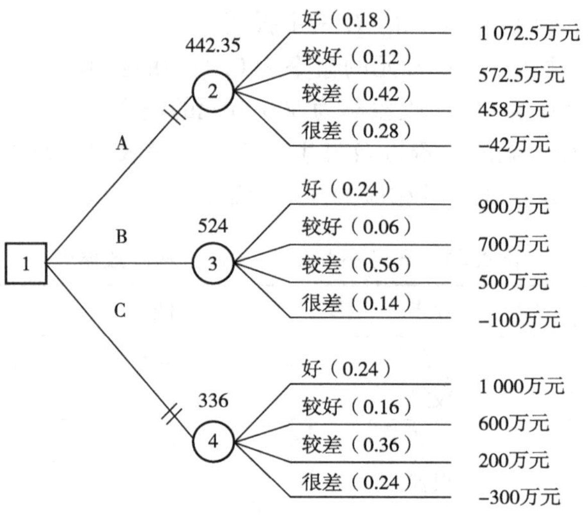

图 2.2　决策树

3）结论：机会点③净现值的期望值最大，故应选择 B 方案。

例题 2.18　A 企业结合自身情况和投标经验，认为该工程项目投高价标的中标概率为 40%，投低价标的中标概率为 60%；投高价标中标后，收益效果好、中、差三种可能性的概率分别为 30%、60%、10%，计入投标费用后的净损益值分别为 40 万元、35 万元、30 万元；投低价标中标后，收益效果好、中、差三种可能性的概率分别 15%、60%、25%，计入投标费用后的净损益值分别为 30 万元、25 万元、20 万元；投标发生的相关费用为 5 万元，A 企业经测算、评估后最终选择了投低价标，投标价为 500 万元。【2019 年真题（节选）】

问题：绘制 A 企业投标决策树，列式计算并说明 A 企业选择投低价标是否合理？（计算结果保留两位小数。）

答案：

（1）绘制决策树，如图 2.3 所示。

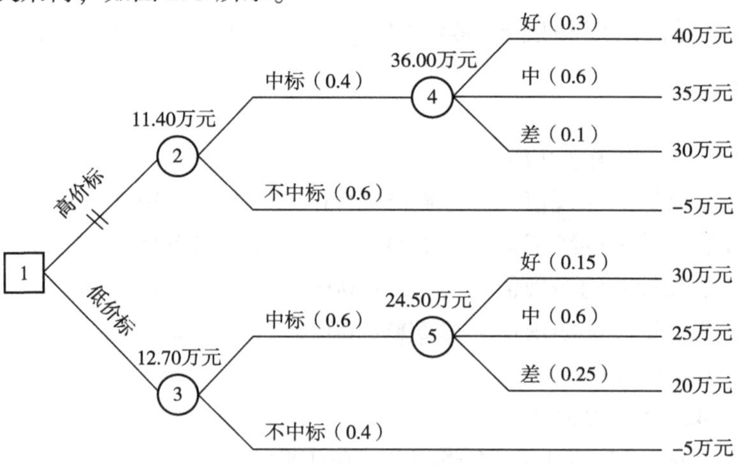

图 2.3　决策树

（2）各机会节点期望值：

机会节点②＝36×40%－5×60%＝11.40（万元）。

机会节点③＝24.5×60%－5×40%＝12.70（万元）。

机会节点④＝40×30%＋35×60%＋30×10%＝36.00（万元）。

机会节点⑤＝30×15%＋25×60%＋20×25%＝24.50（万元）。

（3）结论：由于投低标期望利润12.7万元>投高标期望利润11.4万元，所以投低标合理。

例题2.19 某路桥建设集团经研究决定参与某工程投标。经造价工程师估计，该工程估算成本3亿元，其中材料费占60%。拟采用高、中、低3个报价方案的利润率分别为7%、4%、2%，根据过去类似工程的投标经验，相应的中标概率分别为20%、50%、90%，编制投标文件费用为10万元。该工程业主在招标文件中明确规定采用固定总价合同。据估计，在施工过程中材料费可能平均上涨3%，其发生概率为60%。【经典例题（自编）】

问题：该投标人应按哪个方案投标？相应的报价为多少？（计算结果保留两位小数。）

答案：

（1）绘制决策树，如图2.4所示。

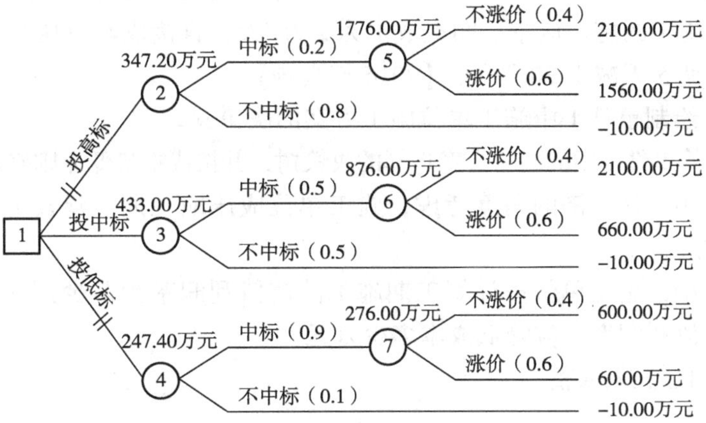

图2.4 决策树

（2）各机会节点期望值：

②＝1 776.00×0.2+（−10.00）×0.8＝347.20（万元）。

③＝876×0.5+（−10.00）×0.5＝433.00（万元）。

④＝276.00×0.9+（−10.00）×0.5＝247.40（万元）。

⑤＝2 100×0.4+1 560×0.6＝1 776.00（万元）。

⑥＝1 200×0.4+660×0.6＝876.00（万元）。

⑦＝600×0.4+60×0.6＝276.00（万元）。

（3）结论：因为投中标期望值最大，应该选择投中标的方案。

（4）投标报价＝30 000×（1+4%）＝31 200.00（万元）。

例题2.20 某隧洞工程，施工单位与项目业主签订了120 000万元的施工总承包合同，合同约定每延长（或缩短）1天工期，处罚（或奖励）金额3万元。

施工过程中发生了以下事件：

事件1：施工前，施工单位拟定了三种隧洞开挖施工方案，并测算了各方案的施工成本，见表2.52。

表2.52　各施工方案施工成本　　单位：万元

施工方案	施工准备工作成本	不同地质条件下的施工成本	
		地质较好	地质不好
先拱后墙法	4 300	101 000	102 000
台阶法	4 500	99 000	106 000
全断面法	6 800	93 000	—

当采用全断面法施工时，在地质条件不好的情况下，须改用其他施工方法，如果改用先拱后墙法施工，需再投入3 300万元的施工准备工作成本。如果改用台阶法施工，需再投入1 100万元的施工准备工作成本。根据对地质勘探资料的分析评估，地质情况较好的概率为0.6。

事件2：实际开工前发现地质情况不好，经综合考虑施工方案采用台阶法，造价师测算了按计划工期施工的施工成本、间接成本为2万/天；直接成本每压缩工期5天增加30万元，每延长工期5天减少20万元。【2016年真题】

问题：(1) 绘制事件1中施工单位施工方案的决策树。

(2) 列式计算事件1中的施工方案选择的决策树，并按成本最低原则确定最佳施工方案。

(3) 事件2中，从经济的角度考虑，施工单位应压缩工期、延长工期还是按计划工期施工？说明理由。

(4) 事件2中，施工单位按计划工期施工的产值利润率为多少万元？若施工单位希望实现10%的产值利润率，应降低成本多少万元？

(计算结果四舍五入取整。)

答案：

问题(1)：绘制决策树，如图2.5所示。

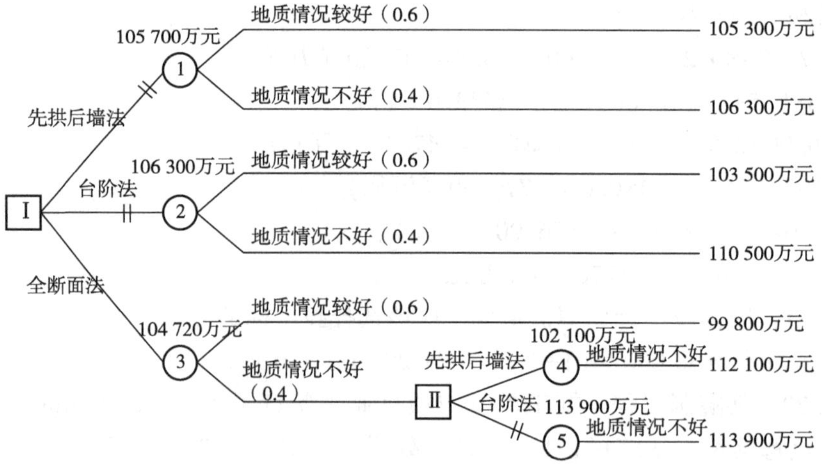

图2.5　决策树

问题（2）：

1）二级决策机会节点期望值：

机会节点④=102 000+6 800+3 300=112 100（万元）。

机会节点⑤=106 000+6 800+1 100=113 900（万元）。

2）二级决策，应选择先拱后墙法。

3）一级决策机会节点期望值：

机会节点①=105 300×0.6+106 300×0.4=105 700（万元）。

机会节点②=103 500×0.6+110 500×0.4=106 300（万元）。

机会节点③=99 800×0.6+112 100×0.4=104 720（万元）。

4）一级决策，应选择全断面法。

问题（3）：

1）按计划工期施工。

2）理由：压缩工期费用变化=30/5-2-3=1（万元/天），压缩工期导致总费用增加。延长工期费用变化=2-20/5+3=1（万元/天），延长工期导致总费用增加。

问题（4）：

1）工程成本：4 500+106 000=110 500（万元）。

2）产值利润率：（120 000-110 500）/120 000×100%=7.92%。

3）设实际成本为 x 万元，产值利润率为 10%。

$$\frac{120\ 000-x}{120\ 000}=10\%$$

解得：$x=108\ 000$（万元）。

成本降低额=110 500-108 000=2 500（万元）。

（二）工程网络计划的调整与优化

例题 2.21 某大型工程项目由政府投资建设，一期工程业主委托某招标代理公司代理施工招标。招标代理公司确定该项目采用公开招标方式招标，招标公告在当地政府规定的招标信息网上发布。招标文件中规定：评标方法采用经评审的最低投标价法。投标有效期为 60 天。项目施工招标信息发布以后，共有 12 家潜在的施工单位报名参加投标。

A 企业决定参与某工程的投标。在基本确定技术方案后，为提高竞争能力，对其中某关键技术措施拟订了三个方案进行比选。若以 C 表示费用（费用单位为万元），T 表示工期（时间单位为周），则方案一的费用为 $C_1=100+4T$；方案二的费用为 $C_2=150+3T$；方案三的费用为 $C_3=250+2T$。

经分析，这种技术措施的三个比选方案对施工网络计划的关键线路均没有影响。各关键工作可压缩的时间及相应增加的费用见表 2.53。

在问题分析中，假定所有关键工作压缩后不改变关键线路。【教材例题】

表 2.53 关键工作可压缩时间与费用增加表

关键工作	A	C	E	H	M
可压缩时间/周	1	2	1	3	2

续表2.53

关键工作	A	C	E	H	M
压缩单位时间增加的费用/（万元/周）	3.5	2.5	4.5	6.0	2.0

问题：（1）若仅考虑费用和工期因素，请分析这三种方案的使用情况。

（2）若该工程的合理工期为60周，A企业相应的估算报价为1 653万元。在确保利润不变的前提下，为了争取中标，该企业投标应报工期和报价各为多少？

（3）若招标文件规定，评标采用"经评审的最低投标价法"，且规定施工单位自报工期小于60周时，工期每提前1周，其总报价降低2万元作为经评审的报价，在确保利润不变的前提下，A企业的自报工期应为多少？相应的经评审的报价为多少？若该企业中标，合同价为多少？

（4）若招标文件规定，评标采用"经评审的最低投标价法"，且规定施工单位自报工期小于60周时，工期每提前1周，其总报价降低1万元作为经评审的报价，在确保利润不变的前提下，A企业的自报工期应为多少？相应的经评审的报价为多少？若该企业中标，合同价为多少？

答案：

问题（1）：

1）当方案一费用<方案二费用，应采用方案一。

$$100+4T<150+3T,\ T<50$$

则：当$T<50$，应采用方案一；$T>50$应采用方案二；$T=50$，方案一和方案二都可以。

2）当方案二费用<方案三费用，应采用方案二。

$$150+3T<250+2T,\ T<100$$

则：当$T<100$，应采用方案二；$T>100$应采用方案三；$T=50$，方案二和方案三都可以。

3）结论：当$T<50$，采用方案一；当$50<T<100$，采用方案二；当$T>100$，采用方案三。

问题（2）：

1）报价=1 653−2×（3−2.5）−2×（3−2）=1 650（万元）。

2）工期=60−4=56（周）。

问题（3）：

1）报价=1 653+1×（3.5−3）+2×（2.5−3）+1×（4.5−3）+2×（2−3）=1 652（万元）。

2）工期=60−6=54（周）。

3）评标价=1 652−2×6=1 640（万元）。

问题（4）：

1）报价=1 653+1×（3.5−3）+2×（2.5−3）+2×（2−3）=1 650.5（万元）。

2）工期=60−5=55（周）。

3）评标价=1 650.5−1×5=1 645.5（万元）。

例题2.22 已知某工程的网络计划如图2.6所示，箭线上方括号外为正常工作时间直接费（万元），括号内为最短工作时间直接费（万元），箭线下方括号外为正常工作持续时间（天），括号内为最短工作持续时间（天）。正常工作时间的间接费为 15. 8 万元，间接费率为 0. 20 万元/天。项目合同工期为 120 天，合计总费用为 71. 80 万元。【教材例题】

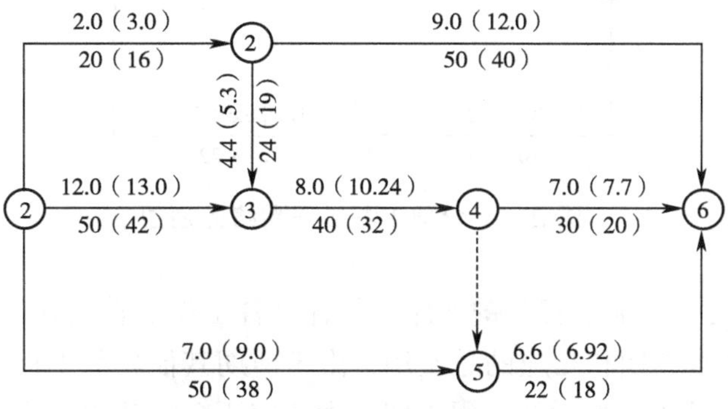

图 2. 6　工程网络计划图（单元：天）

问题：（1）确定该工程的总费用最低时所对应的工期和最低总费用。

（2）建设方提出若用 98 天完成该项目，可得奖励 6 000 元，对施工方是否有利？相对于正常工期下的总费用，施工方节约（或超支）多少费用？

答案：

问题（1）：

1）第一次压缩：压缩 4–6 工作 8 天，压缩后的工期为 120−8＝112（天），压缩后的总费用＝70. 80+0. 070×8−0. 2×8＝70. 76（万元）。

2）第二次压缩：压缩 1–3 工作 6 天，压缩后的工期为 112−6＝106（天），压缩后的总费用＝70. 76+0. 125×6−0. 20×6＝70. 31（万元）。

3）第三次压缩：同时压缩工作 4–6 和 5–6 工作 2 天，压缩后的工期为 106−2＝104（天），压缩后的总费用 70. 31+0. 150×2−0. 20×2＝70. 21（万元）。

4）结论：总费用最低时所对应的工期 104 天；最低总费用 70. 21（万元）。

问题（2）：

1）根据问题 2 的计算结果，在第三次压缩后，再进行压缩时只能选择压缩工作 3–4，可压缩 8 天，若满足建设方要求，仅压缩 104−98＝6 天即可，压缩 6 天的费用增加值为：0. 280×6−0. 20×6＝0. 48（万元）。业主若奖励 0. 60 万元>0. 48 万元，对施工方是有利的。

2）工期为 98 天时的总费用（扣除奖励）为：70. 21+0. 48−0. 6＝70. 09（万元），相对于正常工期下的总费用 70. 80 万元，施工方可节约费用 70. 80−70. 09＝0. 71（万元）。

例题 2. 23　施工方编制的某分部工程网络计划如图 2. 7 所示。该分部工程由工作 A、B、C、D、E、F 组成。箭线上方括号内为最短工作时间直接费（万元），括号外为正常工作时间直接费（万元），箭线下方括号内为最短工作持续时间（天），括号外为正常工作持续时间（天）。正常工作时间间接费为 26. 7 万元，间接费率 0. 3 万元/天。【2023 年真题（节选）】

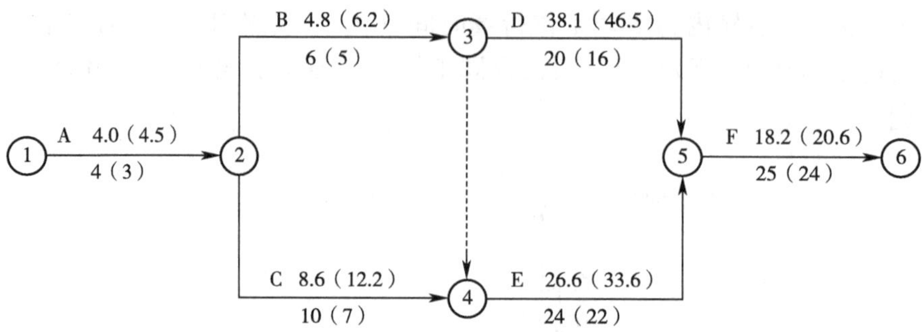

图 2.7 分部工程工程网络计划图

问题：（1）列出该分部工程关键线路，并计算各工作的直接费率（填入表 2.54 中），计算该分部工程的正常工期和相应的总费用；由于前期其他分部工程延误，施工方需要用 60 天完成该分部工程才不影响后续工程工期，为此应压缩哪几项工作？压缩后的该分部工程总费用多少？

（2）根据合同约定，工期每提前 1 天，可得奖励 1.0 万元；若不考虑其他因素，仅针对该分部工程，继续压缩哪些工作对施工方有利？并说明理由。

表 2.54 直接费费率计算表

工作代号	最短时间直接费-正常时间直接费/万元	正常持续时间-最短持续时间/天	直接费率/（万元/天）
A			
B			
C			
D			
E			
F			

（计算过程和结果均以万元为单位，并保留两位小数。）

答案：

问题（1）：

1）关键线路：A→C→E→F 或①——②——④——⑤——⑥。

2）填写表 2.55。

表 2.55 直接费费率计算表

工作代号	最短时间直接费-正常时间直接费/万元	正常持续时间-最短持续时间/天	直接费率/（万元/天）
A	4.5−4=0.5	4−3=1	0.5
B	6.2−4.8=1.4	6−5=1	1.4

续表2.55

工作代号	最短时间直接费-正常时间直接费/万元	正常持续时间-最短持续时间/天	直接费率/(万元/天)
C	12.2−8.6=3.6	10−7=3	1.2
D	46.5−38.1=8.4	20−16=4	2.1
E	33.6−26.6=7	24−22=2	3.5
F	20.6−18.2=2.4	25−24=1	2.4

3）正常工期=4+10+24+25=63（天）。

正常工期总费用=（4+8.6+26.6+18.2+4.8+38.1）+26.7=127.00（万元）。

4）压缩：A、C 工作。

5）压缩后总费用=127+（0.5+1.2×2）−0.3×3=129.00（万元）。

问题（2）：

1）继续压缩 C 工作对施工方有利。

2）理由：C 工作压缩总费用增加 1.2−0.3=0.9（万元/天）<工期奖励 1 万元/天，故总费用降低应压缩。

第三章　工程计量与计价

一、本章考核要点

本章考核要点见表 3.1。

表 3.1　主要知识点及考核要点

序号	考试大纲要求	考核要点
1	工程计量	工程计量；分部分项清单计价表；综合单价分析表；综合单价计算；综合单价调整；措施项目计算；增值税计算；清单计价汇总表
2	工程定额、指标的编制与应用	
3	设计概算、施工图预算	
4	工程量清单计价	

二、精要·题眼

1. 工程计量

工程计量相关内容参见《房屋建筑工程工程量计算标准》GB/T 50854—2024；《通用安装工程工程量计算标准》GB/T 50856—2024。

（注：一般为考试案例五的第一问，根据给定图纸及计算规则计算要求的工程量。）

2. 分部分项清单计价表

分部分项清单计价表见表 3.2。

表 3.2　分部分项清单计价表

序号	项目编码	项目名称	项目特征描述	计量单位	工程量	金额/元	
						综合单价	合价
本页小计							
合计							

注：考试中表格由题目直接给定。

土建专业：项目编码、项目名称、项目特征描述、计量单位由题目给定，工程量根据第 1 问的结果填写，综合单价根据题意直接给定，考生计算合价。其中，项目编码是 5 级 12 位编码，个别年份给定前 9 位编码，需要考生补齐后 3 位。

安装专业：项目编码、项目名称根据题目给定的“分部分项工程量清单统一编码表”填写（只给定项目编码前 9 位，需要考生补齐后 3 位）；项目特征描述、计量单位、工程量、综合单价、合价都需要考生能够填写，其中项目特征描述根据题干给定信息填写。

3. 综合单价分析表

综合单价分析表见表 3. 3。

表 3. 3　综合单价分析表

项目编码		项目名称				计量单位	
项目特征							
序号	费用项目	单位	数量	计算基础/元	费率/%	单价/元	合价/元
1	人工费	—	—	—	—	—	
1. 1	……						
2	材料费	—	—	—	—	—	
2. 1	主要材料 1						
2. 2	主要材料 2						
	……						
	其他材料费						
3	施工机具使用费	—	—	—	—	—	
3. 1	机具 1						
3. 2	机具 2						
	……						
	其他施工机具使用费						
4	1+2+3 小计	—	—	—	—	—	
5	管理费	—	—				
6	利润	—	—				
综合单价							

注：根据题目给定定额填写。

土建专业：数量=定额工程量/定额单位×定额消耗量/清单工程量。

安装专业：数量=定额工程量/定额单位×定额消耗量/清单工程量。

主材消耗量=（1+主材损耗率）。

【例 1】　某工程项目挖基坑土方，清单项目编码为 010102001。土质为二类土，采用人工挖土机械运土。清单土方开挖量为 $10m^3$，现场开挖量为 $12m^3$，挖出土全部机械运至场内指定地点堆放，运距 100m。基础底面钎探面积为 $15m^2$。管理费为人工费的 30%，利润为人工费的 20%，根据给定的定额表（表 3. 4）求综合单价，填入表 3. 5。（数量保留四位小数，其余保留两位小数。）

表 3.4　相关定额表

定额编号				1-29	1-63	1-125
项目		单位	除税单价	人工挖基坑土方（$10m^3$）	机动翻斗车运土方 100m（$10m^3$）	坑底钎探（$100m^2$）
人工	综合工日	工日	60.00	0.30		3.60
材料	中粗砂	m^3	250.00			0.16
	钢钎	kg	8.00			10.00
机械	机动翻斗车	台班	160.00		0.50	
	轻便钎探器	台班	60.00			0.8

表 3.5　综合单价表

项目编码		项目名称				计量单位	
项目特征							
序号	费用项目	单位	数量	计算基础/元	费率/%	单价/元	合价/元
1	人工费						
1.1	综合工日						
2	材料费						
2.1							
2.2							
3	施工机具使用费						
3.1							
3.2							
4	1+2+3 小计						
5	管理费						
6	利润						
综合单价							

答案：

综合单价分析见表 3.6。

表 3.6　综合单价分析表

项目编码	010102001001	项目名称	挖基坑土方			计量单位	m^3
项目特征	二类土						
序号	费用项目	单位	数量	计算基础/元	费率/%	单价/元	合价/元
1	人工费	—	—	—	—	—	5.40

续表3.6

序号	费用项目	单位	数量	计算基础/元	费率/%	单价/元	合价/元
1.1	综合工日	工日	0.09	—	—	60.00	5.40
2	材料费	—	—	—	—	—	1.80
2.1	中粗砂	m^3	0.002 4	—	—	250.00	0.60
2.2	钢钎	kg	0.15	—	—	8.00	1.2
3	施工机具使用费	—	—	—	—	—	10.32
3.1	机动翻斗车	台班	0.06	—	—	160.00	9.60
3.2	轻便钎探器	台班	0.012	—	—	60.00	0.72
4	1+2+3 小计	—	—	—	—	—	17.52
5	管理费	—	—	5.40	30	—	1.62
6	利润	—	—	5.40	20	—	1.08
综合单价							20.22

【例 2】 某工程项目现浇混凝土基础梁，清单项目编码为 010502005。清单混凝土工程量为 $50m^3$。混凝土采用 C40 商品混凝土，混凝土暂估价格为 400 元/m^3。管理费和利润分别为人工费和机械费之和的 30% 和 20%。根据现浇混凝土基础梁定额消耗量表（表 3.7）、资源市场价格表（表 3.8），完成综合单价分析表（表 3.9）。（计算结果保留三位小数。）

表 3.7 消耗量定额

单位：$10m^3$

定额编号			5-572	5-573
项目		单位	现浇混凝土基础梁	混凝土养护
人工	综合工日	工日	2.04	1.36
材料	C30 商品混凝土（综合）	m^3	10.05	
	塑料薄膜	m^3		24.12
	水	m^3	0.32	1.08
	其他材料费	元	68	
机械	插入式振捣器	台班	0.50	

表 3.8 资源市场价格表

序号	资源名称	单位	价格	备注
1	综合工日	工日	50.00	包括技工、力工
2	C30 商品混凝土（综合）	m^3	340.00	包括搅拌、运输、浇灌

续表3.8

序号	资源名称	单位	价格	备注
3	塑料薄膜	m^2	0.40	
4	水	m^3	3.90	
5	插入式振捣器	台班	10.74	

表3.9 综合单价分析表

项目编码		项目名称				计量单位	
项目特征							
序号	费用项目	单位	数量	计算基础/元	费率/%	单价/元	合价/元
1	人工费						
1.1							
2	材料费						
2.1							
2.2							
2.3							
2.4							
3	施工机具使用费						
3.1							
4	1+2+3 小计						
5	管理费						
6	利润						
综合单价							

答案：

综合单价分析表见表3.10。

表3.10 综合单价分析表

项目编码	010502005001	项目名称	现浇混凝土基础梁			计量单位	m^3
项目特征	C40 商品混凝土						
序号	费用项目	单位	数量	计算基础/元	费率/%	单价/元	合价/元
1	人工费	—	—	—	—	—	17.000

续表3.10

序号	费用项目	单位	数量	计算基础/元	费率/%	单价/元	合价/元
1.1	综合工日	工日	0.340	—	—	50.000	17.000
2	材料费	—	—	—	—	—	410.311
2.1	C40 商品混凝土	m^3	1.005	—	—	400.000	402.000
2.2	塑料薄膜	m^2	2.412	—	—	0.400	0.965
2.3	水	m^3	0.140	—	—	3.900	0.546
2.4	其他材料费	元	—	—	—	—	6.800
3	施工机具使用费	—	—	—	—	—	0.537
3.1	插入式振捣器	台班	0.050	—	—	10.740	0.537
4	1+2+3 小计	—	—	—	—	—	427.848
5	管理费	—	—	17.537	30	—	5.261
6	利润	—	—	17.537	20	—	3.507
综合单价							436.616

【例 3】 根据给定的定额表（表3.11），完成SC20配管综合单价分析表（表3.12）。

表 3.11 相关定额、主材单价及损耗率

定额编号	项目名称	定额单位	安装基价/元			主材	
			人工费	材料费	机械费	单价/（元/m）	损耗率/%
4-12-24	砖、混凝土结构暗配SC20	10m	93.05	4.80	0	8.50	3
4-12-25	砖、混凝土结构暗配SC32	10m	110.70	5.20	0	16.50	3
4-13-1	管内穿单芯硬导线 铜芯 导线截面≤2.5mm^2	10m	9.72	1.50	0	1.90	16
4-13-3	管内穿单芯硬导线 铜芯 导线截面≤6mm^2	10m	6.48	1.45	0	4.60	10

该工程的人工单价为100元/工日，管理费和利润分别按人工费的40%和15%计算。（数量保留四位小数，其余保留三位小数。）

表 3.12 综合单价分析表

项目编码		项目名称			计量单位		
项目特征							
序号	费用项目	单位	数量	计算基础/元	费率/%	单价/元	合价/元
1	人工费						

续表3.12

序号	费用项目	单位	数量	计算基础/元	费率/%	单价/元	合价/元
1.1							
2	材料费						
2.1							
2.2							
3	施工机具使用费						
3.1							
4	1+2+3 小计						
5	管理费						
6	利润						
综合单价							

答案：

综合单价分析表见表3.13。

表3.13　综合单价分析表

项目编码	030412001001	项目名称	配管			计量单位	m
项目特征	砖、混凝土结构暗配 SC20						
序号	费用项目	单位	数量	计算基础/元	费率/%	单价/元	合价/元
1	人工费	—	—	—	—	—	9.310
1.1	综合工日	工日	0.093 1	—	—	100	9.310
2	材料费	—	—	—	—	—	9.235
2.1	SC20 钢管	m	1.03	—	—	8.50	8.755
2.2	其他材料费	元	—	—	—	—	0.48
3	施工机具使用费	—	—	—	—	—	0
3.1	其他机械费	元	—	—	—	—	0
4	1+2+3 小计	—	—	—	—	—	18.545
5	管理费	—	—	9.310	40	—	3.724
6	利润	—	—	9.310	15	—	1.397
综合单价							23.666

【例4】　根据给定的系统图（图3.1）和定额（表3.14），列式计算成套配电箱综合单价，并填写成套配电箱的综合单价分析表（表3.15）（不考虑配电箱的进线接线）。

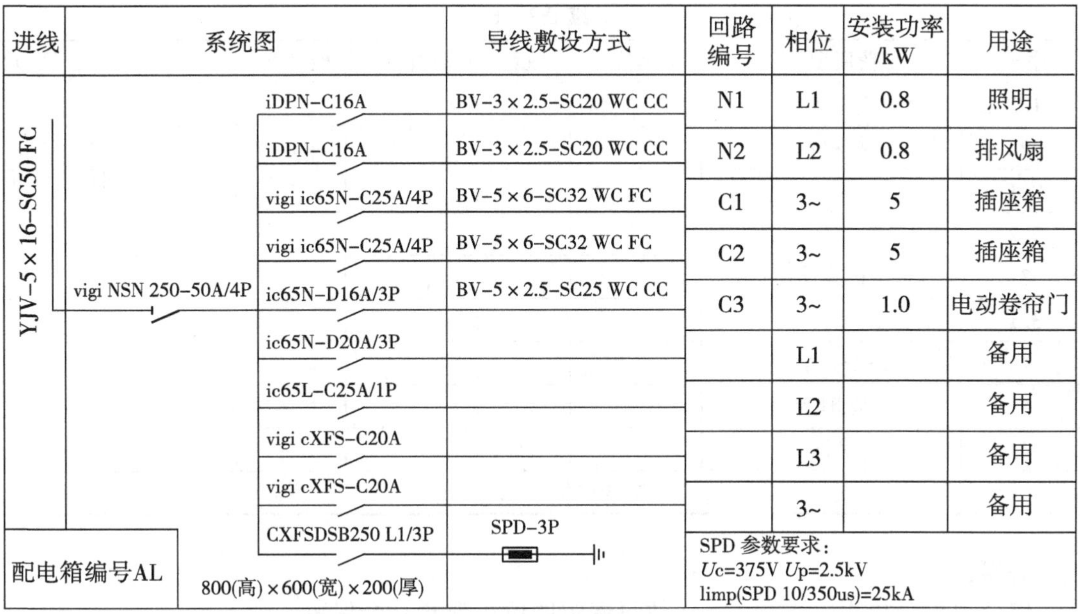

图 3.1　配电箱流图

表 3.14　相关定额、主材单价及损耗率

定额编号	项目名称	定额单位	安装基价/元			主　材	
			人工费	材料费	机械费	单价	损耗率/%
4-2-80	成套配电箱安装 嵌入式 半周长≤1.0m	台	148.50	34.50	0	1 500.00 元/台	
4-2-81	成套配电箱安装 嵌入式 半周长≤1.5m	台	157.80	37.90	0	2 500.00 元/台	
4-4-10	无端子外部接线 导线截面≤2.5mm^2	个	1.44	1.54	0		
4-4-11	无端子外部接线 导线截面≤6mm^2	个	2.04	1.84	0		
4-4-12	有端子外部接线 导线截面≤2.5mm^2	个	2.40	2.20	0		
4-4-13	有端子外部接线 导线截面≤6mm^2	个	2.86	2.76	0		

该工程的人工单价为 100 元/工日，管理费和利润分别按人工费的 40% 和 15% 计算。

表 3.15　综合单价分析表

项目编码	030402011	项目名称	成套配电箱			计量单位	台
项目特征							
序号	费用项目	单位	数量	计算基础/元	费率/%	单价/元	合价/元
1	人工费						

续表3.15

序号	费用项目	单位	数量	计算基础/元	费率/%	单价/元	合价/元
1.1							
2	材料费						
2.1							
2.2							
3	施工机具使用费						
3.1							
4	1+2+3 小计						
5	管理费						
6	利润						
综合单价							

答案：

综合单价分析表见表3.16。(数量保留四位小数，其余保留三位小数。)

表3.16　综合单价分析表

项目编码	030402011001	项目名称	成套配电箱			计量单位	台
项目特征	照明配电箱 AL；800（高）×600（宽）×200（厚）；无端子外部接线 2.5mm^2，11 个；无端子外部接线 6mm^2，10 个						
序号	费用项目	单位	数量	计算基础/元	费率/%	单价/元	合价/元
1	人工费	—	—	—	—	—	194.04
1.1	综合工日	工日	1.940 4	—	—	100.00	194.04
2	材料费	—	—	—	—	—	2 573.24
2.1	成套配电箱	台	1.00	—	—	2 500.00	2 500.00
2.2	其他材料费	元	—	—	—	—	73.24
3	施工机具使用费	—	—	—	—	—	0
3.1	其他机械费	元	—	—	—	—	0
4	1+2+3 小计	—	—	—	—	—	2 767.28
5	管理费	—	—	194.04	40	—	77.616
6	利润	—	—	194.04	15	—	29.106
综合单价							2 874.002

4. 综合单价调整

(1) 设计变更替换材料调整综合单价。

【例1】　招标工程量清单中钢筋混凝土基础筏板混凝土标号为C30（综合单价697.30元/m^3）、钢筋混凝土基础柱混凝土标号为C30（综合单价746.78元/m^3）、钢筋混凝土基础连梁混凝土标号为 C30（综合单价 720.45 元/m^3），施工过程中经各方确认设计分别变更为 C35、C40、C40，若该清单项目混凝消耗量为 1.015；同期 C30、C35 及 C40 现场搅拌混凝土相关部门信息指导价分别为 446.00 元/m^3、490.00 元/m^3 和 540.00 元/m^3；投标价中企业管理费按人工、材料、机械费之和的 10% 计取，利润按人工、材料、机械、企业管理费之和的 7% 计取。

问题：请列式计算该钢筋混凝土基础筏板、钢筋混凝土基础柱、钢筋混凝土基础连梁现场搅拌混凝土标号变更后的综合单价。

答案：

变更后钢筋混凝土基础筏板综合单价：697.3＋（490－446）×1.015×1.1×1.07＝749.86（元/m^3）。

变更后钢筋混凝土基础柱综合单价：746.78＋（540－446）×1.015×1.1×1.07＝859.08（元/m^3）。

变更后钢筋混凝土基础连梁综合单价：720.45＋（540－446）×1.015×1.1×1.07＝832.75（元/m^3）。

【例 2】 山区工程 C30 混凝土基础的清单工程量 100m^3，C15 垫层混凝土的清单工程量 10m^3，钢筋的清单工程量 4t。考虑到工程工场地的特殊，现场材料需要进行二次搬运，（注：混凝土定额损耗按 1.5%，钢材定额损耗按 3.0%，二次搬运材料不含税运费为：水泥 210.00 元/t，中粗砂 160.00 元/t，碎石 160.00 元/t，钢材 800.00 元/t）。已知混凝土为现场拌合混凝土，现场搅拌混凝土配合比表见表 3.17。

表 3.17 现场搅拌混凝土配合比表

序号	混凝土标号	主要材料用量/（kg/m^3）				备注
		32.5 级水泥	42.5 级水泥	中粗砂	碎石	
1	C15	290.00		730.00	1 230.00	S
2	C30		350.00	670.00	1 200.00	F

问题：计算该项目总价措施项目的材料二次搬运费，并填入表 3.18 中。（计算结果保留两位小数。）

表 3.18 材料二次搬运费计算表

序号	材料名称	单位	材料用量计算过程	计量结果	二次搬运单价/（元/t）	二次搬运合价
1	水泥	t			210.00	
2	中粗砂	t			160.00	
3	碎石	t			160.00	
4	钢材	t			800.00	
	合计	元				

答案：

材料二次搬运费计算见表 3.19。

表 3.19　材料二次搬运费计算表

序号	材料名称	单位	材料用量计算过程	计量结果	二次搬运单价/元/t	二次搬运合价/元
1	水泥	t	（10×1.015×290+100×1.015×350）/1 000	38.47	210.00	8 078.70
2	中粗砂	t	（10×1.015×730+100×1.015×670）/1 000	75.41	160.00	12 065.60
3	碎石	t	（10×1.015×1 230+100×1.015×1 200）/1 000	134.28	160.00	21 484.80
4	钢材	t	4×1.03	4.12	800.00	3 296.00
	合计	元				44 925.1

（2）材料价格上涨综合单价调整。

1）承包人投标报价中可调价因子**单价低于基准价**的，计量周期工程造价管理机构发布的单价**涨幅以基准价**为基础超出合同约定的风险幅度值，或材料单价**跌幅以投标报价**为基础超出合同约定的风险幅度值时，其超出部分应按实调整。

2）承包人投标报价中可调价因子**单价高于基准价**的，计量周期工程造价管理机构发布的单价**跌幅以基准价**为基础超出合同约定的风险幅度值，或材料单价**涨幅以投标报价**为基础超出合同约定的风险幅度值时，其超出部分应按实调整。

3）总结：材料单价**涨幅**，以投标单价和基准价中**较高者为基础**；材料单价**跌幅**，以投标单价和基准价中**较低者为基础**。

【例 3】　施工企业投标时采用型钢 4 200 元/t 的价格进行了钢柱子综合单价组价（11 250 元/t），管理费和利润分别为人工费 40% 和 20% 。施工过程中型钢价格普遍上涨，施工合同约定，型钢单价风险幅度值为±5% ，超过时，采用造价信息差额调整法调整综合单价：承包人投标单价中的材料单价低于基准单价（当地造价管理部门发布的信息价）时，施工期间材料单价涨幅以基准单价为基础超过合同约定的风险幅度值时，其超过部分按实结算。投标期间造价管理部门发布的型钢的材料信息价（除税）分别为 4 500 元/t，施工当期承包方采购的型钢材料除税单价为 5 000 元/t。已知钢柱加工损耗率为 3% 。

问题：列式计算钢柱结算时的综合单价。（计算结果保留两位小数。）

答案：

钢柱＝11 250.00+（5 000−4 500×1.05）×1.03＝11 533.25（元/t）。

5. 清单计价汇总表

清单计价汇总表见表 3.20。

表 3.20　清单计价汇总表

序号	项目内容	金额/元
1	分部分项工程项目	
2	措施项目	
2.1	其中：安全生产措施项目	
3	其他项目	
3.1	其中：暂列金额	

续表3.20

序号	项目内容	金额/元
3.2	其中：专业工程暂估价	
3.3	其中：计日工	
3.4	其中：总承包服务费	
4	增值税	
合计		

注：1. 专业工程暂估价为已含税价格，在计算增值税计算基础时不应包含专业工程暂估价金额。

2. 安全生产措施费=（分部分项工程费+其余措施费+计日工+总承包服务费）×3%。

其他项目费=暂列金额+专业工程暂估价（含税）+计日工+总承包服务费。

总承包服务费=专业工程暂估价/1.09×总承包服务费费率。

增值税=（分部分项工程费+措施项目费+暂列金额+计日工+总承包服务费）×9%。

三、典型例题

（一）土建专业

例题3.1 某建筑面积28 860.00m^{2}的钢筋混凝土框架结构多层工业厂房，其厂房主体结构分部分项工程施工图工程量清单及综合单价见表3.21。由于该厂房二层局部工艺和活荷载条件变化、为增加该部位结构的抗震性能，设计单位出具涉及该部位结构的钢筋混凝土框架柱、梁、板使用的预拌混凝土中添加适量专用钢纤维设计变更，变更的具体内容和相关参数如图3.2和图3.3所示。钢纤维混凝土梁的消耗定额及指导价格信息见表3.21、表3.22。

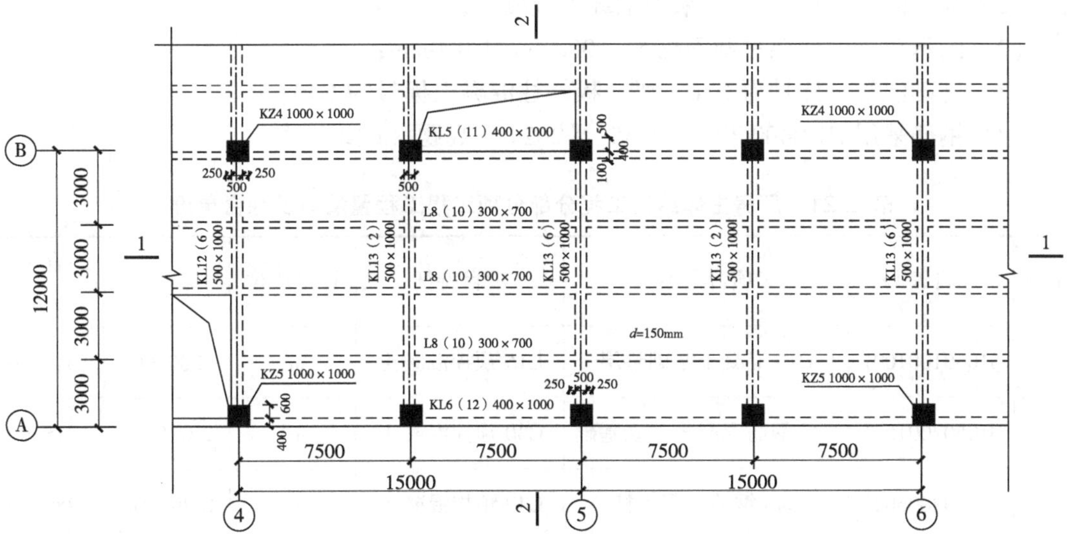

图3.2 二层钢纤维混凝土区域梁模板图

注：层高为11.6m，板厚为150mm。

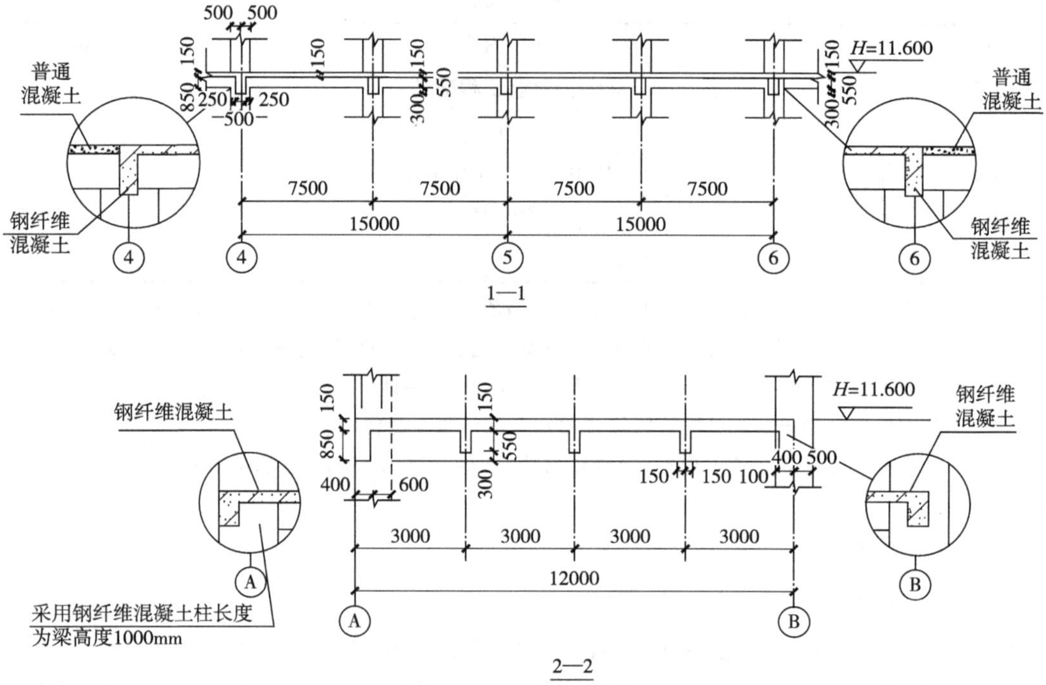

图 3-3　二层钢纤维混凝土区域剖面图

注：板厚为 150mm。

说明：

（1）本楼板 A 轴-B 轴，4 轴-6 轴范围的梁（完整梁）、板、柱（与梁相交的完整柱，长度为梁高度 1 000mm），采用钢纤维混凝土；

（2）图示范围内框架柱截面均为 1 000mm×1 000mm；

（3）基础混凝土标号为 C30，梁、板、柱混凝土标号为 C40；

（4）钢筋采用 HPB400 和 HRB335。【2024 年真题（改编）】

表 3. 21　厂房主体结构工程分部分项工程工程量清单及综合单价

序号	项目编码	项目名称	项目特征	计量单位	工程量	综合单价/元
1	010501001001	C15 混凝土基础垫层	C15 预拌混凝土	m^3	280. 00	540. 00
2	010502001001	C30 钢筋混凝土独立基础	C30 预拌混凝土	m^3	2 076. 00	715. 00
3	010502006001	C40 钢筋混凝土柱	C40 预拌混凝土	m^3	2 294. 00	780. 00
4	010502011001	C40 钢筋混凝土梁	C40 预拌混凝土	m^3	2 868. 00	785. 00
5	010502013001	C40 钢筋混凝土板	C40 预拌混凝土	m^3	4 698. 74	766. 00

表 3.22 钢纤维混凝土梁消耗定额及指导价格信息表

消耗定额名称			钢纤维混凝土梁
消耗定额编号			5-25B
消耗定额单位			m^3
消耗项目名称	单位	信息价/元	消耗量
综合工日	工日	110.00	0.820
C40 预拌混凝土	m^3	480.00	1.015
混凝土专业钢纤维	kg	7.80	35.000
其他材料费	元	—	33.00
机械费	元	—	33.60

问题：（1）根据施工图 3.2、图 3.3 中所示内容和表 3.21 中有关数据，按《房屋建筑与装饰工程工程量计算标准》GB/T 50854—2024 的计算规则，在表 3.23 中列式计算设计变更后的该厂房主体结构工程中添加钢纤维的钢筋混凝土框架柱、梁、板分部分项工程量，并调整原有钢筋混凝土框架柱、梁、板实体工程分部分项工程量。（计算与钢纤维混凝土梁共同浇筑的钢纤维混凝土框架柱的长度同相交梁高度。）

表 3.23 工程量计算表

序号	项目名称	单位	计算过程	计算结果
1	C40 钢纤维混凝土框架柱	m^3		
2	C40 钢纤维混凝土梁	m^3		
3	C40 钢纤维混凝土板	m^3		
4	C40 钢筋混凝土框架柱工程量调整	m^3		
5	C40 钢筋混凝土梁工程量调整	m^3		
6	C40 钢筋混凝土板工程量调整	m^3		

（2）根据问题（1）的有关计算结果、表 3.22 给定的基础数据，按《建设工程工程量清单计价标准》GB/T 50500—2024 的计算规则，在表 3.24 中编制钢纤维混凝土梁综合单价分析表，已知企业管理费和利润分别为人工费的 40% 和 20% 。

表 3.24 钢纤维混凝土梁综合单价分析表

项目编码		项目名称	钢纤维混凝土梁			计量单位	m^3
项目特征	C40 预拌纤维混凝土						
序号	费用项目	单位	数量	计算基础/元	费率/%	单价/元	合价/元
1	人工费						
1.1	综合工日						
2	材料费						
2.1	C40 预拌混凝土						
2.2	混凝土专业钢纤维						
2.3	其他材料费						
3	施工机具使用费						
3.1	机械费						
4	1+2+3 小计						
5	管理费						
6	利润						
综合单价							

（3）根据问题（1）、问题（2）的计算结果，表 3.21 中已有的数据，按《建设工程工程量清单计价标准》GB/T 50500—2024 的计算规则，在答题卡表 3.25 中编制该厂房主体结构工程实体分部分项工程项目清单计价表，经计算 C40 钢纤维混凝土框架柱及钢纤维混凝土板的综合单价分别为 1 074.00 元/m^3 和 1 060.00 元/m^3。

表 3.25 工程实体分部分项工程项目清单计价表

序号	项目编码	项目名称	项目特征	计量单位	工程量	金额/元	
						综合单价	合价
1	010501001001	C15 混凝土基础垫层	C15 预拌混凝土	m^3			
2	010502001001	C30 钢筋混凝土独立基础	C30 预拌混凝土	m^3			
3	010502006002	C40 钢纤维混凝土框架柱	C40 预拌钢纤维混凝土	m^3			
4	010502011002	C40 钢纤维混凝土梁	C40 预拌钢纤维混凝土	m^3			
5	010502013002	C40 钢纤维混凝土板	C40 预拌钢纤维混凝土	m^3			
6	010502006001	C40 钢筋混凝土框架柱	C40 预拌混凝土	m^3			

续表3.25

序号	项目编码	项目名称	项目特征	计量单位	工程量	金额/元	
						综合单价	合价
7	010502011001	C40 钢筋混凝土梁	C40 预拌混凝土	m^3			
8	010502013001	C40 钢筋混凝土板	C40 预拌混凝土	m^3			
	分部分项工程小计			元	—		

（4）根据问题（3）的计算结果和下面已知信息，按《建设工程工程量清单计价标准》GB/T 50500—2024 的计算规则，在答题卡表 3.26 中编制该厂房主体结构单位工程最高投标限价汇总表，安全生产措施费按不含安全生产措施费的税前工程造价的 3%计取；其余措施费按分部分项人工费的 20%。分部分项工程中的人工费约占 25%，招标时其他项目费中暂列金额为 90 000 元，增值税率按 9%计取。

表 3.26 厂房主体结构单位工程最高投标限价汇总表

序号	汇总内容	金额/元
1	分部分项工程费	
2	措施项目费	
2.1	其中：安全生产措施费	
3	其他项目	
3.1	其中：暂列金额	
3.2	其中：专业工程暂估价	
3.3	其中：计日工	
3.4	其中：总承包服务费	
3.5	其中：合同中约定的其他项目	
4	增值税	
合计		

（无特殊说明的，费用计算时均为不含税价格；除综合单价分析表中“数量”保留三位小数外，其余结果保留两位小数。）

答案：

问题（1）：

答案见表 3.27。

表 3.27 工程量计算表

序号	项目名称	单位	计算过程	计算结果
1	C40 钢纤维混凝土框架柱	m^3	1×1×1×10＝10.00	10.00
2	C40 钢纤维混凝土梁	m^3	KL12/KL13＝（12−1−0.5）×0.5×1×5＝26.25 L8＝（30−0.5×4）×0.3×0.7×3＝17.64 KL5/KL6＝（30−1×4）×0.4×1×2＝20.80 合计＝26.25+17.64+20.8＝64.69	64.69

续表3.27

序号	项目名称	单位	计算过程	计算结果
3	C40 钢纤维混凝土板	m^3	［（12−0.4×2−0.3×3）×（30−0.5×4）−0.25×0.1×8−0.6×0.25×8］×0.15=43.05	43.05
4	C40 钢筋混凝土框架柱工程量调整	m^3	2 294−10=2 284.00	2 284.00
5	C40 钢筋混凝土梁工程量调整	m^3	2 868−64.69=2 803.31	2 803.31
6	C40 钢筋混凝土板工程量调整	m^3	4 698.74−43.05=4 655.69	4 655.69

问题（2）：

答案见表 3.28。

表 3.28 钢纤维混凝土梁综合单价分析表

项目编码	010502011001	项目名称	钢纤维混凝土梁			计量单位	m^3
项目特征	C40 预拌钢纤维混凝土						
序号	费用项目	单位	数量	计算基础/元	费率/%	单价/元	合价/元
1	人工费	—	—	—	—	—	90.20
1.1	综合工日	工日	0.820	—	—	110.00	90.20
2	材料费	—	—	—	—	—	793.20
2.1	C40 预拌混凝土	m^3	1.015	—	—	480.00	487.20
2.2	混凝土专业钢纤维	Kg	35.000	—	—	7.80	273.00
2.3	其他材料费	元	—	—	—	—	33.00
3	施工机具使用费	—	—	—	—	—	33.60
3.1	机械费	元	—	—	—	—	33.60
4	1+2+3 小计	—	—	—	—	—	917.00
5	管理费	—	—	90.20	40	—	36.08
6	利润	—	—	90.20	20	—	18.04
综合单价							971.12

问题（3）：

答案见表 3.29。

表 3.29 工程实体分部分项工程项目清单计价表

序号	项目编码	项目名称	项目特征	计量单位	工程量	金额/元	
						综合单价	合价
1	010501001001	C15 混凝土基础垫层	C15 预拌混凝土	m^3	280.00	540.00	151 200.00

续表3.29

序号	项目编码	项目名称	项目特征	计量单位	工程量	金额/元	
						综合单价	合价
2	010502001001	C30 钢筋混凝土独立基础	C30 预拌混凝土	m^3	2 076.00	715.00	1 484 340.00
3	010502006002	C40 钢纤维混凝土框架柱	C40 预拌钢纤维混凝土	m^3	10.00	1 074.00	10 740.00
4	010502011002	C40 钢纤维混凝土梁	C40 预拌钢纤维混凝土	m^3	64.69	971.12	62 821.75
5	010502013002	C40 钢纤维混凝土板	C40 预拌钢纤维混凝土	m^3	43.05	1 060.00	45 633.00
6	010502006001	C40 钢筋混凝土框架柱	C40 预拌混凝土	m^3	2 284.00	780.00	1 781 520.00
7	010502011001	C40 钢筋混凝土梁	C40 预拌混凝土	m^3	2 803.31	785.00	2 200 598.35
8	010502013001	C40 钢筋混凝土板	C40 预拌混凝土	m^3	4 655.69	766.00	3 566 258.54
	分部分项工程小计			元	—		9 303 111.64

问题（4）：

答案见表 3.30。

表 3.30 厂房主体结构单位工程最高投标限价汇总表

序号	汇总内容	金额/元
1	分部分项工程费	9 303 111.64
2	措施项目费	758 203.60
2.1	其中：安全生产措施费	293 048.02
3	其他项目	90 000.00
3.1	其中：暂列金额	90 000.00
3.2	其中：专业工程暂估价	0.00
3.3	其中：计日工	0.00
3.4	其中：总承包服务费	0.00
3.5	其中：合同中约定的其他项目	0.00
4	增值税	913 618.37
合计		11 064 933.61

例题 3.2 某城市双向 5.60km 长距离穿越黄河地下隧道工程采用 15.20m 直径盾构机掘进。其中，以地下连续墙为主体结构的工作井施工图和相关参数如图 3.4 和图 3.5 所

示。工程造价咨询公司编制的该地下连续墙工程最高投标限价相关分部分项工程项目清单编码及综合单价见表 3. 31。

表 3. 31　地下连续墙分部分项工程项目清单编码及综合单价表

序号	项目编码	项目名称	项目特征	计量单位	综合单价/元
1	010202001001	C35 钢筋混凝土地下连续墙	预制导墙，C35 预拌抗渗混凝土，墙厚 1 200mm，每幅宽 6 000mm，成槽深 40. 80m	m^3	1 582. 00
2	010201008001	ϕ800 水泥止水旋喷桩	直径 ϕ800，42. 5 号水泥浆，每接缝处 3 根，桩中心间距 600mm，桩深 33. 00m	m^3	655. 00
3	010202012001	C40 钢筋混凝土连续墙顶压梁	C40 预拌补偿收缩混凝土，连续墙顶通长设置，梁截面 2 000mm×1 200mm	m^3	711. 00
4	010506021001	地下连续墙钢筋笼制作、安装	主筋钢筋 HRB400，拉筋构造筋 HPB335	t	8 247. 00
5	010506001001	连续墙顶压梁钢筋制作、绑扎	主筋钢筋 HRB400，拉筋构造筋 HPB335	t	7 594. 00

说明：

（1）工作井围护结构采用 1 200mm 厚地下连续墙加内支撑体系，墙幅宽 6 000mm，共计 56 幅，墙高 40. 80m。

（2）地下连续墙接缝处止水采用 3 根 ϕ800 水泥旋喷桩，桩长 33. 00m。

（3）地下连续墙顶通长设钢筋混凝土 1 200mm×2 000mm 压梁。

（4）地下连续墙采用 C35 预拌抗渗混凝土，墙顶压梁采用 C40 补偿收缩混凝土，旋喷桩采用 42. 5 号水泥浆。

（5）钢筋混凝土主筋采用 HRB400，拉筋及构造筋采用 HPB355。【2023 年真题（改编）】

问题：（1）根据施工图 3. 4 和图 3. 5 中所示内容和相关数据，下面已知信息，按《房屋建筑与装饰工程工程量计算标准》GB/T 50854—2024 的计算规则，在答题卡表 3. 32 中列式计算该盾构施工工作井的钢筋混凝土地下连续墙、ϕ800 水泥止水旋喷桩，钢筋混凝土连续墙顶压梁、钢筋混凝土连续墙及墙顶压梁的钢筋等实体工程分部分项工程量。已知地下连续墙和墙顶压梁的钢筋单位含量测定分别为其体积的 79. 76kg/m^3 和 106. 54kg/m^3。

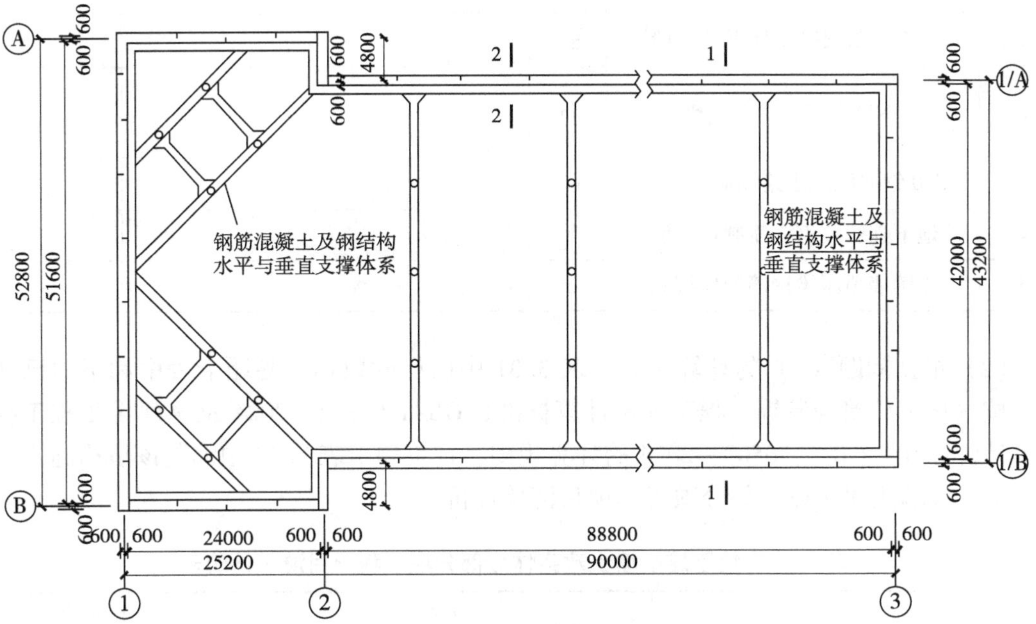

图 3.4 地下连续墙平面布置图

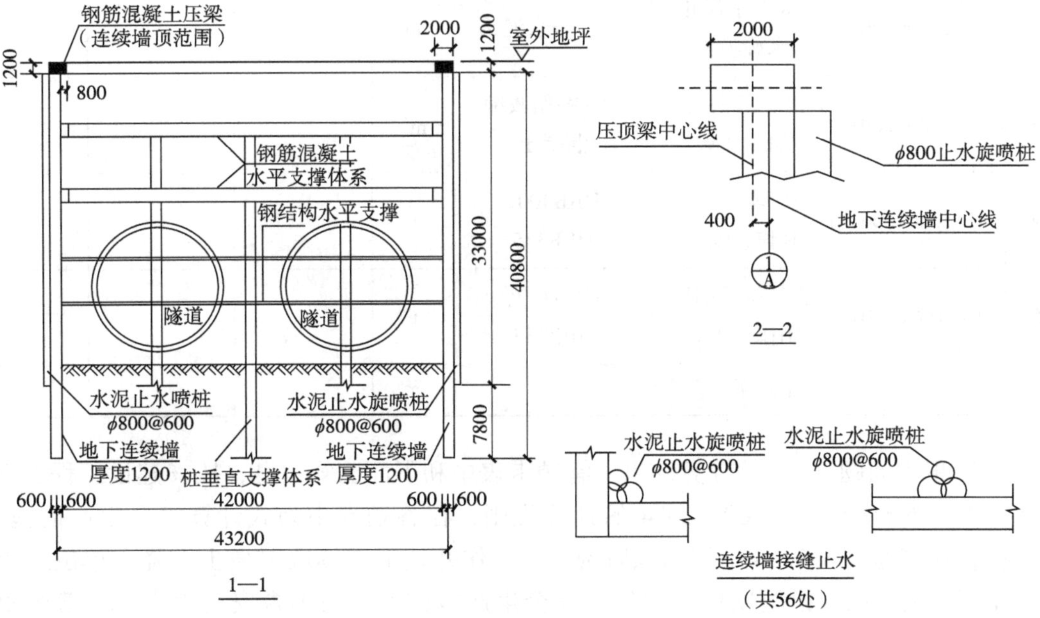

图 3.5 剖面图

表 3.32 工程量计算表

序号	项目名称	单位	计算过程	计算结果
1	C35 钢筋混凝土地下连续墙	m^3		
2	ϕ800 水泥止水旋喷桩	m		
3	C40 钢筋混凝土连续墙顶压梁	m^3		
4	地下连续墙钢筋笼制作安装	t		
5	连续墙顶压梁钢筋制作绑扎	t		

（2）根据问题（1）的计算结果，表 3.31 中已有的数据、答题卡表中和下面已知信息，按《房屋建筑与装饰工程工程量计算标准》GB/T 50854—2024 及《建设工程工程量清单计价标准》GB/T 50500—2024 的计算规则，在答题卡表 3.33 中编制该盾构施工工作井地下连续墙土建实体分部分项工程项目清单计价表。

表 3.33 地下连续墙土建实体分部分项工程项目清单计价表

序号	项目编码	项目名称	项目特征	计量单位	工程量	金额/元	
						综合单价	合价
1	010202001001	C35 钢筋混凝土连续墙	C35 预拌抗渗混凝土	m^3			
2	010201008001	ϕ800 水泥止水旋喷桩	42.5 号水泥浆	m			
3	010202012001	C40 钢筋混凝土墙顶压梁	C40 补偿收缩混凝土	m^3			
4	010506021001	连续墙钢筋笼制作、安装	HRB400、HPB335	t			
5	010506001001	墙顶压梁钢筋制作、绑扎	HRB400、HPB335	t			
	分部分项工程合计			元			

（3）根据问题（2）的计算结果、答题卡表中和下面已知信息，按《建设工程工程量清单计价标准》GB/T 50500—2024 的计算规则，在答题卡中列式计算安全生产措施费、增值税，在答题卡表 3.34 中编制该盾构施工工作井地下连续墙护坡土方降水单位工程项目清单汇总表。已知措施项目费中仅含安全生产措施费，为不含安全生产措施费的税前工程造价的 3%，其他项目中基坑监测设施暂列金额为 250 000.00 元，基坑土方挖运专业工程暂估价为 8 120 000.00 元（含税），基坑降水专业工程暂估价为 1 300 000.00 元（含税），总包服务费按 350 000 元计算；增值税率按 9% 计取。

表 3.34 工作井地下连续墙护坡土方降水单位工程项目清单汇总表

序号	汇总内容	金额/元
1	分部分项工程	
2	措施项目	
2.1	其中：安全生产措施费	
3	其他项目	
3.1	基坑监测设施暂列金额	
3.2	基坑土方挖运专业工程暂估价	
3.3	基坑降水专业工程暂估价	
3.4	总包服务费	
4	增值税	
	合计	

（4）根据问题（3）的计算结果、答题卡表中和下面已知信息，按《建设工程工程量清单计价标准》GB/T 50500—2024 的计算规则，在答题卡表 3.35 中编制该盾构施工工作井单项工程项目清单汇总表。已知工作井内钢筋混凝土水平及垂直支撑系统单位工程施工图最高投标限价为 5 280 000.00 元（含税）；其中安全生产措施费为 166 000.00 元。工作井内钢结构水平及垂直支撑系统单位工程施工图最高投标限价为 4 500 000.00 元（含税），其中安全生产措施费为 135 000.00 元。

表 3.35 盾构施工工作井单项工程项目清单汇总表

序号	单项工程名称	金额/元	其中：/元	
			暂估价	安全生产措施费
1	工作井护坡土方降水单位工程			
2	钢筋混凝土支撑系统单位工程			
3	钢结构支撑系统单位工程			
	单项工程最高投标限价合计			

（无特殊说明，费用计算均为不含税价格；各问题计算结果均保留两位小数。）

答案：

问题（1）：

答案见表 3.36。

表 3.36 工程量计算表

序号	项目名称	单位	计算过程	计算结果
1	C35 钢筋混凝土地下连续墙	m^3	40.8×1.2×6×56＝16 450.56	16 450.56
2	ϕ800 水泥止水旋喷桩	m	33×3×56＝5 544.00	5 544.00

续表3.36

序号	项目名称	单位	计算过程	计算结果
3	C40 钢筋混凝土连续墙顶压梁	m^3	1.2×2×（52.8−0.8+115.2−0.8）×2＝798.72	798.72
4	地下连续墙钢筋笼制作、安装	t	79.76×16 450.56/1 000＝1 312.10	1 312.10
5	连续墙顶压梁钢筋制作、绑扎	t	106.54×798.72/1 000＝85.10	85.10

问题（2）：

答案见表3.37。

表3.37 地下连续墙土建实体分部分项工程项目清单计价表

序号	项目编码	项目名称	项目特征	计量单位	工程量	金额/元	
						综合单价	合价
1	010202001001	C35 钢筋混凝土连续墙	C35 预拌抗渗混凝土	m^3	16 450.56	1 582.00	26 024 785.92
2	010201008001	ϕ800 水泥止水旋喷桩	42.5 号水泥浆	m	5 544.00	655.00	3 631 320.00
3	010202012001	C40 钢筋混凝土墙顶压梁	C40 补偿收缩混凝土	m^3	798.72	711.00	567 889.92
4	010506021001	连续墙钢筋笼制作、安装	HRB400、HPB335	t	1 312.10	8 247.00	10 820 888.70
5	010506001001	墙顶压梁钢筋制作、绑扎	HRB400、HPB335	t	85.10	7 594.00	646 249.40
	分部分项工程合计			元			41 691 133.94

问题（3）：

1）安全生产措施费：（41 691 133.94+350 000）×3%＝1 261 234.02（元）。

2）增值税：（41 691 133.94+1 261 234.02+250 000+350 000）×9%＝3 919 713.12（元）。

答案见表3.38。

表3.38 工作井地下连续墙护坡土方降水单位工程项目清单汇总表

序号	汇总内容	金额/元
1	分部分项工程	41 691 133.94

续表3.38

序号	汇总内容	金额/元
2	措施项目	1 261 234.02
2.1	其中：安全生产措施费	1 261 234.02
3	其他项目	10 020 000.00
3.1	基坑监测设施暂列金额	250 000.00
3.2	基坑土方挖运专业工程暂估价	8 120 000.00
3.3	基坑降水专业工程暂估价	1 300 000.00
3.4	总包服务费	350 000.00
4	增值税	3 919 713.12
	合计	56 892 081.08

问题（4）：

答案见表3.39。

表3.39　盾构施工工作井单项工程项目清单汇总表

序号	单项工程名称	金额/元	其中：/元	
			暂估价	安全生产措施费
1	工作井护坡土方降水单位工程	56 892 081.08	9 420 000.00	1 261 234.02
2	钢筋混凝土支撑系统单位工程	5 280 000.00	—	166 000.00
3	钢结构支撑系统单位工程	4 500 000.00	—	135 000.00
	单项工程最高投标限价合计	66 672 081.08	9 420 000.00	1 562 234.02

例题3.3　某旅游客运索道工程的中间支架基础施工图和相关参数如图3.6、图3.7所示。根据招标方以招标图纸确定的工程量清单，承包方中标的“中间支架基础土建分部分项工程项目清单计价表”如表3.40所示。该工程施工合同约定，施工图设计完成后，对该工程实体工程工程量按施工图重新计量调整，工程主要材料二次搬运费按现场实际情况及合理运输方案计算，土石方工程费不做调整。【2022年补考真题（改编）】

表3.40　中间支架基础土建分部分项工程项目清单计价表

序号	项目编码	项目名称	项目特征	计量单位	工程量	金额/元	
						综合单价	合价
1	010102001001	开挖土方	挖运1km内	m^3	96.00	16.86	1 618.56
2	010102005001	开挖石方	挖运1km内	m^3	546.00	21.22	11 586.12

续表3.40

序号	项目编码	项目名称	项目特征	计量单位	工程量	金额/元	
						综合单价	合价
3	010102007001	夯填土石方	夯填	m^3	550.00	28.50	15 675.00
4	010501001001	混凝土垫层	C15 混凝土	m^3	7.50	612.39	4 592.93
5	010502003001	混凝土筏板基础	C30 混凝土	m^3	72.00	697.30	50 205.60
6	010502006001	混凝土基础柱	C30 混凝土	m^3	11.00	746.78	8 214.58
7	010502005001	混凝土基础连梁	C30 混凝土	m^3	3.50	720.45	2 521.58
8	010506001001	基础及基础连梁钢筋	三级钢筋，8~20mm	t	5.70	7 200.00	41 040.00
9	010506002001	基础柱钢筋	三级钢筋，8~20mm	t	1.80	7 100.00	12 780.00
10	010506024001	地脚螺栓	M42	套	20.00	100.00	2 000.00
	分部分项工程合计			元			150 234.37

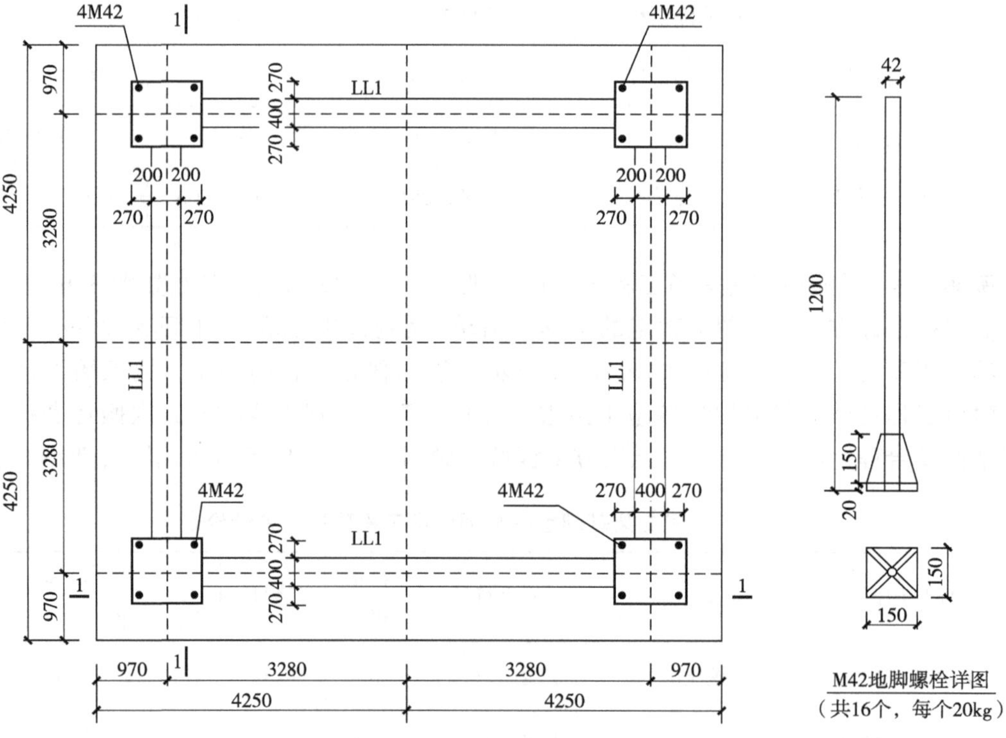

图 3.6 支架基础平面图

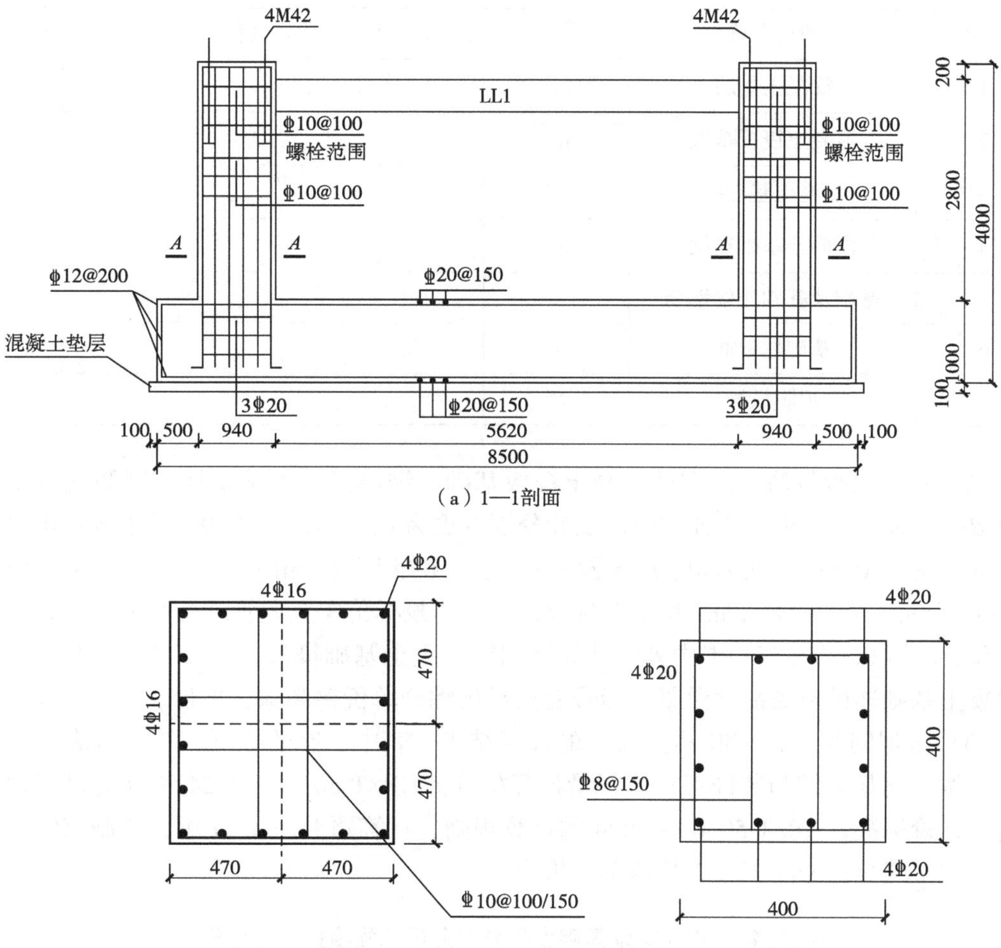

（a）1—1剖面

（b）A—A剖面

（c）LL1

图 3.7　支架基础剖面图

说明：

（1）基础底部应坐落在强风化花岗岩上。

（2）基础采用 C30 混凝土，钢筋采用 HRB400，地脚螺栓采用 Q345B 钢。

（3）基础下设 100mm 厚 C15 混凝土垫层，各边宽出基础 100mm。

（4）基础应一次浇筑完毕，不得留施工缝，施工完毕后应及时对肥槽回填至整平地面标高。

问题：（1）根据施工图 3.6 支架基础平面图和图 3.7 支架基础剖面图中所示内容及相关数据，按《房屋建筑与装饰工程工程量计算标准》GB/T 50854—2024 的计算规则，请在答题卡表 3.41 中，列式计算该中间支架基础的混凝土垫层、钢筋混凝土基础筏板、钢筋混凝土基础柱、钢筋混凝土基础连梁、基础及基础连梁钢筋、基础柱钢筋、地脚螺栓等实体工程分部分项工程量。（钢筋工程量筏板基础按 76.56kg/m^3 计算，基础柱按 115.36kg/m^3 计算，基础连梁按 243.60kg/m 计算。）

表 3.41 工程量计算表

序号	项目名称	单位	计算过程	计算结果
1	混凝土垫层	m^3		
2	混凝土筏板基础	m^3		
3	混凝土基础柱	m^3		
4	混凝土基础连梁	m^3		
5	基础及基础连梁钢筋	t		
6	基础柱钢筋	t		
7	地脚螺栓	套		

（2）招标工程量清单中钢筋混凝土筏板基础、钢筋混凝土基础柱、钢筋混凝土基础连梁混凝土标号为 C30，经各方确认设计分别变更为 C35、C40、C40，若该清单项目混凝土消耗量为 1.015；同期 C30、C35 及 C40 现场搅拌混凝土相关部门信息指导价分别为 446.00 元/m^3、490.00 元/m^3 和 540.00 元/m^3；原投标价中企业管理费和利润按人工费的 10%和 7%计取。请在答题卡中列式计算该钢筋混凝土基础筏板、钢筋混凝土基础柱、钢筋混凝土基础连梁现场搅拌混凝土标号变更后的综合单价差和综合单价。

（3）根据问题（1）和问题（2）的计算结果、表中已有的数据、答题卡表中相关的信息，按《房屋建筑与装饰工程工程量计算标准》GB/T 50854—2024 和《建设工程工程量清单计价标准》GB/T 50500—2024 的计算规则，在答题卡表 3.42 中，编制该索道中间支架基础土建分部分项工程项目清单计价表。

表 3.42 中间支架基础土建分部分项工程项目清单计价表

序号	项目编码	项目名称	项目特征	计量单位	工程量	金额/元	
						综合单价	合价
1	010102001001	开挖土方	挖运 1km 内	m^3			
2	010102005001	开挖石方	挖运 1km 内	m^3			
3	010102007001	夯填土石方	夯填	m^3			
4	010501001001	混凝土垫层	C15 混凝土	m^3			
5	010502003001	混凝土筏板基础	C35 混凝土	m^3			
6	010502006001	混凝土基础柱	C40 混凝土	m^3			
7	010502005001	混凝土基础连梁	C40 混凝土	m^3			
8	010506001001	基础及基础连梁钢筋	三级钢筋，8~20mm	t			
9	010506002001	基础柱钢筋	三级钢筋，8~20mm	t			

续表3.42

序号	项目编码	项目名称	项目特征	计量单位	工程量	金额/元	
						综合单价	合价
10	01050624001	地脚螺栓	M42	套			
	分部分项工程合计			元			

(无特殊说明，费用计算均为不含税价格；计算结果均保留两位小数。)

答案：

问题（1）：

答案见表3.43。

表3.43　工程量计算表

序号	项目名称	单位	计算过程	计算结果
1	混凝土垫层	m^3	$0.1\times(4.25\times2+0.1\times2)^2=7.57$	7.57
2	混凝土筏板基础	m^3	$1\times(4.25\times2)^2=72.25$	72.25
3	混凝土基础柱	m^3	$(2.8+0.2)\times(0.47+0.47)^2\times4=10.60$	10.60
4	混凝土基础连梁	m^3	$0.4\times0.4\times(3.28\times2-0.94)\times4=3.60$	3.60
5	基础及基础连梁钢筋	t	$(72.25\times76.56+3.6\times243.6)/1\,000=6.41$	6.41
6	基础柱钢筋	t	$10.6\times115.36/1\,000=1.22$	1.22
7	地脚螺栓	套	$4\times4=16.00$	16.00

问题（2）：

1）筏板基础混凝土标号由C30变更为C35的综合单价差：$(490-446)\times1.015=44.66$（元/$m^3$）。

2）基础柱、基础连梁混凝土标号由C30变更为C40的综合单价差：$(540-446)\times1.015=95.41$（元/$m^3$）。

3）变更后钢筋混凝土基础筏板综合单价：$44.66+697.30=741.96$（元/m^3）。

4）变更后钢筋混凝土基础柱综合单价：$95.41+746.78=842.19$（元/m^3）。

5）变更后钢筋混凝土基础连梁综合单价：$95.41+720.45=815.86$（元/m^3）。

问题（3）：

答案见表3.44。

表3.44　中间支架基础土建分部分项工程项目清单计价表

序号	项目编码	项目名称	项目特征	计量单位	工程量	金额/元	
						综合单价	合价
1	010102001001	开挖土方	挖运1km内	m^3	96.00	16.86	1 618.56
2	010102005001	开挖石方	挖运1km内	m^3	546.00	21.22	11 586.12
3	010102007001	夯填土石方	夯填	m^3	550.00	28.50	15 675.00
4	010501001001	混凝土垫层	C15混凝土	m^3	7.57	612.39	4 635.79

续表3.44

序号	项目编码	项目名称	项目特征	计量单位	工程量	金额/元	
						综合单价	合价
5	010502003001	混凝土筏板基础	C35 混凝土	m^3	72.25	741.96	53 606.61
6	010502006001	混凝土基础柱	C40 混凝土	m^3	10.60	842.19	8 927.21
7	010502005001	混凝土基础连梁	C40 混凝土	m^3	3.60	815.86	2 937.10
8	010506001001	基础及基础连梁钢筋	三级钢筋，8~20mm	t	6.41	7 200.00	46 152.00
9	010506002001	基础柱钢筋	三级钢筋，8~20mm	t	1.22	7 100.00	8 662.00
10	010506024001	地脚螺栓	M42	套	16.00	100.00	1 600.00
	分部分项工程合计			元			155 400.39

例题 3.4 某旅游客运索道工程的上站设备基础施工图和相关参数如图 3.8 和图 3.9 所示。根据招标方以招标图确定的工程量清单，承包方中标的“上站设备基础土建分部分项工程项目清单计价表”如表 3.45 所示，现场搅拌混凝土配合比如表 3.46 所示，该工程施工合同双方约定，施工图设计完成后，对该工程实体工程工程量按施工图重新计量调整，工程主要材料二次搬运费按现场实际情况及合理运输方案计算，土石方工程费用不做调整。【2022 年真题（改编）】

表 3.45 上站设备基础土建分部分项工程项目清单计价表

序号	项目编码	项目名称	项目特征	计量单位	工程量	金额/元	
						综合单价	合价
1	010102001001	开挖土方	挖运 1km 内	m^3	36.00	16.86	606.96
2	010102005001	开挖石方	挖运 1km 内	m^3	210.00	21.22	4 456.20
3	010102007001	回填土石方	夯填	m^3	170.00	28.50	4 845.00
4	010501001001	混凝土垫层	C15 混凝土	m^3	3.00	612.39	1 837.17
5	010502001001	混凝土独立基础	C30 混凝土	m^3	9.00	719.98	6 479.82
6	010502004001	混凝土设备基础	C30 混凝土	m^3	55.00	715.30	39 341.50
7	010506001001	基础钢筋	三级钢筋，8~20mm	t	4.00	7 876.41	31 505.64
8	010506024001	地脚螺栓	M42，制作、安装	套	8.00	100.00	800.00
	分部分项工程项目合计			元			89 872.29

表 3.46 现场搅拌混凝土配合比表

序号	混凝土标号	主要材料用量/kg				备注
		32.5 级水泥	42.5 级水泥	中粗砂	碎石	
1	C15	290.00		730.00	1 230.00	
2	C30		350.00	670.00	1 200.00	

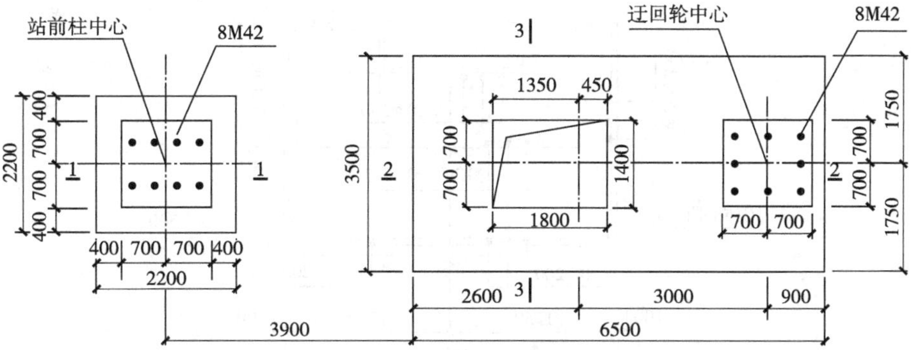

图 3.8　基础平面图

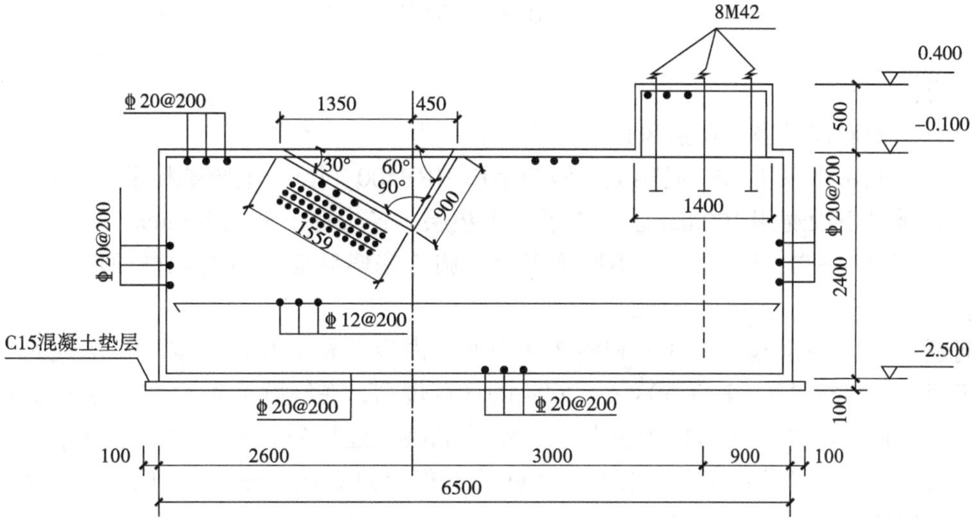

2—2

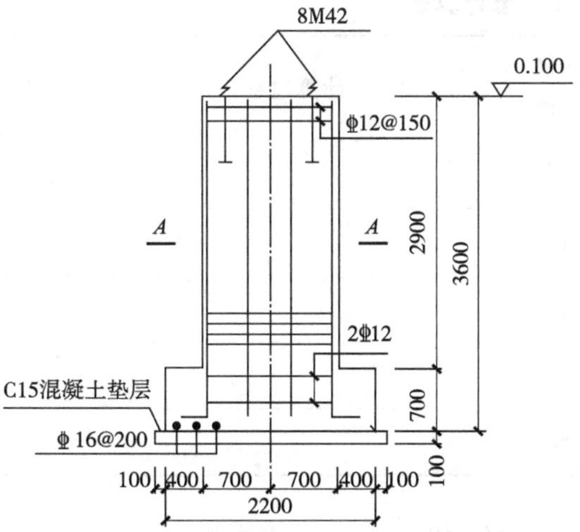

1—1

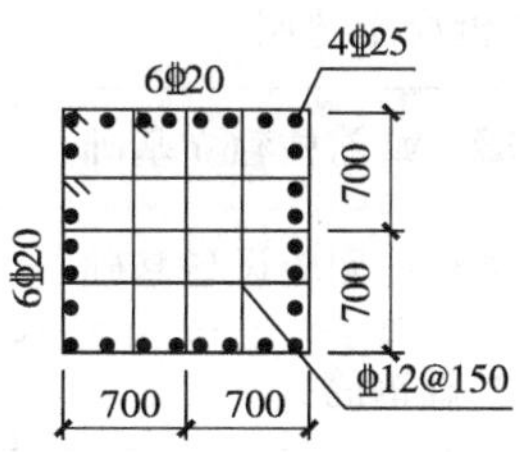

A—A

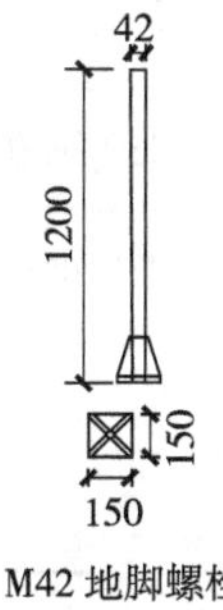

M42 地脚螺栓详图

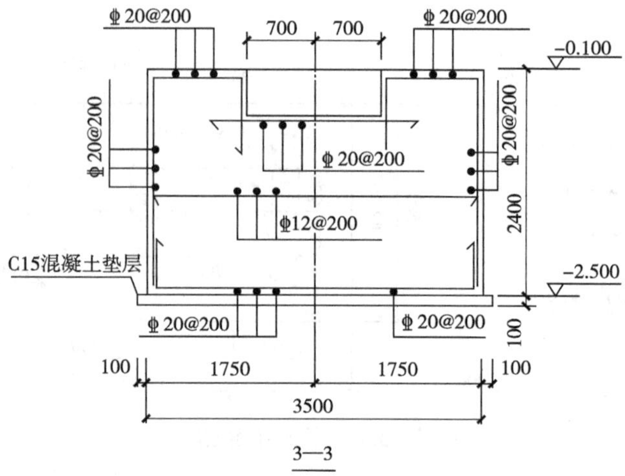

图 3.9　剖面图

说明：

（1）基础底部易坐落在强风化花岗岩上。

（2）基础考虑采用 C30 混凝土，钢筋采用 HRB400（C），地脚螺栓采用 Q345B 钢。

（3）基础下设通用 100mm 厚 C15 混凝土垫层、各边宽出基础 100mm。

（4）基础应一次浇筑完毕，不留施工缝，施工完毕后应及时对肥槽回填至整平地面标高。

问题：（1）根据施工图 3.8 和图 3.9 中所示内容及相关数据，按《房屋建筑与装饰工程工程量计算标准》GB/T 50854—2024 的计算规则，在答题卡表 3.47 中，列式计算混凝土垫层、钢筋混凝土站前柱独立基础、钢筋混凝土迂回轮设备基础、基础钢筋、地脚螺栓等实体工程分部分项工程工程量。（钢筋工程量独立基础按 56.40kg/m^3 计算、迂回轮设备基础按 63.66kg/m^3 计算）。

表 3.47　工程量计算表

序号	项目名称	计量单位	计算过程	计算结果
1	C15 混凝土垫层	m^3		
2	C30 钢筋混凝土站前柱独立基础	m^3		
3	C30 钢筋混凝土迂回轮设备基础	m^3		
4	基础钢筋	t		
5	地脚螺栓	套		

（2）根据问题（1）的计算结果和表中已有的数据，答题卡表中相关的信息，按《房屋建筑与装饰工程工程量计算标准》GB/T 50854—2024 及《建设工程工程量清单计价标

准》GB/T 50500—2024 的计算规则，在答题卡表 3.48 中，编制该索道上站设备基础土建分部分项工程项目清单计价表。

表 3.48　上站设备基础土建分部分项工程项目清单计价表

序号	项目编码	项目名称	项目特征	计量单位	工程量	金额/元	
						综合单价	合价
1	010102001001	开挖土方	挖运 1km 内	m^3			
2	010102005001	开挖石方	挖运 1km 内	m^3			
3	010102007001	回填土石方	夯填	m^3			
4	010501001001	混凝土垫层	C15 混凝土	m^3			
5	010502001001	混凝土独立基础	C30 混凝土	m^3			
6	010502004001	混凝土设备基础	C30 混凝土	m^3			
7	010506001001	基础钢筋	三级钢筋，8~20mm	t			
8	010506024001	地脚螺栓	M42，制作、安装	套			
	分部分项工程合计			元			

（3）考虑到工程施工场地的特殊，措施项目材料二次搬运需使用当地村民简易货运通道运输，根据问题（1）的计算结果和表中已有的数据及答题卡表中相关的信息，在答题卡表 3.49 中，计算该设备基础措施项目主要材料二次搬运费（混凝土定额损耗按 1.5%，钢筋定额损耗按 3.0%，村民简易考察货运通道协议不含税运费为：水泥 210.00 元/t，中粗砂 160.00 元/t，碎石 160.00 元/t，钢筋 800.00 元/t）。

表 3.49　主要材料二次搬运费计算表

序号	材料名称	单位	材料用量计算过程	计算结果	二次搬运费单价 /（元/t）	二次搬运费合价 /元
1	水泥	t				
2	中粗砂	t				
3	碎石	t				
4	钢筋	t				
	合计	元				

（4）工程措施项目除考虑上述材料二次搬运费，安全生产措施费不含安全生产措施费的税前造价的 3% 计取；其他项目费用不考虑；增值税率按 9% 计取，根据问题（2）和问题（3）的计算结果，答题卡表中相关的信息，按《建设工程工程量清单计价标准》GB/T 50500—2024 的计算规则，在答题卡中列式计算安全生产措施费，措施项目费，在答题卡表 3.50 中，编制该索道上站设备基础土建单位工程项目清单汇总表。

表 3.50　索道上站设备基础土建单位工程项目清单汇总表

序号	汇总内容	金额/元
1	分部分项工程	
2	措施项目	
2.1	其中：安全生产措施费	
3	其他项目	
4	增值税	
合计		

（无特殊说明的，费用计算时均为不含税价格；计算结果均保留两位小数。）

答案

问题（1）：

答案见表 3.51。

表 3.51　工程量计算表

序号	项目名称	计量单位	计算过程	计算结果
1	C15 混凝土垫层	m^3	2.4×2.4×0.1+6.7×3.7×0.1=3.06	3.06
2	C30 钢筋混凝土站前柱独立基础	m^3	2.2×2.2×0.7+1.4×1.4×2.9=9.07	9.07
3	C30 钢筋混凝土迂回轮设备基础	m^3	6.5×3.5×2.4+1.4×1.4×0.5−1.559×0.9×0.5×1.4=54.60	54.60
4	基础钢筋	t	（9.07×56.4+63.66×54.60）/1 000=3.99	3.99
5	地脚螺栓	套	8+8=16	16.00

问题（2）：

答案见表 3.52。

表 3.52　上站设备基础土建分部分项工程项目清单计价表

序号	项目编码	项目名称	项目特征	计量单位	工程量	金额/元	
						综合单价	合价
1	010102001001	开挖土方	挖运 1km 内	m^3	36.00	16.86	606.96
2	010102005001	开挖石方	挖运 1km 内	m^3	210.00	21.22	4456.20
3	010102007001	回填土石方	夯填	m^3	170.00	28.50	4 845.00
4	010501001001	混凝土垫层	C15 混凝土	m^3	3.06	612.39	1 873.91
5	010502001001	混凝土独立基础	C30 混凝土	m^3	9.07	719.98	6 530.22
6	010502004001	混凝土设备基础	C30 混凝土	m^3	54.60	715.30	39 055.38
7	010506001001	基础钢筋	三级钢筋，8~20mm	t	3.99	7 876.41	31 426.88

续表3.52

序号	项目编码	项目名称	项目特征	计量单位	工程量	金额/元	
						综合单价	合价
8	010506024001	地脚螺栓	M42，制作、安装	套	16.00	100.00	1 600.00
	分部分项工程合计			元			90 394.55

问题（3）：

答案见表3.53。

表3.53 主要材料二次搬运费计算表

序号	材料名称	单位	材料用量计算过程	计算结果	二次搬运费单价/元/t	二次搬运费合价/元
1	水泥	t	0.29×3.06×1.015+（9.07+54.6）×0.35×1.015=23.52	23.52	210.00	4 939.20
2	中粗砂	t	0.73×3.06×1.015+0.67×（9.07+54.6）×1.015=45.57	45.57	160.00	7 291.20
3	碎石	t	1.23×3.06×1.015+1.2×（9.07+54.6）×1.015=81.37	81.37	160.00	13 019.20
4	钢筋	t	3.99×1.03=4.11	4.11	800.00	3 288.00
	合计	元	—	—	—	28 537.60

问题（4）：

安全生产措施费：（90 394.55+28 537.6）×3% =3 567.96（元）。

措施项目费：28 537.60+3 567.96=32 105.56（元）。

答案见表3.54。

表3.54 索道上站设备基础土建单位工程项目清单汇总表

序号	汇总内容	金额/元
1	分部分项工程	90 394.55
2	措施项目	32 105.56
2.1	其中：安全生产措施费	3 567.96
3	其他项目	0
4	增值税	11 025.01
合计		133 525.12

例题3.5 某工程1 500m^{3}生活用高位水池，相关图纸及参数如图3.10~图3.12所示。根据招标方以招标图纸确定的工程量清单，承包方中标的“高位水池土建分部分项工程项目清单计价表”如表3.55所示。该工程施工合同约定，施工图设计完成后，对该工程实体工程工程量按施工图重新计量调整。【2021年真题（改编）】

表 3.55 高位水池土建分部分项工程项目清单计价表

序号	项目名称	特征	计量单位	工程量	金额/元	
					综合单价	合计
1	开挖土方	挖运 1km 内	m^3	1 172.00	14.94	17 509.68
2	开挖石方	风化岩挖运 1km 内	m^3	4 688.00	17.72	83 071.36
3	回填土石方	夯填	m^3	1 050.00	30.26	31 773.00
4	混凝土垫层	C15 混凝土	m^3	36.00	588.84	21 198.24
5	混凝土池底板	C30 抗渗混凝土	m^3	210.00	761.76	159 969.60
6	混凝土池壁板	C30 抗渗混凝土	m^3	180.00	798.77	143 778.60
7	混凝土池顶板	C30 抗渗混凝土	m^3	40.00	719.69	28 787.60
8	混凝土池内柱	C30 抗渗混凝土	m^3	5.00	718.07	3 590.35
9	池底板钢筋	三级钢筋，8~20mm	t	14.00	8 300.00	116 200.00
10	池壁板钢筋	三级钢筋，8~20mm	t	15.60	8 400.00	131 040.00
11	池顶板钢筋	三级钢筋，8~20mm	t	5.10	8 200.00	41 820.00
12	池内柱钢筋	三级钢筋，8~20mm	t	0.80	8 350.00	6 680.00
13	钢爬梯	制作、安装	t	0.20	9 402.10	1 880.42
分部分项工程合计			元			787 298.85

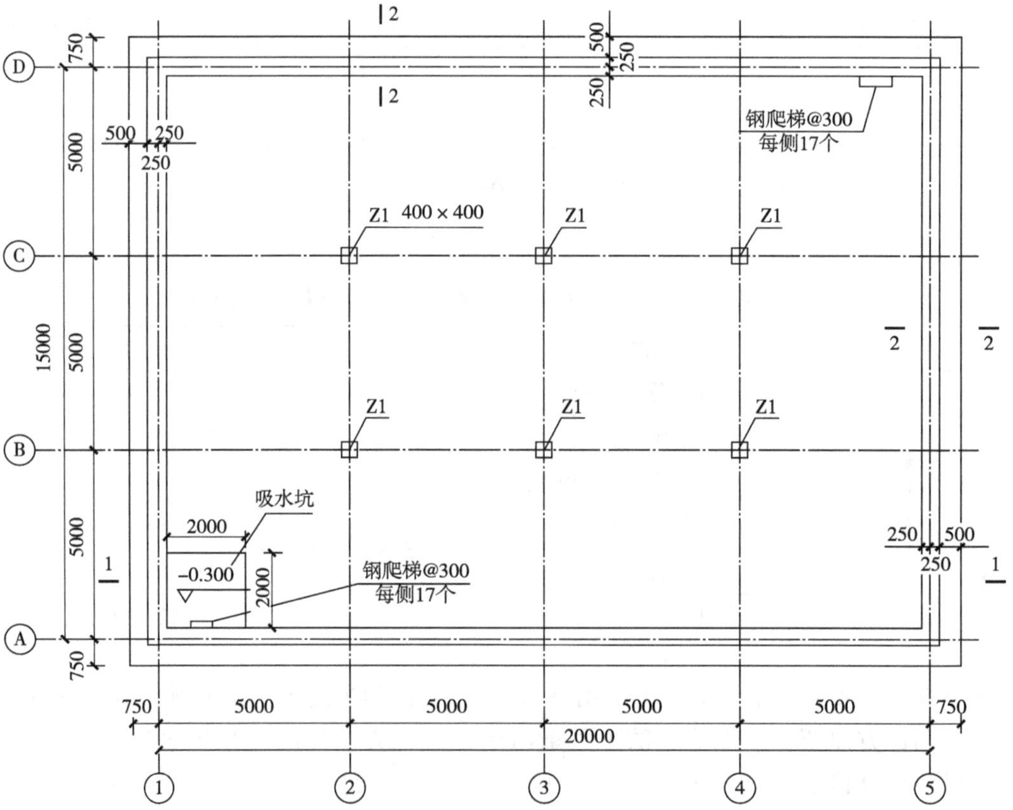

图 3.10 底板平面图

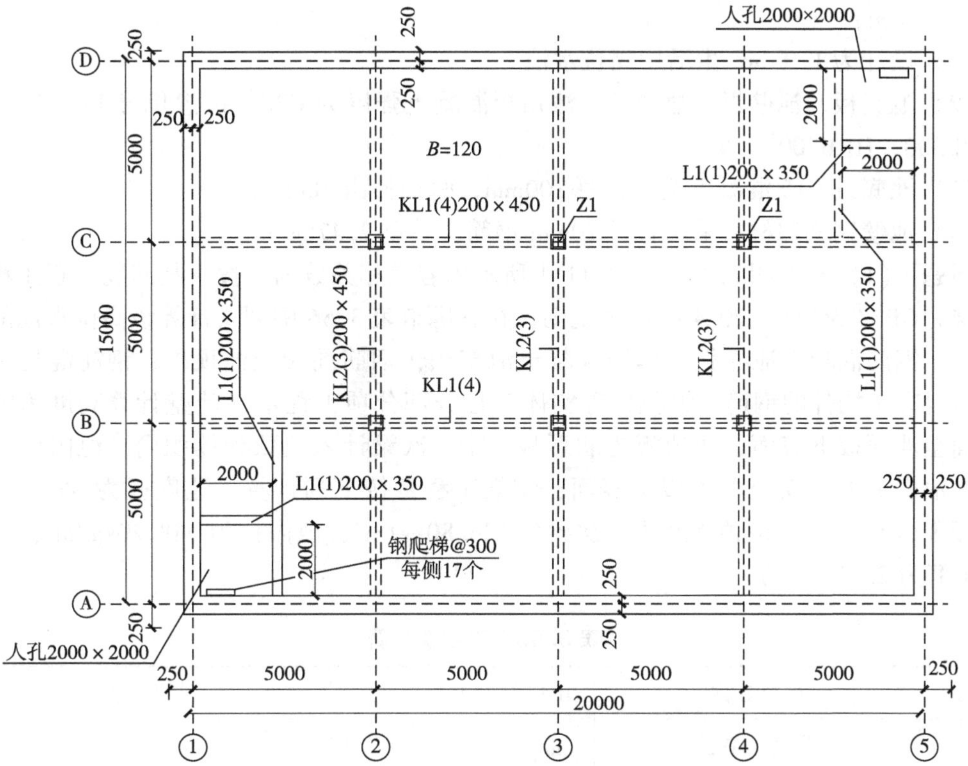

图 3.11 梁板平面图

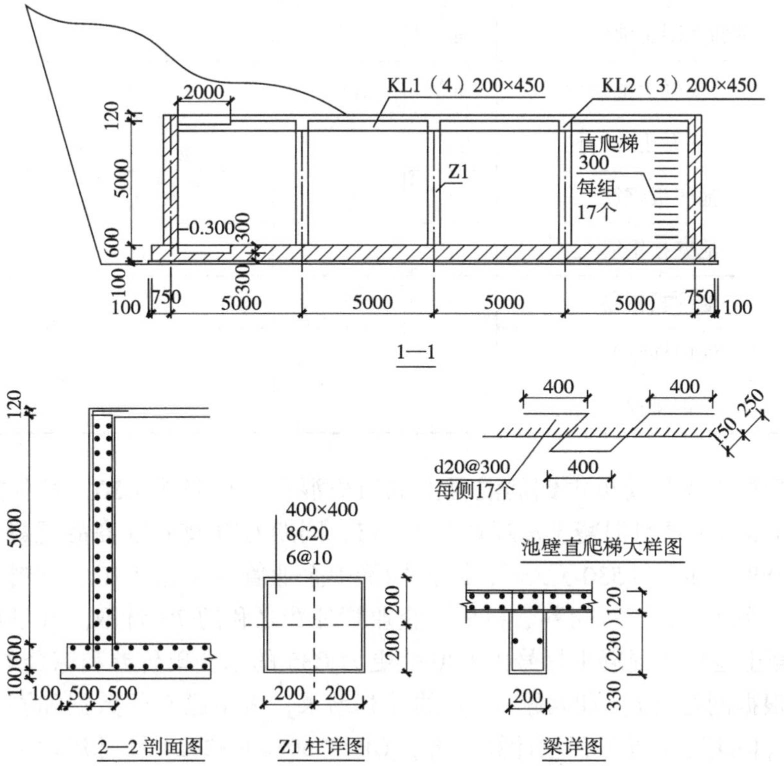

图 3.12 高位水池剖面图及构件详图

设计说明：

（1）设计为 1 500m^3 生活用高位水池。

（2）池底板、池壁板、池内柱、池顶板混凝土强度为 C30，抗渗标号 P6，钢筋级别为 HPB300、HRB400。

（3）池底设 C15 混凝土垫层，厚 100mm，每边伸出 100mm。

（4）池壁钢爬梯材料采用直径 20mm 钢筋，单重 2.47kg/m。

问题：（1）根据图 3.10、图 3.11 中所示内容及相关数据，按《构筑物工程工程量计算标准》GB/T 50860—2024 的计算规则，在答题卡表 3.56 中列式计算该高位水池的混凝土垫层，钢筋混凝土池底板、钢筋混凝土池壁板，钢筋混凝土池顶板、钢筋混凝土池内柱、各混凝土构件的钢筋、钢爬梯等实体工程分部分项工程量（池壁计算高度为池底板上表面至池顶板下表面，池顶板为肋形板，主、次梁计入池顶板体积内，池内柱的计算高度为池底板上表面至池顶板下表面，钢筋工程量按下列计算：池底板为 66.50kg/m^3，池壁板 89.65kg/m^3，池顶板及主、次梁为 123.80kg/m^3，池内柱为 148.20kg/m^3，钢爬梯 ϕ20 钢筋为 2.47kg/m）。

表 3.56　工程量计算

序号	项目名称	单位	工程量	计算过程
1	混凝土垫层	m^3		
2	钢筋混凝土池底板	m^3		
3	钢筋混凝土池壁板	m^3		
4	钢筋混凝土池顶板	m^3		
5	钢筋混凝土池内柱	m^3		
6	池底板钢筋	t		
7	池壁板钢筋	t		
8	池顶板钢筋	t		
9	池内柱钢筋	t		
10	钢爬梯	t		

（2）原招标工程量清单中钢筋混凝土池顶板混凝土标号为 C30，经各方确认设计变更为 C35，若该清单项目混凝土消耗量为 1.015，同期 C30 及 C35 商品混凝土相关部门指导价分别为 488 元/m^3 和 530 元/m^3，原投标价中企业管理费按人工、材料、机械费之和的 10% 计取，利润按人工、材料、机械、企业管理费之和的 7% 计取。在答题卡中列式计算该钢筋混凝土池顶板混凝土标号由 C30 变更为 C35 的综合单价差和综合单价。

（3）请根据问题（1）和问题（2）的计算结果，表中已有的数据和答题卡表中相关的信息，按《构筑物工程工程量计算标准》GB/T 50860—2024 及《建设工程工程量清单计价标准》GB/T 50500—2024 的计算规则，在答题卡表 3.57 中，编制该高位水池土建分部分项工程项目清单计价表。合同约定土石方工程量不做调整。

表 3.57 分部分项工程项目清单计价表

序号	项目名称	特征	计量单位	工程量	金额/元	
					综合单价	合计
1	开挖土方	挖运 1km 内	m^3			
2	开挖石方	风化岩挖运 1km 内	m^3			
3	回填土石方	夯填	m^3			
4	混凝土垫层	C15 混凝土	m^3			
5	混凝土池底板	C30 抗渗混凝土	m^3			
6	混凝土池壁板	C30 抗渗混凝土	m^3			
7	混凝土池顶板	C35 抗渗混凝土	m^3			
8	混凝土池内柱	C30 抗渗混凝土	m^3			
9	池底板钢筋	三级钢筋，8~20mm	t			
10	池壁板钢筋	三级钢筋，8~20mm	t			
11	池顶板钢筋	三级钢筋，8~20mm	t			
12	池内柱钢筋	三级钢筋，8~20mm	t			
13	钢爬梯	制作、安装	t			
	分部分项工程合计		元	—		

(无特殊说明，费用计算均为不含税价格，计算结果均保留两位小数。)

答案:

问题（1）:

答案见表 3.58。

表 3.58 工程量计算表

序号	项目名称	单位	工程量	计算过程
1	混凝土垫层	m^3	36.24	(20+0.75×2+0.1×2) ×(15+0.75×2+0.1×2) ×0.1 =36.24
2	钢筋混凝土池底板	m^3	211.65	(20+0.75×2) ×(15+0.75×2) ×0.6−2×2×0.3=211.65
3	钢筋混凝土池壁板	m^3	175.00	(20+15) ×2×0.5×5=175.00
4	钢筋混凝土池顶板	m^3	42.91	[(20+0.25×2) ×(15+0.25×2) −2×2×2] ×0.12+ [(20−0.25×2−0.4×3) ×2+(15−0.25×2−0.4×2) ×3] ×0.2×(0.45−0.12) +[(5−0.1−0.25) +2] ×2×0.2×(0.35−0.12) =42.91
5	钢筋混凝土池内柱	m^3	4.80	0.4×0.4×5×6=4.80

续表3.58

序号	项目名称	单位	工程量	计算过程
6	池底板钢筋	t	14.07	211.65×66.5/1 000=14.07
7	池壁板钢筋	t	15.69	175.00×89.65/1 000=15.69
8	池顶板钢筋	t	5.31	42.91×123.8/1 000=5.31
9	池内柱钢筋	t	0.71	4.80×148.2/1 000=0.71
10	钢爬梯	t	0.17	17×2×2×2.47/1 000=0.17

问题（2）：

综合单价差：（530−488）×1.015×1.1×1.07=50.18（元/m^3）。

综合单价：719.69+50.18=769.87（元/m^3）。

问题（3）：

答案见表3.59。

表3.59 分部分项工程项目清单计价表

序号	项目名称	特征	计量单位	工程量	金额/元	
					综合单价	合计
1	开挖土方	挖运1km内	m^3	1 172.00	14.94	17 509.68
2	开挖石方	风化岩挖运1km内	m^3	4 688.00	17.72	83 071.36
3	回填土石方	夯填	m^3	1 050.00	30.26	31 773.00
4	混凝土垫层	C15混凝土	m^3	36.24	588.84	21 339.56
5	混凝土池底板	C30抗渗混凝土	m^3	211.65	761.76	161 226.50
6	混凝土池壁板	C30抗渗混凝土	m^3	175.00	798.77	139 784.75
7	混凝土池顶板	C35抗渗混凝土	m^3	42.91	769.87	33 035.12
8	混凝土池内柱	C30抗渗混凝土	m^3	4.80	718.07	3 446.74
9	池底板钢筋	三级钢筋，8~20mm	t	14.07	8 300.00	116 781.00
10	池壁板钢筋	三级钢筋，8~20mm	t	15.69	8 400.00	131 796.00
11	池顶板钢筋	三级钢筋，8~20mm	t	5.31	8 200.00	43 542.00
12	池内柱钢筋	三级钢筋，8~20mm	t	0.71	8 350.00	5 928.50
13	钢爬梯	制作、安装	t	0.17	9 402.10	1 598.36
	分部分项工程合计		元	—		790 832.57

例题3.6 某矿山尾矿库区内680.00m长排洪渠道土石方开挖边坡支护设计方案及相关参数如图3.13所示，设计单位根据该方案编制的“长锚杆边坡支护方案分部分项工程项目清单计价表”如表3.60所示，鉴于相关费用较大，经造价工程师与建设单位、设计单位、监理单位充分讨论研究，为减少边坡土石开挖及植被的破坏，消除常见的排洪渠道纵向及横向滑移的安全隐患，提出了把排洪渠道兼作边坡稳定的预应力长锚索整体腰梁的边坡支护优化方案，相关设计和参数如图3.14所示，有关预应力长锚索同期定额基

价如表 3. 61 所示。【2020 年真题（改编）】

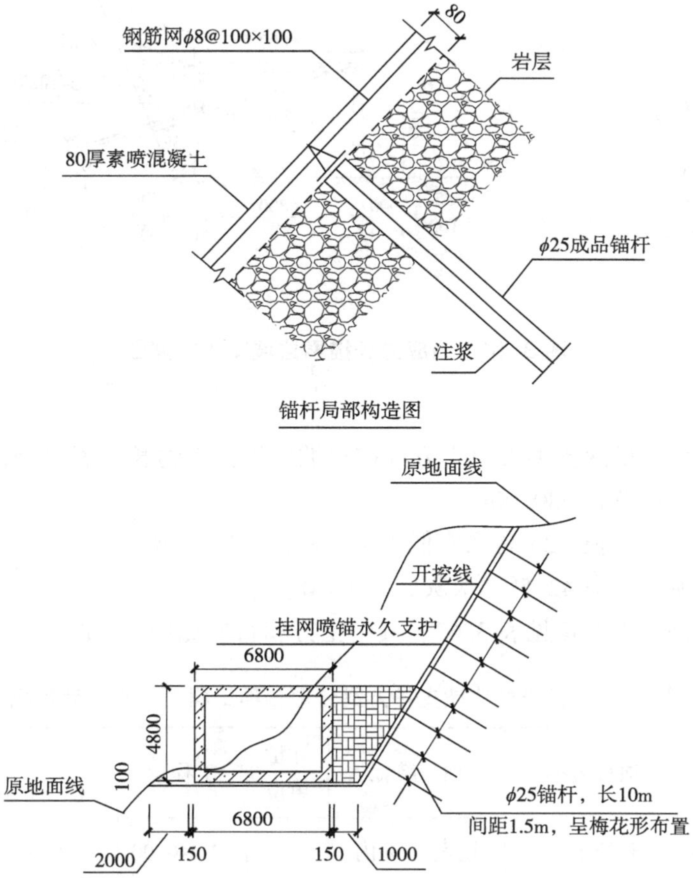

图 3. 13　长锚杆边坡支护方案图

说明：

（1）本设计为尾矿库排洪渠道土方开挖边坡支护长锚杆（10m）方案。

（2）本排洪渠道总长 680. 00m。

（3）钢锚杆采用 ϕ25 螺纹钢，钢筋型号 HRB400。

（4）注浆水泥号考虑 42. 5#，水灰比 1：0. 5。

（5）本方案每米工程量见表 3. 62，其中土方和石方比例 3：7。

表 3. 60　每米综合工程量表

序号	名称	单位	工程量	备注
1	土石方开挖	m^3	60. 00	土石比例为 3：7
2	回填土石方	m^3	19. 00	
3	ϕ25 锚杆	根	7. 00	每根长 10m
4	挂网喷混凝土	m^2	13. 00	

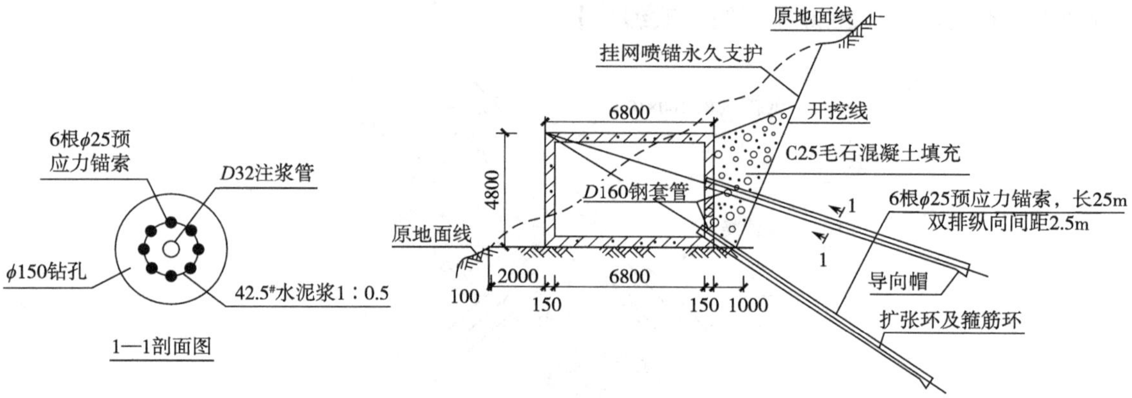

图 3.14　预应力长锚索边坡支护方案图

说明：

（1）本设计为尾矿库排洪渠道土方开挖边坡支护预应力长锚索（25m）方案。

（2）本排洪渠道总长 680.00m。

（3）钢锚索采用 6 根 ϕ25 高强度低松弛无黏结预应力钢绞线。

（4）注浆水泥号考虑 42.5#，水灰比为 1：0.5。

（5）本方案每米工程量见表 3.63，其中土方和石方比例 5：5。

表 3.61　长锚杆边坡支护方案分部分项工程项目清单计价表

序号	项目编码	项目名称	项目特征	计量单位	工程量	金额/元	
						综合单价	合价
1	010102001001	开挖土方	挖运 1km 内	m^3	12 240.00	16.45	201 348.00
2	010102005001	开挖石方	风化岩 挖运 1km 内	m^3	28 560.00	24.37	696 007.20
3	010102007001	回填土石方	夯填	m^3	12 920.00	27.73	358 271.60
4	010202007001	长锚杆	D25，长 10m	m	47 600.00	252.92	12 038 992.00
5	010202009001	挂网喷混凝土	80mm 厚（含钢筋）	m^2	8 840.00	145.27	18 849 626.40
分部分项工程合计				元			14 578 805.60

表 3.62　预应力长锚索工程量表

序号	名称	单位	工程量	备注
1	土石方开挖	m^3	31.00	土方与石方比例 5：5
2	6 根 ϕ25 长锚索	根	0.80	每根长 25m

续表3.62

序号	名称	单位	工程量	备注
3	22a 通长槽钢腰梁	kg	66.00	22a
4	回填 C25 毛石混凝土	m^3	9.60	—

表 3.63　预应力长锚索基础定额表

定额编号			2-51	2-99
项目			*D*150 钻机成孔	长锚索及注浆
			m	m
定额基价			66.50	363.90
其中	人工费/元		40.00	95.00
	材料费/元		5.50	266.30
	机械费/元		21.00	2.60
名称	单位	单价/元		
综合工日	工日	100.00	0.40	0.95
钢绞线 6×*D*25	kg	7.60		19.44
水泥 42.5#	kg	0.58		48.40
灌浆塑料管 *D*32	m	13.00		1.06
其他材料费	元		5.50	76.70
机械费	元		21.00	2.60

问题：（1）根据图 3.14 相关数据，按照《房屋建筑与装饰工程工程量计算标准》GB/T 50854—2024 的计算规则，在答题卡表 3.64 中列式计算预应力长锚索边坡支护优化方案分部分项工程量（土石方工程量中土方、石方比例按 5∶5 计算）。

表 3.64　工程量计算表

序号	项目名称	单位	计算过程	工程量
1	土方挖运 1km 内	m^3		
2	石方挖运 1km 内	m^3		
3	预应力长锚索 6×*D*25	m^3		
4	通长槽钢腰梁 22a	t		

续表3.64

序号	项目名称	单位	计算过程	工程量
5	C25 毛石混凝土充填	m^3		

（2）若企业管理费按照人工、材料、机械之和的 10% 计取，利润按人工、材料、机械、企业管理费之和的 7% 计取，根据表 3.61 中的数据，按《建设工程工程量清单计价标准》GB/T 50500—2024 的计算规则，在答题卡表 3.65 中，编制该预应力长锚索综合单价分析表。（预应力长锚索工程量计算方法基础定额与清单规范相同，均按设计图尺寸，m 为长度单位。）

表 3.65　预应力长锚索项目清单综合单价分析表

项目编码		项目名称	预应力长锚索			计量单位	m
项目特征	6×*D*25，长 25m						
序号	费用项目	单位	数量	计算基础/元	费率/%	单价/元	合价/元
1	人工费						
1.1	综合工日						
2	材料费						
2.1	钢绞线 6×*D*25						
2.2	水泥 42.5#						
2.3	其他材料费						
3	施工机具使用费						
3.1	机械费						
4	1+2+3 小计						
5	管理费						
6	利润						
综合单价							

（3）已知 22a 通长槽钢腰梁综合单价为 6 000 元/t，C25 毛石混凝土充填综合单价为 335.60 元/m^3，根据问题（1）和问题（2）的计算结果，以及表 3.60 中相应的综合单价和答题卡表中相关的信息，按《房屋建筑与装饰工程工程量计算标准》GB/T 50854—2024 的计算规则，在答题卡表 3.66 中编制该预应力长锚索边坡支护方案分部分项工程项目清单计价表。

表 3.66　预应力长锚索支护方案分部分项工程清单计价表

序号	项目编码	项目名称	项目特征	计量单位	工程量	金额/元	
						综合单价	合价
1	010102001001	开挖土方	挖运 1km 内	m^3			
2	010102005001	开挖石方	风化岩挖运 1km 内	m^3			
3	010202007001	预应力长锚索	6×*D*25，长 25m	m			
4	010202015001	通长槽钢腰梁	22a	t			
5	010502024001	C25 毛石混凝土填充	C25 毛石混凝土	m^3			
	分部分项工程合计			元			

(4) 若仅有的措施项目费安全生产措施费按不含安全生产措施费的税前造价的 3%计取，其他项目费包含暂列金额 100 000 元，增值税率按 9%计取，利用表 3.60 和问题 (3) 相应计算结果，按《建设工程工程量清单计价标准》GB/T 50500—2024 的计算规则，在答题卡中列式计算两边坡支护方案的安全生产措施费，在答题卡表 3.67 中编制两边坡支护方案单位工程最高投标限价比较汇总表（两方案差值为长锚杆方案与长锚索方案最高投标限价差值）。

表 3.67　两边坡支护方案单位工程最高投标限价比较汇总表

序号	汇总内容	金额/元		
		长锚杆方案	长锚索方案	两方案差值
1	分部分项工程			—
2	措施项目			
2.1	其中：安全生产措施费			
3	其他项目			
4	增值税			
最高投标限价合计				

注：无特殊说明的，费用计算均为不含税价格，计算结果均保留两位小数。

答案：

问题 (1)：

答案见表 3.68。

表 3.68　工程量计算表

序号	项目名称	单位	计算过程	工程量
1	土方挖运 1km 内	m^3	680×31×0.5＝10 540.00	10 540.00
2	石方挖运 1km 内	m^3	680×31×0.5＝10 540.00	10 540.00

续表3.68

序号	项目名称	单位	计算过程	工程量
3	预应力长锚索 6×*D*25	m	680×0.8×25=13 600.00	13 600.00
4	通长槽钢腰梁 22a	t	680×66/1 000=44.88	44.88
5	C25 毛石混凝土充填	m^3	680×9.6=6 528.00	6 528.00

问题（2）：

答案见表 3.69。

表 3.69　预应力长锚索项目清单综合单价分析表

项目编码	010202007001	项目名称	预应力长锚索			计量单位	m
项目特征	6×*D*25，长 25m						
序号	费用项目	单位	数量	计算基础/元	费率/%	单价/元	合价/元
1	人工费	—	—	—	—	—	135.00
1.1	综合工日	工日	1.35	—	—	100.00	135.00
2	材料费	—	—	—	—	—	271.79
2.1	钢绞线 6×*D*25	kg	19.44	—	—	7.60	147.74
2.2	水泥 42.5#	kg	48.40	—	—	0.58	28.07
2.3	其他材料费	元	—	—	—	—	95.98
3	施工机具使用费	—	—	—	—	—	23.60
3.1	机械费	元	—	—	—	—	23.60
4	1+2+3 小计	—	—	—	—	—	430.39
5	管理费	—	—	430.39	10	—	43.04
6	利润	—	—	473.43	7	—	33.14
综合单价							506.57

问题（3）：

答案见表 5.70。

表 5.70　预应力长锚索支护方案分部分项工程清单计价表

序号	项目编码	项目名称	项目特征	计量单位	工程量	金额/元	
						综合单价	合价
1	010102001001	开挖土方	挖运 1km 内	m^3	10 540.00	16.45	173 383.00

续表3.70

序号	项目编码	项目名称	项目特征	计量单位	工程量	金额/元	
						综合单价	合价
2	010102005001	开挖石方	风化岩挖运 1km 内	m^3	10 540.00	24.37	256 859.80
3	010202007001	预应力长锚索	6×D25，长 25m	m	13 600.00	506.57	6 889 352.00
4	010202015001	通长槽钢腰梁	22a	t	44.88	6 000.00	269 280.00
5	010502024001	C25 毛石混凝土填充	C25 毛石混凝土	m^3	6 528.00	335.60	2 190 796.80
	分部分项工程合计			元	—	—	9 779 671.60

问题（4）：

1）长锚杆方案安全生产措施费：14 578 805.60×3% = 437 364.17（元）。

2）长锚索方案安全生产措施费：9 779 671.60×3% = 293 390.15（元）。

答案见表 3.71。

表 3.71　两边坡支护方案单位工程最高投标限价比较汇总表

序号	汇总内容	金额/元		
		长锚杆方案	长锚索方案	两方案差值
1	分部分项工程	14 578 805.60	9 779 671.60	—
2	措施项目	437 364.17	293 390.15	
2.1	其中：安全生产措施费	437 364.17	293 390.15	
3	其他项目	100 000.00	100 000.00	
4	增值税	1 360 455.28	915 575.56	
最高投标限价合计		16 476 625.05	11 088 637.31	5 387 987.74

（二）安装专业

例题 3.7　背景资料：

（1）图 3.16 为仓库配电系统图及主要材料设备图例表，图 3.17 为干线平面图，图 3.18 为照明平面图、图 3.19 为接地平面图，图 3.20 为防雷平面图。该建筑为砖混结构，平屋面，层高 4.5m，屋面板厚度为 120mm。图中括号内数字表示线路水平长度，配管嵌入地面或顶板内深度均按 0.05m 计算。配管配线规格为：BV2.5 2~3 根穿 SC20、4~5 根穿 SC25。其余穿管规格按系统图。

（2）该工程的相关定额、主材单价及损耗率表见表 3.72。

表 3.72 电气工程定额、主材单价及损耗率表

定额编号	项目名称	定额单位	安装基价/元			主材	
			人工费	材料费	机械费	单价	损耗率/%
4-2-80	成套配电箱安装，嵌入式，半周长≤1.0m	台	148.50	34.50	0	1 500.00元/台	
4-2-81	成套配电箱安装，嵌入式，半周长≤1.5m	台	157.80	37.90	0	2 500.00元/台	
4-4-10	无端子外部接线，导线截面≤2.5mm^2	个	1.44	1.54	0		
4-4-11	无端子外部接线，导线截面≤6mm^2	个	2.04	1.84	0		
4-4-12	有端子外部接线，导线截面≤2.5mm^2	个	2.40	2.20	0		
4-4-13	有端子外部接线，导线截面≤6mm^2	个	2.86	2.76	0		
4-10-44	避雷网安装，沿折板支架敷设，镀锌圆钢ϕ10	m	30.32	3.20	1.50	3.20元/m	5
4-10-45	均压环敷设 利用圈梁钢筋	m	4.57	2.25	0.50		
4-12-24	砖、混凝土结构暗配SC20	10m	93.05	4.80	0	8.50元/m	3
4-12-25	砖、混凝土结构暗配SC32	10m	110.70	5.20	0	16.50元/m	3
4-13-1	管内穿单芯硬导线，铜芯，导线截面≤2.5mm^2	10m	9.72	1.50	0	1.90元/m	16
4-13-3	管内穿单芯硬导线，铜芯，导线截面≤6mm^2	10m	6.48	1.45	0	4.60元/m	10
4-14-2	吸顶灯具安装灯罩，周长≤1 100mm	套	16.56	1.90	0	80.00元/套	1
4-14-148	荧光灯安装，吸顶式，单管	套	16.28	1.80	0	60.00元/套	1
4-14-149	荧光灯安装，吸顶式，双管	套	20.50	1.80	0	120.00元/套	1

续表3.72

定额编号	项目名称	定额单位	安装基价/元			主材	
			人工费	材料费	机械费	单价	损耗率/%
4-15-73	风扇安装，排气扇	台	51.60	4.50	0	250.00 元/台	

注：表内费用均不包含增值税可抵扣进项税。

（3）该工程的管理费和利润分别按人工费的40%和15%计算。

（4）相关分部分项工程量清单项目编码及项目名称见表3.73。【2024年真题】

表3.73　工程量清单项目表

项目编码	项目名称	项目编码	项目名称
030402011	成套配电箱	030413002	装饰灯
030405015	风扇	030413003	荧光灯
030405013	小电器	030412001	配管
030413013	照明开关	030412004	配线
030413014	插座	030410004	均压环
030413001	普通灯具	030410005	接闪带

问题：（1）按背景资料和图3.16~图3.19所示，根据《建设工程工程量清单计价标准》GB/T 50500—2024和《通用安装工程工程量计算标准》GB/T 50856—2024的规定，计算AL-N1、N2、C1、C2回路配管配线及本项目防雷接地系统均压环、避雷网的工程量，计算式与结果填写在答题卡上指定位置。

（2）假定SC20清单工程量为80.00m，SC32清单工程量为50.00m，BV2.5清单工程量为280.00m，BV6清单工程量为300.00m，基础均压环清单工程量为60.00m，Φ10镀锌圆钢避雷网清单工程量为65.00m；其他工程量根据图纸计算，编制分部分项工程量清单，计算配电箱、各类灯具、配线等清单项目的综合单价与合价。完成答题卡表3.74“分部分项工程项目清单计价表”。

表3.74　分部分项工程项目清单计价表

序号	项目编码	项目名称	项目特征描述	计量单位	工程量	综合单价	合价
1		成套配电箱					
2		成套配电箱					
3		普通灯具					
4		荧光灯					

续表3.74

序号	项目编码	项目名称	项目特征描述	计量单位	工程量	综合单价	合价
5		配线					
6		配线					
7		风扇				—	—
8		照明开关				—	—
9		照明开关				—	—
10		均压环				—	—
11		接闪带				—	—
12		配管				—	—
13		配管				—	—

（3）假定该工程分部分项工程费为35 000.00元，其中人工费占分部分项工程费的20%。脚手架搭拆的人材机费用分别为360元、320元、120元。安全生产措施费按不含安全生产措施费的税前工程造价的3%计取。临时设施、文明施工、环境保护、已完工程及设备保护等以分部分项工程项目中的人工费作为计取基数，费率分别为7.5%、2.6%、1.5%、1%。管理费、利润分别按人工费的40%、15%计取，总承包服务费按5%计取。暂列金额1 000.00元，专业工程暂估价2 000.00元（含税），计日工5个，综合单价300.00元/个，增值税税率按照9%计取，按《建设工程工程量清单计价标准》GB/T 50500—2024的要求，列式计算安全生产措施费、措施项目费、总承包服务费、增值税，在答题卡表3.75中填写该单位工程最高投标限价。（除特殊说明外，本题中各项费用均不含增值税可抵扣进项税。计算结果均保留两位小数）。

（注：答题时不考虑配电箱的入户进线和配管，不考虑开关盒、灯头盒和接线盒等，计算过程和结果数据均保留两位小数。）

表3.75　中填写该单位工程最高投标限价

序号	汇总内容	金额/元
1	分部分项工程	
2	措施项目	
2.1	其中：安全生产措施项目	
3	其他项目	
3.1	其中：暂列金额	
3.2	其中：专业工程暂估价	
3.3	其中：计日工	
3.4	其中：总承包服务费	
4	增值税	
合计		

进线	系统图	导线敷设方式	回路编号	相位	安装功率/kW	用途
YJV-5×16-SC50 FC	vigi NSN 250-50A/4P — iDPN-C16A	BV-3×2.5-SC20 WC CC	N1	L1	0.8	照明
	iDPN-C16A	BV-3×2.5-SC20 WC CC	N2	L2	0.8	排风扇
	vigi ic65N-C25A/4P	BV-5×6-SC32 WC FC	C1	3~	5	插座箱
	vigi ic65N-C25A/4P	BV-5×6-SC32 WC FC	C2	3~	5	插座箱
	ic65N-D16A/3P	BV-5×2.5-SC25 WC CC	C3	3~	1.0	电动卷帘门
	ic65N-D20A/3P			L1		备用
	ic65L-C25A/1P			L2		备用
	vigi cXFS-C20A			L3		备用
	vigi cXFS-C20A			3~		备用
配电箱编号AL	CXFSDSB250 L1/3P	SPD-3P	SPD 参数要求： U_c=375V U_p=2.5kV limp(SPD 10/350us)=25kA			

主要设备材料图例表

序号	图例	名称	型号规格	单位	安装方式
1		照明配电箱 AL	800（高）×600（宽）×200（厚）	台	嵌墙底边距地 1.6m
2		插座箱 AX	PZ9 951 300（高）×300（宽）×120（厚）	台	嵌墙底边距地 0.5m
3	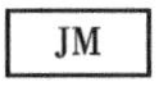	卷帘门电源箱	卷帘门配套	台	嵌墙底边距地 1.8m
4		LED 荧光灯	1×24W	套	吸顶安装
5		LED 半球吸顶灯	1×16W ϕ300	套	雨棚板底吸顶安装
6		双联单控暗开关	86CXF21-10	套	嵌墙底边距地 1.3m
7		三联单控暗开关	86CXF21-10	套	嵌墙底边距地 1.3m
8		排气扇	ϕ300	台	距地 3.0m
9	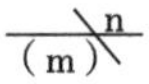	配管配线	n：配线根数，m：水平长度		

图 3.15　配电系统图

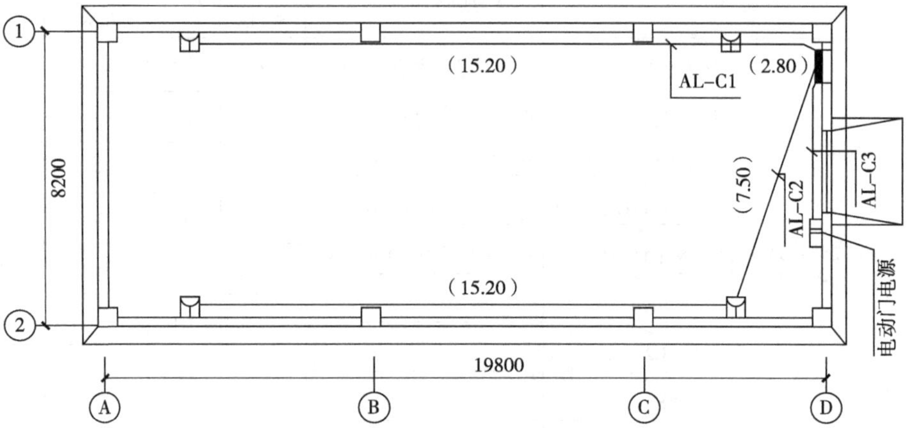

图 3.16　干线平面图

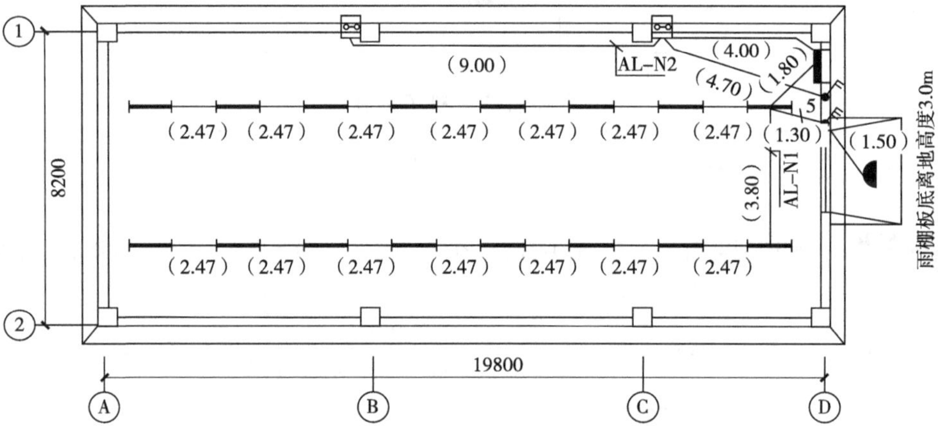

图 3.17　照明平面图

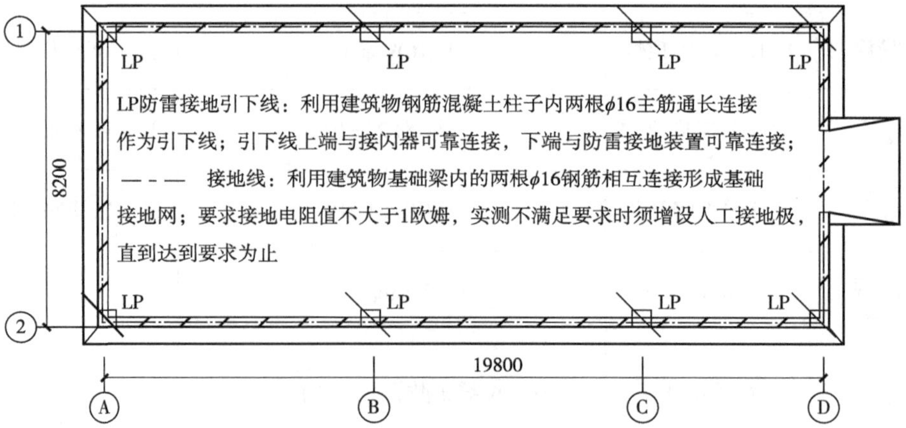

图 3.18　接地平面图

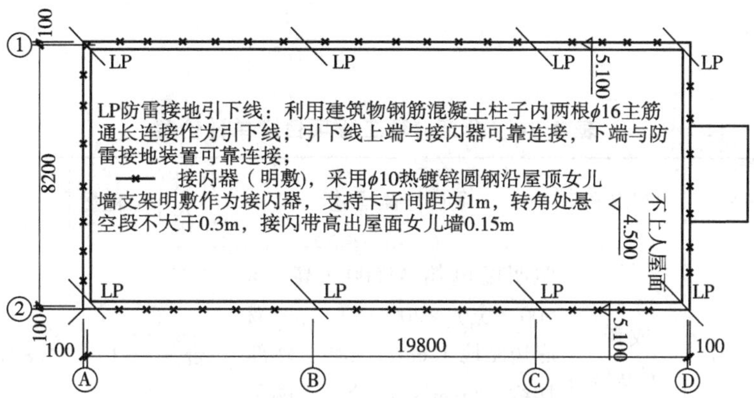

图 3.19　防雷平面图

答案：

问题（1）：

配管配线工程量：

1）AL-N1 回路：

SC20（3 线）：（4.5-0.12+0.05-1.6-0.8）+1.80+2.47×14+3.80+1.50+（3+0.05-1.3）= 45.46（m）。

SC25（5 线）：1.30+（4.5-0.12+0.05-1.3）= 4.43（m）。

BV2.5：45.46×3+4.43×5+（0.6+0.8）×3 = 162.73（m）。

2）AL-N2 回路：

SC20：（4.5-0.12+0.05-1.6-0.8）+4.00+9.00+（4.5-0.12+0.05-3）×4+4.7+（4.5-0.12+0.05-1.3）= 28.58（m）。

BV2.5：28.58×3+（0.6+0.8）×3 = 89.94（m）。

3）AL-C1 回路：

SC32：（1.6+0.05）+（0.5+0.05）×3+2.80+15.20 = 21.30（m）。

BV6：21.30×5+（0.3+0.3）×5×3+（0.8+0.6）×5 = 122.50（m）。

4）AL-C2 回路：

SC32：（1.6+0.05）+（0.5+0.05）×3+7.50+15.20 = 26.00（m）。

BV6：26.00×5+（0.3+0.3）×5×3+（0.8+0.6）×5 = 146.00（m）。

5）汇总：

SC20：45.46+28.58 = 74.04（m）。

SC25：4.43（m）。

SC32：21.30+26.00 = 47.30（m）。

BV2.5：162.73+89.94 = 252.67（m）。

BV6：122.50+146.00 = 268.50（m）。

防雷接地工程量：

1）均压环：（19.8+8.2）×2 = 56.00（m）。

2）避雷网：[（19.8+0.1×2）+（8.2+0.1×2）]×2×1.039 = 59.02（m）。

问题（2）：

答案见表 3.76。

表 3.76 分部分项工程项目清单计价表

序号	项目编码	项目名称	项目特征描述	计量单位	工程量	综合单价/元	合价/元
1	030402011001	成套配电箱	照明配电箱 AL800（高）×600（宽）×200（厚），嵌墙底边距地 1.6m，无端子外部接线 $2.5mm^2$；11 个，无端子外部接线 $6mm^2$；10 个	台	1	2 874.00	2 874.00
2	030402011002	成套配电箱	插座箱 AX PZ9 951，300（高）×300（宽）×120（厚），嵌墙底边距地 0.5m，无端子外部接线 $6mm^2$，30 个	台	4	1 802.19	7 208.76
3	030413001001	普通灯具	LED 半球吸顶灯 1×16W，ϕ300	套	1	108.37	108.37
4	030413003001	荧光灯	LED 荧光灯 1×24W，吸顶安装	套	16	87.63	1 402.08
5	030412004001	配线	管内穿单芯硬导线，铜芯，$BV2.5mm^2$	m	280.00	3.86	1 080.80
6	030412004002	配线	管内穿单芯硬导线，铜芯，$BV6mm^2$	m	300.00	6.21	1 863.00
7	030405015001	风扇	排气扇 ϕ300，距地 3m	台	2	—	—
8	030413013001	照明开关	双联单控暗开关：86CXF21-10	套	1	—	—
9	030413013002	照明开关	三联单控暗开关：86CXF21-10	套	1	—	—
10	030410004001	均压环	均压环敷设，利用圈梁钢筋	m	60.00	—	—
11	030410005001	接闪带	避雷网安装，沿折板支架敷设，镀锌圆钢 ϕ10	m	65.00	—	—
12	030412001001	配管	砖、混凝土结构暗配 SC20	m	80.00	—	—
13	030412001002	配管	砖、混凝土结构暗配 SC32	m	50.00	—	—

问题（3）：

安全生产措施费：

其余措施费 = 360 + 320 + 120 + 360 × 0.55 + 7 000 ×（7.5% + 2.6% + 1.5% + 1%）= 1 880.00（元）。

安全生产措施费=（35 000+1 880+1 500+91.74）×3%=1 154.15（元）。

措施费：1 880+1 154.15=3 034.15（元）。

总承包服务费=2 000.00/1.09×5%=91.74（元）。

增值税：（35 000+3 034.15+1 000+91.74+1 500）×9%=3 656.33（元）。

答案见表 3.77。

表 3.77 工程项目清单汇总表

序号	汇总内容	金额/元
1	分部分项工程	35 000.00
2	措施项目	3 034.15
2.1	其中：安全生产措施项目	1 154.15
3	其他项目	4 591.74
3.1	其中：暂列金额	1 000.00
3.2	其中：专业工程暂估价	2 000.00
3.3	其中：计日工	1 500.00
3.4	其中：总承包服务费	91.74
4	增值税	3 656.33
合计		46 282.22

例题 3.8 背景资料：

（1）某公共卫生间电气施工图如下：图 3.20 为配电系统图及主要材料设备图例表、图 3.21 为照明及插座平面图、图 3.22 为基础接地平面图。该建筑为砖混结构，平屋面。室内净高为 4.0m。照明配管配线规格为：ZR-BV2.5 2~3 根穿 JDG20，4~5 根穿 JDG25。其余穿管规格按系统图。

（2）该工程的相关定额、主材单价及损耗率表见表 3.78。【2023 年真题】

表 3.78 电气工程定额、主材单价及损耗率表

定额编号	项目名称	定额单位	安装基价/元			主材	
			人工费	材料费	机械费	单价	损耗率/%
4-2-80	成套配电箱安装，嵌入式，半周长≤1.0m	台	148.50	34.50	0	1 500.00 元/台	
4-2-81	成套配电箱安装，嵌入式，半周长≤1.5m	台	157.80	37.90	0	2 500.00 元/台	
4-4-10	无端子外部接线，导线截面≤2.5mm^2	个	1.44	1.44	0		
4-4-11	无端子外部接线，导线截面≤6mm^2	个	2.04	1.44	0		

续表3.78

定额编号	项目名称	定额单位	安装基价/元			主材	
			人工费	材料费	机械费	单价	损耗率/%
4-4-22	压铜接线端子，导线截面≤16mm^2	个	3.50	4.50	0		
4-12-5	砖、混凝土结构暗配 JDG20	10m	62.50	4.80	0	4.50元/m	3
4-12-6	砖、混凝土结构暗配 JDG25	10m	64.80	5.20	0	6.00元/m	3
4-13-1	管内穿单芯硬导线，铜芯导线截面≤2.5mm^2	10m	9.72	1.50	0	1.60元/m	16
4-13-2	管内穿单芯硬导线铜芯导线截面≤4mm^2	10m	6.48	1.45	0	2.56元/m	10
4-14-2	吸顶灯具安装，灯罩周长≤1 100mm	套	16.56	1.90	0	80.00元/套	1
4-14-188	普通壁灯安装	套	12.20	1.80	0	100.00元/套	1
4-14-496	点光源艺术装饰灯具，吸顶式	套	11.60	2.50	0	50.00元/套	1
4-14-264	点光源艺术装饰灯具，嵌入式筒灯	套	12.70	2.30	0	50.00元/套	1
4-14-148	荧光灯安装，吸顶式，单管	套	16.28	1.80	0	60.00元/套	1
4-14-149	荧光灯安装，吸顶式，双管	套	20.50	1.80	0	120.00元/套	1
4-414-220	防尘防水灯安装，吸顶式	套	23.04	2.20	0	120.00元/套	1
4-15-73	风扇安装，排气扇	台	51.60	4.50	0	150.00元/台	

注：表内费用均不包含增值税可抵扣进项税。

（3）该工程的管理费和利润分别按人工费的40%和20%计算。

（4）相关分部分项工程量清单项目编码及项目名称见表3.79。

表3.79　工程量清单项目表

项目编码	项目名称	项目编码	项目名称
030402011	成套配电箱	030412004	配线
030405015	风扇	030413001	普通灯具
030405013	小电器	030413005	工厂灯
030413013	照明开关	030413002	装饰灯
030413014	插座	030413003	荧光灯
030412001	配管	—	—

图中括号内数字表示线路水平长度，配管嵌入地面或顶板内深度均按 0.1m 计算，配电箱的进线和配管、开关盒、灯头盒、接线盒及其他未说明之处，答题时不考虑。

问题：（1）按背景资料（1）~（5）和图 3.20~图 3.22 所示，根据《建设工程工程量清单计价标准》GB/T 50500—2024 和《通用安装工程工程量计算标准》GB/T 50856—2024 的规定，计算 WLI~WL5 回路配管、配线，基础均压环及接地母线的工程量。计算式与结果填写在答题卡上指定位置。

（2）假定 JDG20 清单工程量为 90.00m，JDG25 清单工程量为 60.00m，ZR-BV2.5 清单工程量为 350.00m，ZR-BV4 清单工程量为 110.00m，其他项目的工程量根据给定图纸计算，编制分部分项工程量清单；计算配电箱、灯具排风扇、配线、项目的综合单价与合价。完成答题卡表 3.80“分部分项工程项目清单计价表”。（计算过程和结果数据均保留两位小数。）

表 3.80　分部分项工程项目清单计价表

序号	项目编码	项目名称	项目特征描述	计量单位	工程量	综合单价/元	合价/元
1		成套配电箱					
2		普通灯具					
3		工厂灯					
4		装饰灯					
5		风扇					
6		配线					
7		配线					
8		配管				—	—
9		配管				—	—
10		照明开关				—	—
11		照明开关				—	—
12		照明开关				—	—
13		插座				—	—
14		插座				—	—
15		插座				—	—

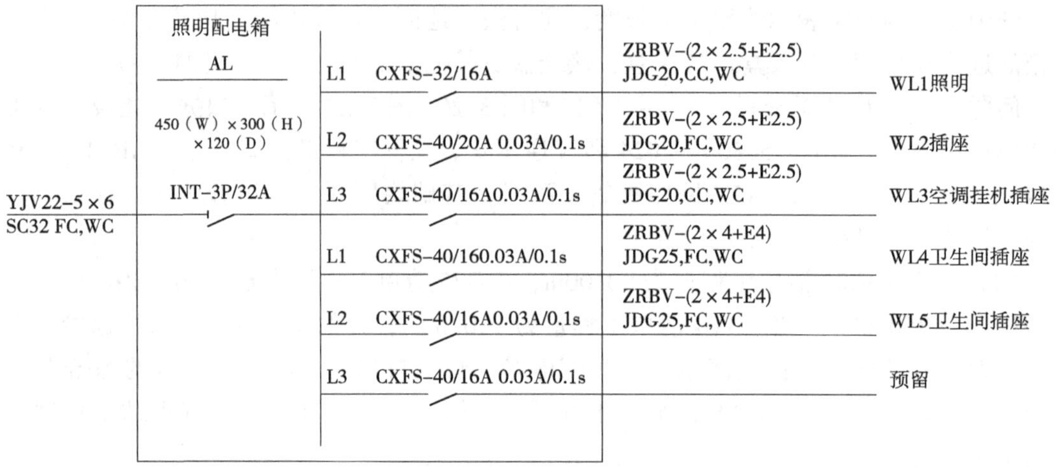

主要材料设备图例表

序号	图例	设备名称	型号规格	数量	安装高度/m	备注
1		照明配电箱	PZ30（R）-264		嵌墙底边距地 1.6m	450×300×120
2	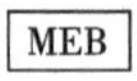 MEB	总等电位联结箱	TD188-R-496		嵌墙底边距地 0.3m	300×200×120
3	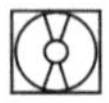	排气扇	300×300		吸顶	
4		节能型筒灯	LED 型，1×28W		吸顶	$\phi150$
5		防水吸顶灯	LED 型，1×28W		吸顶	
6		节能型壁灯	LED 型，1×18W		壁装，离地 2.2m	
7		暗装单极开关	A86K9951-10		底边距地 1.3m	防水型
8		暗装双极开关	A86K9952-10		底边距地 1.3m	防水型
9		暗装三极开关	A86K9953-10		底边距地 1.3m	防水型
10		暗装单相二三极插座	A86Z9951A10		底边距地 0.3m	
11		暗装防水二三极插座	A86Z9951FA10		底边距地 1.3m	防水型
12		暗装壁挂空调插座	A86CXF16		底边距地 2.0m	

图 3.20 配电系统图及主要材料设备图例表

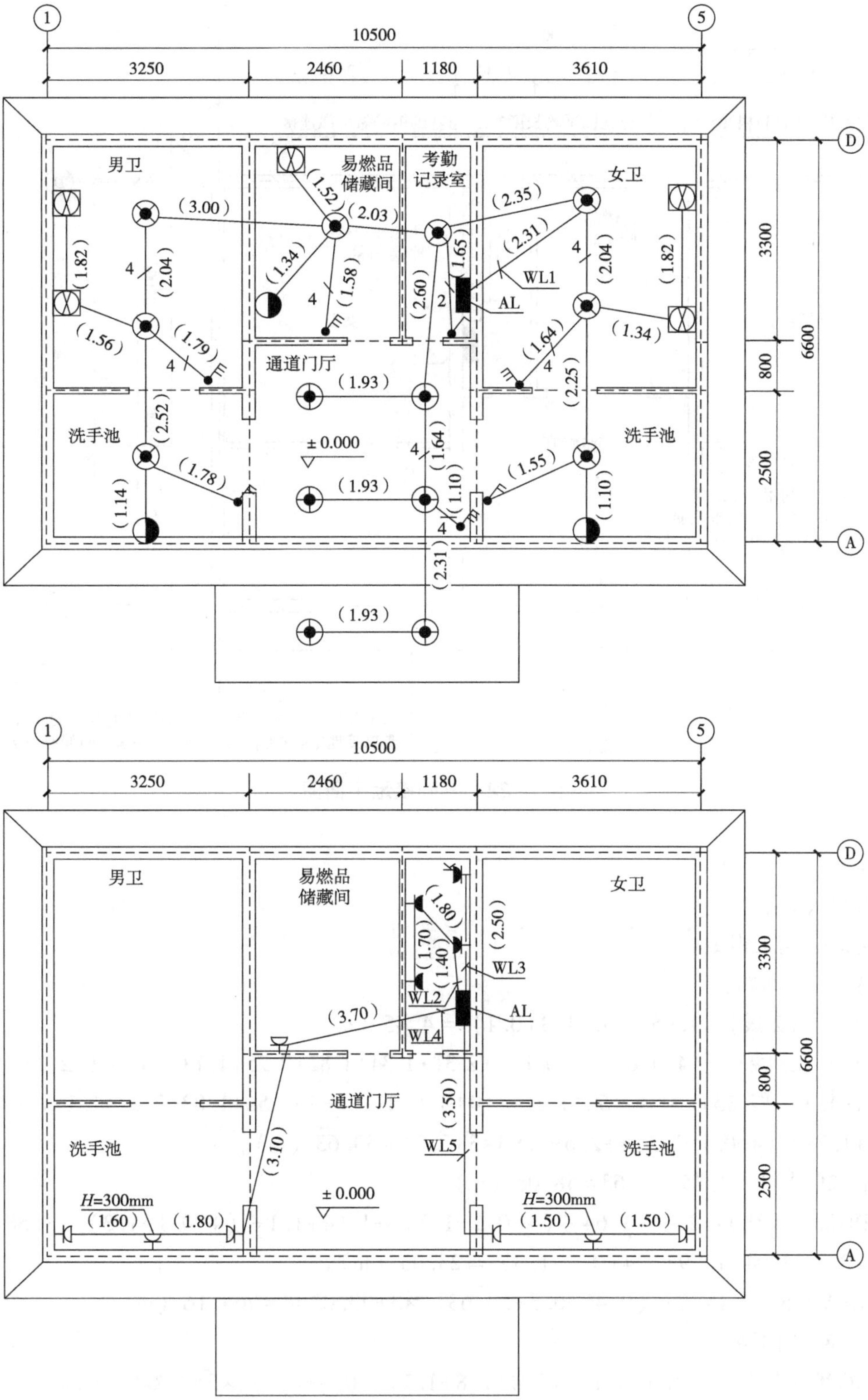

图 3. 21　照明及插座平面图

注：管内穿 3 根线者不标注。

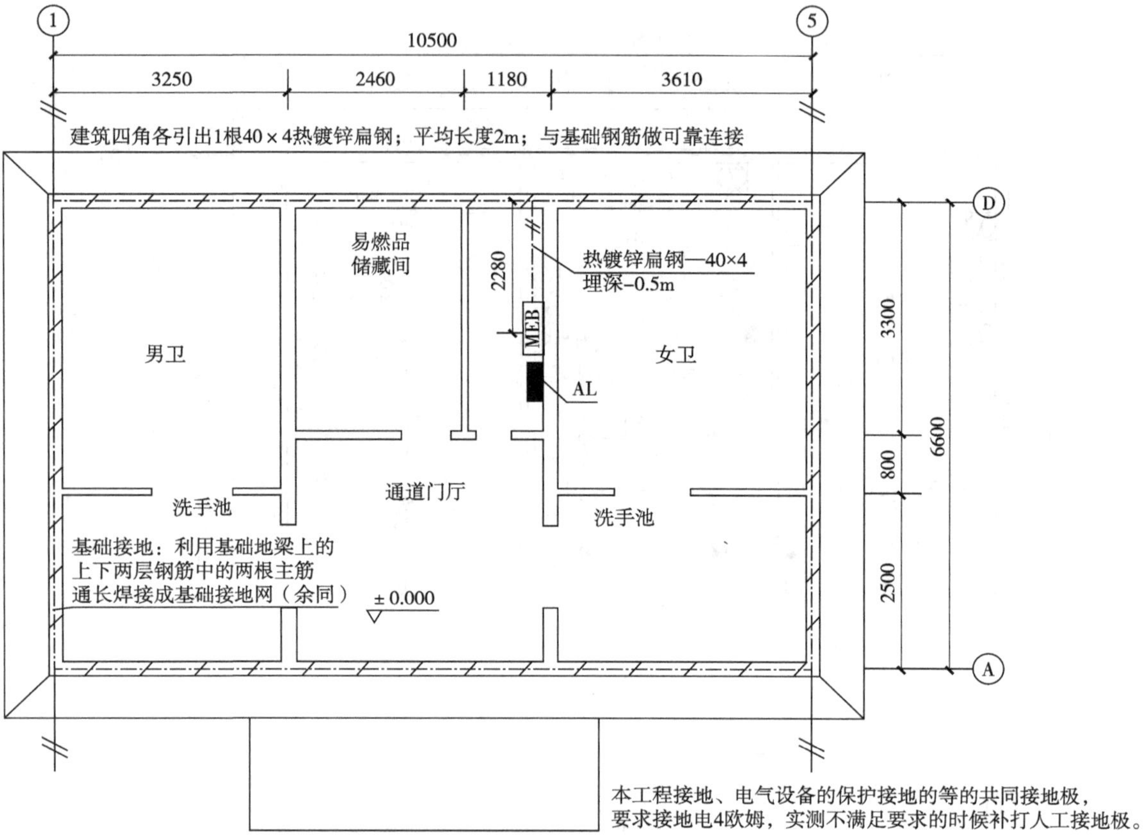

图 3.22 基础接地平面图

答案：

问题（1）：

配管配线工程量：

1）WL1 回路：

JDG20（2 线）：1.65+（4−1.3+0.1）=4.45（m）。

JDG20（3 线）：（4−1.6−0.3+0.1）+2.31+1.34+1.82+2.25+1.1+（4+0.1−2.2）+1.55+（4+0.1−1.3）+2.35+2.03+1.52+1.34+（4+0.1−2.2）+3+1.56+1.82+2.52+1.14+（4+0.1−2.2）+1.78+（4+0.1−1.3）+2.6+1.93×3+2.31=53.63（m）。

JDG20 小计：4.45+53.63=58.08（m）。

JDG25（4 线）：2.04+1.64+（4+0.1−1.3）+1.64+1.1+（4+0.1−1.3）+1.58+（4+0.1−1.3）+2.04+1.79+（4+0.1−1.3）=23.03（m）。

ZRBV2.5：4.45×2+（0.45+0.3+53.63）×3+23.03×4=264.16（m）。

2）WL2 回路：

JDG20（3 线）：（1.6+0.1）+1.4+1.8+1.7+（0.3+0.1）×5=8.60（m）。

ZRBV2.5：（0.45+0.3+8.6）×3=28.05（m）。

3）WL3 回路：

JDG20（3 线）：（4+0. 1−1. 6−0. 3）+2. 5+（4+0. 1−2）= 6. 80（m）。

ZRBV2. 5：（0. 45+0. 3+6. 8）×3=22. 65（m）。

4）WL4 回路：

JDG25（3 线）：（1. 6+0. 1）+3. 7+3. 1+1. 8+1. 6+（1. 3+0. 1）×5+（0. 3+0. 1）×2=19. 70（m）。

ZRBV4：（0. 45+0. 3+19. 7）×3=61. 35（m）。

5）WL5 回路：

JDG25（3 线）：（1. 6+0. 1）+3. 5+1. 5+1. 5+（1. 3+0. 1）×3+（0. 3+0. 1）×2=13. 20（m）。

ZRBV4：（0. 45+0. 3+13. 2）×3=41. 85（m）。

6）汇总：

JDG20：58. 08+8. 60+6. 80=73. 48（m）。

JDG25：23. 03+19. 70+13. 20=55. 93（m）。

ZR−BV2. 5：264. 16+28. 05+22. 65=314. 86（m）。

ZR−BV4：61. 35+41. 85=103. 20（m）。

接地工程量：

1）基础均压环：（10. 5+6. 6）×2=34. 20（m）。

2）接地母线：

户外部分=2×4×1. 039=8. 31（m）。

户内部分=（2. 28+0. 5+0. 3）×1. 039=3. 20（m）。

合计：8. 31+3. 20=11. 51（m）。

问题（2）：

答案见表 3. 81。

表 3. 81　分部分项工程项目清单计价表

序号	项目编码	项目名称	项目特征描述	计量单位	工程量	综合单价/元	合价/元
1	030402011001	成套配电箱	照明配电箱 PZ30（R）−264 450（宽）×300（高）×120（厚） 嵌墙底边距地 1. 6m 无端子处部接线 2. 5mm^2：9 个 无端子外部接线 4. 0mm^2：6 个	台	1	1 834. 02	1 834. 02
2	030413001001	普通灯具	节能型壁灯 LED 型，1×18W 壁装，离地 2. 2m	套	3	122. 32	366. 96
3	030413005001	工厂灯	防水吸顶灯 LED 型，1×28W 吸顶安装	套	8	160. 26	1 282. 08
4	030413002001	装饰灯	节能型筒灯 ϕ150 LED 型，1×28W　吸顶安装	套	6	71. 56	429. 36
5	030405015001	风扇	排气扇 300×300，吸顶安装	台	5	237. 06	1 185. 30

续表3.81

序号	项目编码	项目名称	项目特征描述	计量单位	工程量	综合单价/元	合价/元
6	030412004001	配线	管内穿单芯硬导线，铜芯，导线截面 2.5mm^2	m	350.00	3.56	1 246.00
7	030412004002	配线	管内穿单芯硬导线，铜芯，导线截面 4mm^2	m	110.00	4.00	440.00
8	030412001001	配管	砖、混凝土结构暗配 JDG20	m	90.00	—	—
9	030412001002	配管	砖、混凝土结构暗配 JDG25	m	60.00	—	—
10	030413013001	照明开关	暗装单极开关：A86K9951-10，防水型底边距地 1.3m	套	1	—	—
11	030413013002	照明开关	暗装双极开关：A86K9952-10，防水型，底边距地 1.3m	套	2	—	—
12	030413013003	照明开关	暗装三极开关 A86K9953-10，防水型，底边距地 1.3m	套	4	—	—
13	030413014001	插座	暗装单相二、三极插座：A86Z 9951A10，底边距地 0.3m	套	3	—	—
14	030413014002	插座	暗装防水二、三极插座：A86Z 9951FA10，防水型，底边距地 1.3m	套	7	—	—
15	030413014003	插座	暗装壁挂空调插座：A86CXF16，底边距地 2.0m	套	1	—	—

例题 3.9 工程背景资料如下：

（1）图 3.23 为商铺电气平面图，图 3.24 为配电系统图及主要材料设备图例表，该商铺为砖混结构，室内净高 4.0m。图中括号内的数字表示线路水平长度，配管嵌入地面或顶板内深度均按 0.1m 计算。配管配线规格为：BV2.5，2~3 根穿刚性阻燃管 PC16、4~5 根穿刚性阻燃管 PC20，6~7 根穿刚性阻燃管 PC25，其余穿管规格按系统图。

（2）该工程的相关定额、主材单价及损耗率见表 3.82。【2022 年补考真题】

表 3.82　电气工程定额、主材单价及损耗率表

定额编号	项目名称	定额单位	安装基价/元			主材	
			人工费	材料费	机械费	单价	损耗率/%
4-2-76	成套配电箱安装，嵌入式，半周长≤0.5m	台	68.96	25.00	0	868.00 元/台	
4-2-76	成套配电箱安装，嵌入式，半周长≤1.0m	台	148.50	34.50	0	3 000.00 元/台	

续表3.82

定额编号	项目名称	定额单位	安装基价/元			主材	
			人工费	材料费	机械费	单价	损耗率/%
4-4-14	无端子外部接线，导线截面≤2.5mm^2	个	1.44	1.44	0		
4-4-15	无端子外部接线，导线截面≤6mm^2	个	2.04	1.44	0		
4-4-26	压铜接线端子，导线截面≤16mm^2	个	3.50	4.50	0		
4-12-132	砖、混凝土结构，暗配刚性阻燃管 PC16	10m	62.50	4.80	0	1.50 元/m	6
4-12-133	砖、混凝土结构，暗配刚性阻燃管 PC20	10m	64.80	5.20	0	2.00 元/m	6
4-13-5	管内穿照明线，铜芯，导线截面≤2.5mm^2	10m	9.72	1.50	0	1.60 元/m	16
4-13-6	管内穿照明线，铜芯，导线截面≤4mm^2	10m	6.48	1.45	0	2.56 元/m	10
4-13-25	管内穿动力线，铜芯，导线截面≤4mm^2	10m	6.30	1.38	0	2.56 元/m	5
4-14-2	吸顶灯具安装，灯罩周长≤1 100	套	16.56	1.90	0	80.00 元/套	1
4-14-220	防尘防水灯安装，吸顶式	套	23.04	2.20	0	120.00 元/套	1
4-14-187	荧光灯安装，吸顶式，单管	套	16.28	1.80	0	60.00 元/套	1
4-14-188	荧光灯安装，吸顶式，双管	套	20.50	1.80	0	120.00 元/套	1
4-9-496	电力电缆穿管敷设，铜芯，5×16mm^2	10m	43.74	4.16	1.24	50.00 元/m	1
4-9-264	干包式电力电缆终端头，电缆截面 5×16mm^2 铜芯	个	17.50	19.40	0		

注：表内费用均不包含增值税。

（3）该工程的管理费和利润分别按人工费的 40%和 20%计算。

（4）相关分部分项工程工程量清单项目编码及项目名称见表 3.83。

表 3.83　工程量清单项目表

项目编码	项目名称	项目编码	项目名称
030402011	成套配电箱	030413003	荧光灯
030413013	照明开关	030412001	配管
030413014	插座	030412004	配线
030413001	普通灯具	030409001	电力电缆
030413002	装饰灯	030409003	电力电缆头

（5）答题时不考虑配电箱的进线和配管，不考虑开关盒、灯头盒和接线盒。

问题：（1）按照背景资料 1～5 和图 3.23 及图 3.24 所示，根据《建设工程工程量清单计价标准》GB/T 50500—2024 和《通用安装工程工程量计算标准》GB/T 50856—2024 的规定，计算 N1～N3 回路配管、配线的工程量，计算式与结果填写在答题卡上指定位置。

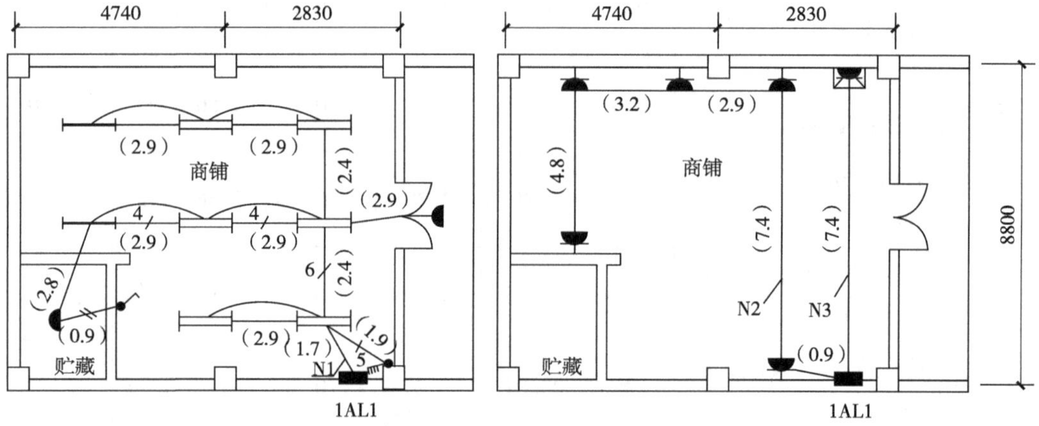

图 3.23　商铺电气平面图

注：管内穿 3 根线者不标注。

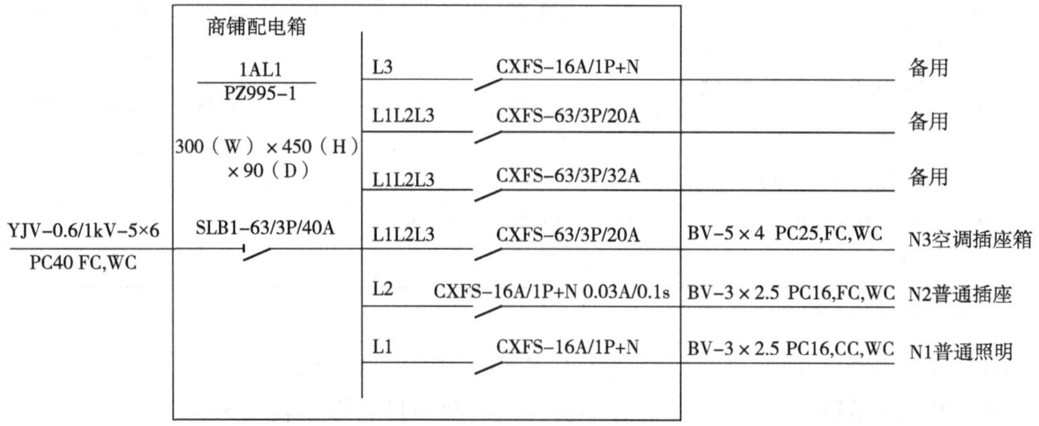

序号	图例	材料设备/名称	型号规格	单位	数量	备注 距地高度
1		照明配电箱 1AL1	PZ995-1 嵌入式，300（W）×450（H）×90（D）	台		1.6m/暗装
2		空调插座箱	30-10 嵌入式，280（W）×210（H）×90（D）	台		0.3m/暗装
3		半圆吸顶灯	CXF2 380，1×22W 节能灯管	套		吸顶安装
4	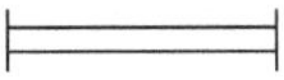	双管荧光灯	FS2-2，2×28W	套		吸顶安装
		单管荧光灯	FS1-1，1×28W	套		吸顶安装
5		一位单控暗开关	AP86K11-10	套		1.3m 暗装
6		四位单控暗开关	AP86K41-10	套		1.3m 暗装
7		单相二三极保护门暗插座	AP86Z9 951A10	套		0.3m 暗装

图 3.24 配电系统图及主要材料设备图例表

（2）假定 PC16 清单工程量为 50.00m，PC20 清单工程量为 15.00m，PC25 清单工程量为 10.00m，BV2.5 清单工程量为 200.00m，BV4 清单工程量为 60.00m，电力电缆 YJV-5×16 清单工程量为 40.00m，干包式电缆头 5×16 清单工程量为 2 个，其他工程量根据给定图纸计算。编制分部分项工程量清单，计算配电箱、各类灯具、配线清单的综合单价与合价，完成答题卡表 3.84 “分部分项工程项目清单计价表”。

表 3.84 分部分项工程项目清单计价表

序号	项目编码	项目名称	项目特征描述	计量单位	工程量	综合单价/元	合价/元	其中：暂估价/元
1		成套配电箱						
2		成套配电箱						
3		普通灯具						
4		荧光灯						
5		荧光灯						
6		配线						
7		配线						

续表3.84

序号	项目编码	项目名称	项目特征描述	计量单位	工程量	综合单价/元	合价/元	其中：暂估价/元
8		照明开关						
9		照明开关						
10		插座						
11		配管						
12		配管						
13		配管						
14		电力电缆						
15		电力电缆头						

（3）根据施工合同约定：“承包人承担5%的材料风险，材料涨幅超过5%时，超出的部分由发包人承担”。已知 YJV-5×16 电缆投标基准期材料单价为 50.00 元/m，施工单位投标时材料单价为 48.00 元/m，施工期间发包人确认的材料单价为 60.00 元/m，其余数据均与前述背景相同，结算阶段承包人提出电缆涨价调差应按其投标单价计算，回答以下问题：

1）承包人的主张是否正确？为什么？

2）计算该电力电缆招标控制价综合单价、投标综合单价、结算综合单价。

答案：

问题（1）：

1）N1 回路：

PC16（2 线）：0.9+（4+0.1−1.3）=3.70（m）。

PC16（3 线）：（4+0.1−1.6−0.45）+1.7+2.4+2.9×4+2.8=20.55（m）。

PC20（4 线）：2.9×2=5.80（m）。

PC20（5 线）：1.9+（4+0.1−1.3）=4.70（m）。

PC25（6 线）：2.40（m）。

小计：

PC16：3.70+20.55=24.25（m）。

PC20：5.80+4.70=10.50（m）。

PC25：2.40（m）。

BV2.5：3.7×2+（20.55+0.3+0.45）×3+5.8×4+4.7×5+2.4×6=132.40（m）。

2）N2 回路：

PC16（3 线）：（1.6+0.1）+0.9+7.4+2.9+3.2+4.8+（0.3+0.1）×9=24.50（m）。

BV2.5：（0.3+0.45+24.5）×3=75.75（m）。

3）N3 回路：

PC25（5 线）：（1.6+0.1）+7.4+（0.3+0.1）=9.50（m）。

BV4：（0.3+0.45）×5+（0.28+0.21）×5+9.5×5=53.70（m）。

4）汇总：

PC16：24.25+24.50=48.75（m）。

PC20：10.50（m）。

PC25：2.4+9.5=11.90（m）。

BV2.5：132.4+75.75=208.15（m）。

BV4：53.70（m）。

问题（2）：

答案见表 3.85。

表 3.85　分部分项工程项目清单计价表

序号	项目编码	项目名称	项目特征描述	计量单位	工程量	综合单价/元	合价	其中：暂估价/元
1	030402011001	成套配电箱	照明配电箱 1AL1，PZ995-11,300（W）×450（H）×90（D），嵌入式安装高度 1.6m，无端子外部接线：$2.5mm^2$，6 个，无端子外部接线：$4mm^2$，5 个	台	1	3 318.08	3 318.08	—
2	030402011002	成套配电箱	空调插座箱 30-10，280（W）×210（H）×90（D），嵌入式安装高度 0.3m，无端子外部接线 $4mm^2$，5 个	台	1	1 026.86	1 026.86	—
3	030413001001	普通灯具	半圆吸顶灯 CXF 2 380，1×22W 节能灯管吸顶安装	套	2	109.20	218.40	—
4	030413003001	荧光灯	单管荧光灯 FS1-1，1×28W 吸顶安装	套	2	88.45	176.90	—
5	030413003002	荧光灯	双管荧光灯 FS2-2 2×28W 吸顶安装	套	6	155.80	934.80	—
6	030412004001	配线	管内穿照明线铜芯导线截面 $2.5mm^2$	m	200.00	3.56	712.00	—

续表3.85

序号	项目编码	项目名称	项目特征描述	计量单位	工程量	综合单价/元	合价	其中：暂估价/元
7	030412004002	配线	管内穿动力线铜芯导线截面 $4mm^2$	m	60.00	3.83	229.80	—
8	030413013001	照明开关	一位单控暗开关 AP86K11-10 安装高度 1.3m	套	1	—	—	—
9	030413013002	照明开关	四位单控暗开关 AP86K41-10 安装高度 1.3m	套	1	—	—	—
10	030413014001	插座	单相二、三极保护门暗插座 AP86Z9951A10 安装高度 0.3m 暗装	套	5	—	—	—
11	030412001001	配管	砖、混凝土结构暗配 刚性阻燃管 PC16	m	50.00	—	—	—
12	030412001002	配管	砖、混凝土结构暗配 刚性阻燃管 PC20	m	15.00	—	—	—
13	030412001003	配管	砖、混凝土结构暗配 刚性阻燃管 PC25	m	10.00	—	—	—
14	030409001001	电力电缆	电力电缆穿管敷设 铜芯 $5×16mm^2$	m	40.00	—	—	—
15	030409003001	电力电缆头	干包式电力电缆终端头铜芯电缆截面 $5×16mm^2$	个	2	—	—	—

问题（3）：

1）主张不正确，应根据发承包双方约定的风险范围进行调整：

价格上涨应以较高的基准价为基础计算风险幅度值：50×1.05=52.50（元/m），

上调价格=60-52.50=7.50（元/m），实际结算材料单价=48.00+7.50=55.50（元/m）。

2）电力电缆招标控制价综合单价：（43.74×1.6+4.16+1.24）/10+50×1.01=58.04（元/m）。

电力电缆投标综合单价：（43.74×1.6+4.16+1.24）/10+48×1.01=56.02（元/m）。

电力电缆结算综合单价：（43.74×1.6+4.16+1.24）/10+55.5×1.01=63.59（元/m）。

例题 3.10 工程背景资料如下：

（1）本项目为综合楼局部储藏室工程，室内净高 3.0m。表 3.86 为主要材料设备图例表，图 3.25 为储藏室电气平面图及系统图。图中括号内的数字表示线路水平长度，配管嵌入地面或顶板内深度均按 0.1m 计算。配管配线规格为：BV2.5，2~3 根穿刚性阻燃管 PC16、4~5 根穿刚性阻燃管 PC20；BV4，3 根穿刚性阻燃管 PC20，其余按系统图。

（2）工程的相关定额、主材单价及损耗率见表 3.87。【2022 年真题】

（3）该工程的管理费和利润分别按人工费的 40% 和 20% 计算。

（4）相关分部分项工程工程量清单项目编码及项目名称见表 3.88。

（5）答题时不考虑配电箱的进线和配管，不考虑开关盒、灯头盒和接线盒。

表 3.86 主要材料设备图例表

序号	图例	材料设备/名称	型号规格	单位	数量	距地高度
1		照明配电箱 1AL1	PZ995-1 嵌入式，350（W）×450（H）×90（D）	台		暗装/1.5m
2		座灯头	1×13W 节能灯管	套		吸顶安装
3		防尘防水灯	1×9W 节能灯管	套		吸顶安装
4		单管荧光灯	YG1-1，1×28W	套		吸顶安装
5		一位单控暗开关	AP86K11-10	套		暗装/1.3m
6		两位单控暗开关	AP86K21-10	套		暗装/1.3m
7		三位单控暗开关	AP86K31-10	套		暗装/1.3m
8		一位双控暗开关	AP86K12-10	套		暗装/1.3m
9		单相二、三极 保护门暗插座	AP86CXF23A10	套		暗装/0.3m
10		单相二、三极 保护门防水暗插座	AP86CXF23FA10	套		暗装/1.5m
11		单相二、三极带开关防水暗插座	AP86CXF23AFK16 热水器用	套		暗装/1.8m
12		单相三极保护门带开关暗插座	AP86CXF13AK16 柜机空调用	套		暗装/0.3m
13		单相三极保护门带开关暗插座	AP86CXF13AK10 壁挂空调用	套		暗装/2.0m

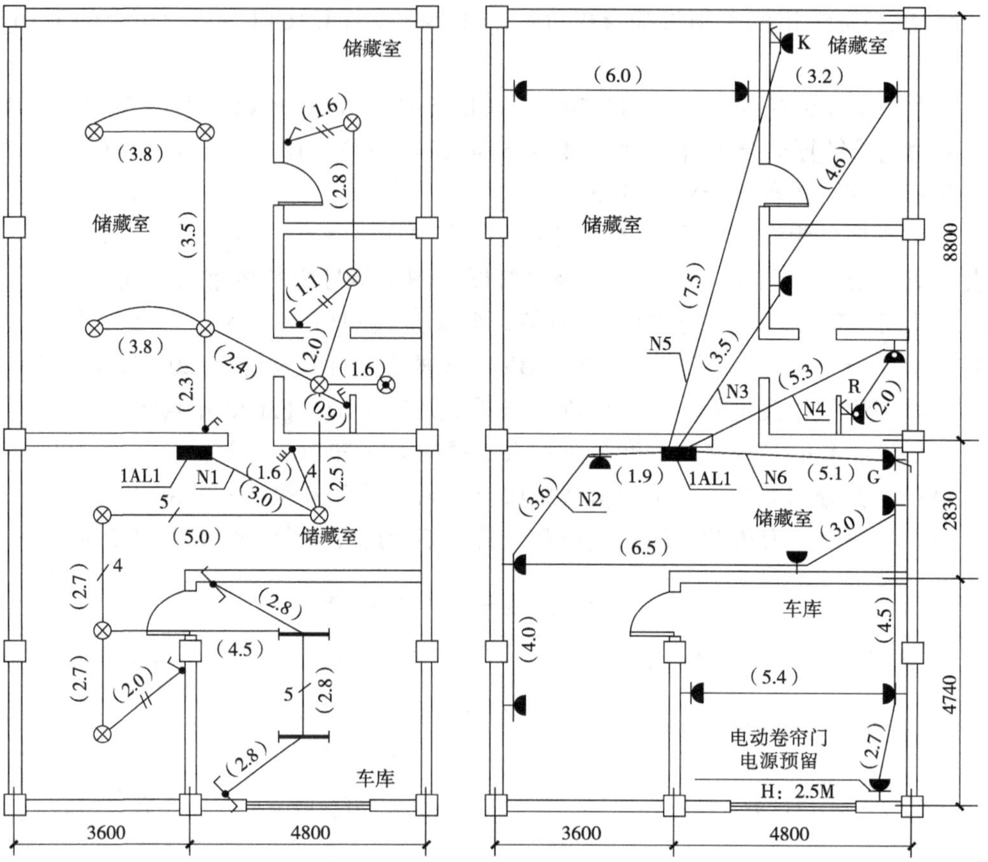

（a）平面图

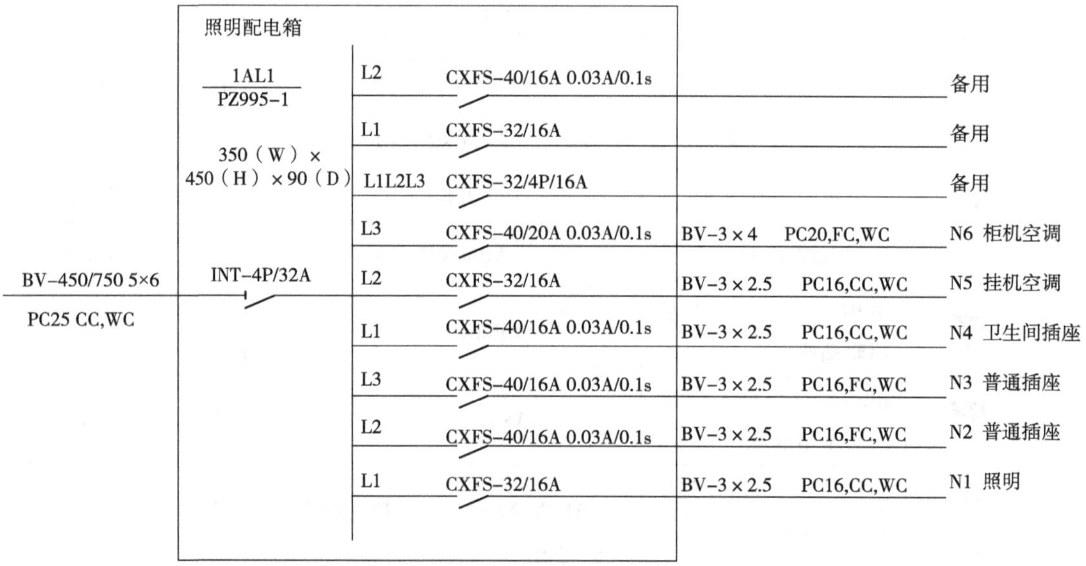

（b）系统图

图 3.25　储藏室电气平面图及系统图

注：平面图中管内穿 3 根线者不标注。

表 3.87　电气工程定额、主材单价及损耗率表

定额编号	项目名称	定额单位	安装基价/元			主材	
			人工费	材料费	机械费	单价	损耗率/%
4-2-76	成套配电箱安装 嵌入式半周长≤1.0m	台	148.50	34.50	0	3 000.00元/台	
4-2-77	成套配电箱安装 嵌入式 半周长≤1.5m	台	157.80	37.90	0	4 000.00元/台	
4-4-14	无端子外部接线 导线截面≤2.5mm^2	个	1.44	1.44	0	—	
4-4-15	无端子外部接线 导线截面≤6mm^2	个	2.04	1.44	0	—	
4-12-132	砖、混凝土结构暗配 刚性阻燃管 PC16	10m	62.50	4.80	0	1.50 元/m	6
4-12-133	砖、混凝土结构暗配 刚性阻燃管 PC20	10m	64.80	5.20	0	2.00 元/m	6
4-13-5	管内穿照明线 铜芯 导线截面≤2.5mm^2	10m	9.72	1.50	0	1.60 元/m	16
4-13-6	管内穿照明线 铜芯 导线截面≤4mm^2	10m	6.48	1.45	0	2.56 元/m	10
4-13-25	管内穿动力线 铜芯 导线截面≤4mm^2	10m	6.30	1.38	0	2.56 元/m	5
4-14-188	防尘防水灯安装 吸顶式	套	23.04	2.20	0	120.00 元/套	1
4-14-496	座灯头安装	套	8.00	1.50	0	10.00 元/套	1
4-14-264	荧光灯安装 吸顶式 单管	套	16.28	1.80	0	50.00 元/套	1
4-14-265	荧光灯安装 吸顶式 双管	套	20.50	1.80	0	120.00 元/套	1

注：表内费用均不包含增值税可抵扣进项税额。

表 3.88　工程量清单项目表

项目编码	项目名称	项目编码	项目名称
030402011	成套配电箱	030413005	工厂灯
030413013	照明开关	030413003	荧光灯
030413014	插座	030412001	配管
030413001	普通灯具	030412004	配线

问题：（1）按照背景资料 1～5、表 3.86 及图 3.25 所示，根据《建设工程工程量清单计价标准》GB/T 50500—2024 和《通用安装工程工程量计算标准》GB/T 50856—2024 的规定，计算 N1～N6 回路配管、配线的工程量，计算式与结果填写在答题卡上指定位置（先分回路计算，再汇总）。

（2）假定 PC16 清单工程量为 150. 00m，PC20 清单工程量为 20. 00m，BV2. 5 清单工程量为 460. 00m，BV4 清单工程量为 25. 00m，其他工程量根据给定图纸计算。编制分部分项工程量清单，计算配电箱、各类灯具清单的综合单价与合价，完成答题卡表 3. 89“分部分项工程项目清单计价表”。

表 3. 89　分部分项工程项目清单计价表

序号	项目编码	项目名称	项目特征描述	计量单位	工程量	综合单价/元	合价/元
1		成套配电箱					
2		普通灯具					
3		工厂灯					
4		荧光灯					
5		照明开关				—	—
6		照明开关				—	—
7		照明开关				—	—
8		照明开关				—	—
9		插座				—	—
10		插座				—	—
11		插座				—	—
12		插座				—	—
13		插座				—	—
14		配管				—	—
15		配管				—	—
16		配线				—	—
17		配线				—	—

（3）本项目施工合同约定，采用固定单价合同结算，结算工程量增加在 15% 以内的综合单价不变，增加超出 15% 的部分综合单价×0. 9；假定 PC16 最终结算量为 200m，前述背景资料中数据均为施工单位投标数据，计算 PC16 对应的清单投标单价和该清单分部分项工程结算费用。

（计算过程和结果均保留两位小数。）

答案：

问题（1）：

1）N1 回路：

PC16（2 线）：2+1. 1+1. 6+（3+0. 1−1. 3）×3＝10. 10（m）。

PC16（3 线）：（3+0. 1−1. 5−0. 45）+3+2. 7+4. 5+2. 8+2. 8+2. 5+0. 9+1. 6+2+2. 8+2. 4+2. 3+3. 8×2+3. 5+（3+0. 1−1. 3）×4＝49. 75（m）。

PC20（4 线）：2. 7+1. 6+（3+0. 1−1. 3）＝6. 10（m）。

PC20（5 线）：5+2.8=7.80（m）。

小计：

PC16：10.10+49.75=59.85（m）。

PC20：6.10+7.80=13.90（m）。

BV2.5：10.10×2+（0.35+0.45+49.75）×3+6.1×4+7.8×5=235.25（m）。

2）N2 回路：

PC16：（1.5+0.1）+1.9+3.6+4+6.5+3+4.5+5.4+2.7+（0.3+0.1）×14+（2.5+0.1）=41.40（m）。

BV2.5：（0.35+0.45+41.40）×3=126.60（m）。

3）N3 回路：

PC16：（1.5+0.1）+3.5+4.6+3.2+6+（0.3+0.1）×7=21.70（m）。

BV2.5：（0.35+0.45+21.70）×3=67.50（m）。

4）N4 回路：

PC16：（3+0.1−1.5−0.45）+5.3+2+（3+0.1−1.5）×2+（3+0.1−1.8）=12.95（m）。

BV2.5：（0.35+0.45+12.95）×3=41.25（m）。

5）N5 回路：

PC16：（3+0.1−1.5−0.45）+7.5+（3+0.1−2）=9.75（m）。

BV2.5：（0.35+0.45+9.75）×3=31.65（m）。

6）N6 回路：

PC20：（1.5+0.1）+5.1+（0.3+0.1）=7.10（m）。

BV4：（0.35+0.45+7.10）×3=23.70（m）。

7）汇总：

PC16：59.85+41.40+21.70+12.95+9.75=145.65（m）。

PC20：13.90+7.10=21.00（m）。

BV2.5：235.25+126.60+67.50+41.25+31.65=502.25（m）。

BV4：23.70m

问题（2）：

表 3.90　分部分项工程量清单计价表

序号	项目编码	项目名称	项目特征描述	计量单位	工程量	综合单价/元	合价/元
1	030402011001	成套配电箱	照明配电箱 1AL1 PZ995-1，350×450×90，嵌入式暗装 1.5m；无端子外部接线：$2.5mm^2$，15 个；无端子外部接线：$4mm^2$，3 个	台	1	3 342.37	3 342.37
2	030413001001	普通灯具	座灯头：1×13W 节能灯管，吸顶安装	套	11	24.40	268.40

续表3.90

序号	项目编码	项目名称	项目特征描述	计量单位	工程量	综合单价/元	合价/元
3	030413005001	工厂灯	防水防尘灯：1×9W 节能灯管，吸顶安装	套	1	160.26	160.26
4	030413003001	荧光灯	单管荧光灯：YG1－1 1×28W，吸顶安装	套	2	78.35	156.70
5	030413013001	照明开关	一位单控暗开关：AP86K11－10，暗装 1.3m	套	3	—	—
6	030413013002	照明开关	二位单控暗开关：AP86K21－10，暗装 1.3m	套	2	—	—
7	030413013003	照明开关	三位单控暗开关：AP86K31－10，暗装 1.3m	套	1	—	—
8	030413013004	照明开关	一位双控暗开关：AP86K12－10，暗装 1.3m	套	2	—	—
9	030413014001	插座	单相二、三级保护门暗插座：AP86CXF23A10，暗装 0.3m	套	12	—	—
10	030413014002	插座	单相二、三级保护门防水暗插座：AP86CXF23FA10，暗装1.5m	套	1	—	—
11	030413014003	插座	单相二、三级带开关防水暗插座：AP86CXF23AFA16，热水器用，暗装 1.8m	套	1	—	—
12	030413014004	插座	单相三级保护门带开关暗插座：AP86CXF13AK16 柜机空调用，暗装 0.3m	套	1	—	—
13	030413014005	插座	单相三级保护门带开关暗插座：AP86CXF13AK10，壁挂空调用暗装 2.0m	套	1	—	—
14	030412001001	配管	砖、混凝土结构暗配刚性阻燃管 PC16	m	150.00	—	—
15	030412001002	配管	砖、混凝土结构暗配刚性阻燃管 PC20	m	20.00	—	—
16	030412004001	配线	管内穿照明线　铜芯　BV2.5	m	460.00	—	—
17	030412004002	配线	管内穿照明线　铜芯　BV4	m	25.00	—	—

问题（3）：

PC16 清单投标单价：（62.5×1.6+4.8）×0.1+1.5×1.06＝12.07（元）。

PC16 清单分部分项工程结算费用：150×1.15×12.07+（200−150×1.15）×12.07×0.9＝2 380.81（元）。

例题 3.11 工程背景资料如下：

（1）某教学楼为砖、混凝土结构，净高 3.3m。图 3.26 为教学楼语言教室电气工程平面图，图 3.27 为配电系统图及主要材料设备图例表。图中括号内数字表示线路水平长度，配管、配线规格为：BV2.5mm^2：2~3 根穿刚性阻燃管 PC20，4~6 根穿刚性阻燃管 PC25；BV4mm^2：2~3 根穿刚性阻燃管 PC25。

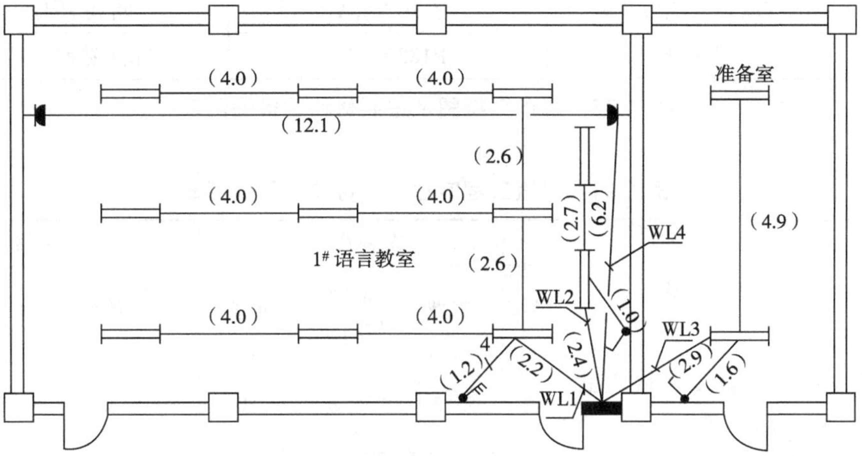

图 3.26 教学楼语言教室电气工程平面图

图纸说明：

1）本项目为砖、混凝土结构，室内净高 3.3m。

2）无特殊标注时，普通灯具荧光灯均吸顶安装，开关距地 1.3m 暗装，配电箱箱底距地 1.8m 嵌墙安装，插座距地 0.3m 暗装。

3）无特殊标注时，配管均采用刚性阻燃管，管内均按照 3 根线布置。

（2）该工程的相关定额、主材单价及损耗率见表 3.91。

（注：表中费用均不含增值税可抵扣进项税。）

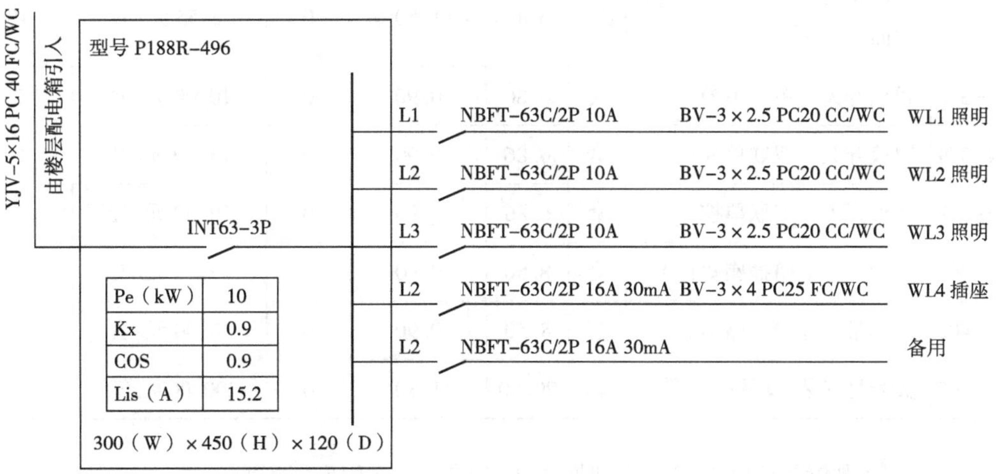

主要材料设备图例表

符号	设备名称	型号规格	安装方式
	双管日光灯	T8 2×36W	吸顶
	单相二、三极暗插座	86Z264-1 616A	暗装 距地 0.3m
	单联单控翘板开关	C31/1/2A	暗装 距地 1.3m
	三联单控翘板开关	C31/3/2A	暗装 距地 1.3m
	配电箱	P188R-496	暗装 箱底距地 1.8m

图 3.27 配电系统图及主要材料设备图例表

表 3.91 电气工程定额、主材单价及损耗率

定额编号	项目名称	计量单位	安装费/元			主材	
			人工费	辅助材料费	机械费	单价	损耗率
4-2-77	成套配电箱安装嵌入式(半周长≤1.5m)	台	155.5	36.8	0	4 300.00 元/台	
4-4-14	无端子外部接线，导线截面≤2.5mm^2	个	1.44	1.44	0		
4-4-15	无端子外部接线，导线截面≤6mm^2	个	2.04	1.44	0		
4-12-134	砖、混凝土结构暗配 刚性阻燃管 PC25	10m	67.10	5.70	0	2.30 元/m	6%
4-13-5	管内穿照明线 铜芯 导线截面≤2.5mm^2	10m	9.70	1.40	0	1.50 元/m	16%
4-13-6	管内穿照明线 铜芯 导线截面≤4mm^2	10m	6.40	1.50	0	2.55 元/m	10%
4-14-379	翘板开关 单联单控	套	6.86	0.90	0	10.00 元/套	2%
4-14-379	翘板开关 双联单控	套	6.86	0.90	0	15.00 元/套	2%
4-14-379	翘板开关 三联单控	套	6.86	0.90	0	20.00 元/套	2%
4-14-401	单相带接地暗插座≤15A	套	8.50	0.90	0	15.00 元/套	2%
4-14-402	单相带接地暗插座 16A	套	8.50	0.90	0	20.00 元/套	2%
4-14-205	荧光灯安装 吸顶式 双管	套	20.50	1.80	0	200.00 元/套	1%

（3）该工程的管理费和利润分别按人工费的 45% 和 15% 计算。

（4）相关分部分项工程量清单项目编码及项目名称见表 3.92。

表 3.92　工程量清单项目表

项目编码	项目名称	项目编码	项目名称	项目编码	项目名称
030402011	成套配电箱	030412001	配管	030413003	荧光灯
030413013	照明开关	030412004	配线	—	—
030413014	插座	030413001	普通灯具	—	—

（5）计算工程量时，不考虑配管嵌入地面或顶板内深度、开关盒、灯头盒、接线盒等，相关定额消耗量及价格见表 3.93。【2021 年真题】

表 3.93　消耗量及相关价格表

定额编号				4-12-82	4-13-133
项目				砖、混凝土结构暗配刚性阻燃管 PC20（10m）	接线盒/个
名称		单位	单价/元	消耗量	
人工（综合）		工日	120.00	0.540	0.036
材料	刚性阻燃管（主材）	m	20.00	10.600	—
	接线盒（主材）	个	10.00	—	1.02
	其他材料费	元	—	5.10	0.90
施工机具使用费		—	—	—	—

问题：（1）按照背景资料根据《建设工程工程量清单计价标准》GB/T 50500—2024 和《通用安装工程工程量计算标准》GB/T 50856—2024 的规定，计算 WL1、WL2、WL3、WL4 配管、配线的工程量，计算式与结果填写在答题卡中的指定位置。

（2）假定 PC20 工程量为 100.00m，PC25 工程量为 80.00m，BV2.5mm^2 工程量为 310.00m，BV4mm^2 工程量为 280m，其他工程量根据给定图纸计算，编制分部分项工程量清单，完成答题卡表 3.94。

表 3.94　分部分项工程量清单计价表

序号	项目编码	项目名称	项目特征描述	计量单位	工程量	综合单价/元	合价/元
1		配管				—	—
2		配管				—	—
3		配线				—	—

续表3.94

序号	项目编码	项目名称	项目特征描述	计量单位	工程量	综合单价/元	合价/元
4		配线				—	—
5		成套配电箱				—	—
6		荧光灯				—	—
7		插座				—	—
8		照明开关				—	—
9		照明开关				—	—

（3）假定该配电系统中，刚性阻燃管 PC20 的工程量为 40m，接线盒 2 个，根据本题背景资料和表 5.2.3 消耗量及相关价格表，《建设工程工程量清单计价标准》GB/T 50500—2024 和《通用安装工程工程量计算标准》GB/T 50856—2024 的规定，计算砖、混凝土结构暗配刚性阻燃管 PC20 定额基价的人工费，并完成答题卡表 3.95。根据结果完成砖、混凝土结构暗配刚性阻燃管 PC20 的综合单价计算，并在答题卡指定位置写出计算过程，将结果填入答题卡表 3.95 综合单价分析表（接线盒的安装及主材费用含在刚性阻燃管 PC20 安装项目综合单价中）。

表 3.95　砖、混凝土暗配刚性阻燃管 PC20 定额主材单价及损耗表

定额编号	项目名称	定额单位	安装基价/元			主材	
			人工费	辅助材料费	机具费	单价/元	损耗率/%
4-12-133	砖、混凝土结构暗配刚性阻燃管 PC20	10m					

表 3.96　分部分项工程项目清单综合单价分析表

项目编码	030412001001	项目名称	配管			计量单位	m
项目特征	—						
序号	费用项目	单位	数量	计算基础/元	费率/%	单价/元	合价/元
1	人工费	—					
1.1	人工（综合）	工日					

续表3. 96

项目编码	030412001001	项目名称	配管			计量单位	m
2	材料费	—					
2. 1	刚性阻燃管 PC20	m					
2. 2	接线盒	个					
	其他材料费	元					
3	施工机具使用费	—					
3. 1	其他施工机具使用费	元					
4	1+2+3 小计	—					
5	管理费	—					
6	利润	—					
综合单价							

（计算过程和结果数据除数量保留三位小数外，其余均保留两位小数。）

答案：

问题（1）：

1）WL1 回路：

PC20（3 线）：（3. 3−1. 8−0. 45）+2. 2+4×6+2. 6×2＝32. 45（m）。

PC25（4 线）：1. 2+（3. 3−1. 3）＝3. 20（m）。

BV2. 5：（0. 3+0. 45+32. 45）×3+3. 20×4＝112. 40（m）。

2）WL2 回路：

PC20（3 线）：（3. 3−1. 8−0. 45）+2. 4+2. 7+1+（3. 3−1. 3）＝9. 15（m）。

BV2. 5：（0. 3+0. 45+9. 15）×3＝29. 70（m）。

3）WL3 回路：

PC20（3 线）：（3. 3−1. 8−0. 45）+2. 9+4. 9+1. 6+（3. 3−1. 3）＝12. 45（m）。

BV2. 5：（0. 3+0. 45+12. 45）×3＝39. 60（m）。

4）WL4 回路：

PC25（3 线）：1. 8+6. 2+12. 1+0. 3×3＝21. 00（m）。

BV4：（0. 3+0. 45+21）×3＝65. 25（m）。

5）汇总：

PC20：32. 45+9. 15+12. 45＝54. 05（m）。

PC25：3. 20+21. 00＝24. 20（m）。

BV2. 5：112. 40+29. 70+39. 60＝181. 70（m）。

BV4：65. 25m。

问题（2）：

答案见表 3.97。

表 3.97　分部分项工程项目清单计价表

序号	项目编码	项目名称	项目特征描述	计量单位	工程量	综合单价/元	合价/元
1	030412001001	配管	砖、混凝土结构暗配刚性阻燃管 PC20	m	100.00	—	—
2	030412001002	配管	砖、混凝土结构暗配刚性阻燃管 PC25	m	80.00	—	—
3	030412004001	配线	管内穿照明线铜芯导线截面 $2.5mm^2$	m	310.00	—	—
4	030412004002	配线	管内穿照明线铜芯导线截面 $4mm^2$	m	280.00	—	—
5	030402011001	成套配电箱	配电箱型号 P188R-496300×450×120； 箱底距地 1.8m 嵌墙安装； 无端子外部接线 $2.5mm^2$：9 个； 无端子外部接线 $4mm^2$：3 个	台	1	—	—
6	030413003001	荧光灯	双管日光灯 T82×36W 吸顶安装	套	13	—	—
7	030413014001	插座	单相二、三极暗插座 86Z264-16A 暗装距地 0.3	套	2	—	—
8	030413013001	照明开关	单联单控翘板开关 C31/1/2A 暗装距地 1.3	套	2	—	—
9	030413013002	照明开关	三联单控翘板开关 C31/3/2A 暗装距地 1.3	套	1	—	—

问题（3）：砖、混凝土结构刚性阻燃管 PC20 定额基价（10m）的人工费：0.540×120=64.80（元）。

答案见表 3.98。

表 3.98　砖、混凝土暗配刚性阻燃管 PC20 定额主材单价及损耗表

定额编号	项目名称	定额单位	安装基价/元			主材	
			人工费	辅助材料费	机具费	单价/元	损耗率/%
4-12-133	砖、混凝土结构暗配刚性阻燃管 PC20	10m	64.80	5.10	0	20.00	6

砖、混凝土暗配刚性阻燃管 PC20 的综合单价：

损耗率=损耗量÷净用量（损耗量=消耗量-净用量）。

人工费：0. 540×120÷10+0. 036×120=6. 70（元/m）。

主要材料（未计价材料）：10. 6×20÷10+10×1. 02×0. 05=21. 71（元/m）。

其他材料（辅助材料）：5. 10÷10+0. 9×0. 05=0. 56（元/m）。

管理费：6. 70×45%=3. 02（元/m）。

利润：6. 70×15%=1. 01（元/m）。

综合单价：6. 70+21. 71+0. 56+3. 02+1. 01=33. 00（元/m）。

答案见表 3. 99。

表 3. 99　分部分项工程项目清单综合单价分析表

项目编码	030412001001	项目名称	配管		计量单位		m
项目特征	—						
序号	费用项目	单位	数量	计算基础/元	费率/%	单价/元	合价/元
1	人工费	—	—	—	—	—	6. 72
1. 1	人工（综合）	工日	0. 056	—	—	120. 00	6. 72
2	材料费	—	—	—	—	—	22. 27
2. 1	刚性阻燃管 PC20	m	1. 060	—	—	20. 00	21. 20
2. 2	接线盒	个	0. 051	—	—	10. 00	0. 51
	其他材料费	元	—	—	—	—	0. 56
3	施工机具使用费	—	—	—	—	—	0
3. 1	其他施工机具使用费	元	—	—	—	—	0
4	1+2+3 小计	—	—	—	—	—	28. 99
5	管理费	—	—	6. 72	45	—	3. 02
6	利润	—	—	6. 72	15	—	1. 01
综合单价							33. 02

例题 3. 12　工程背景资料如下：该建筑物为某医院辅助用房工程，砖、混凝土结构，单层平屋面，建筑物层高 4. 9m。图 3. 28 配电箱系统图及主要材料表、图 3. 29 照明平面图、图 3. 30 为插座平面图、图 3. 31 为基础接地平面图、图 3. 32 为屋顶防雷平面图。图中括号内数字为线路水平长度，顶板厚度为 100mm，配管嵌入地面或顶板深度按 0. 05m 计算，配管配线规格为：BV2. 5（NHBV2. 5）2~4 根穿 JDG20，5~6 根穿 JDG25，其余按系统图。

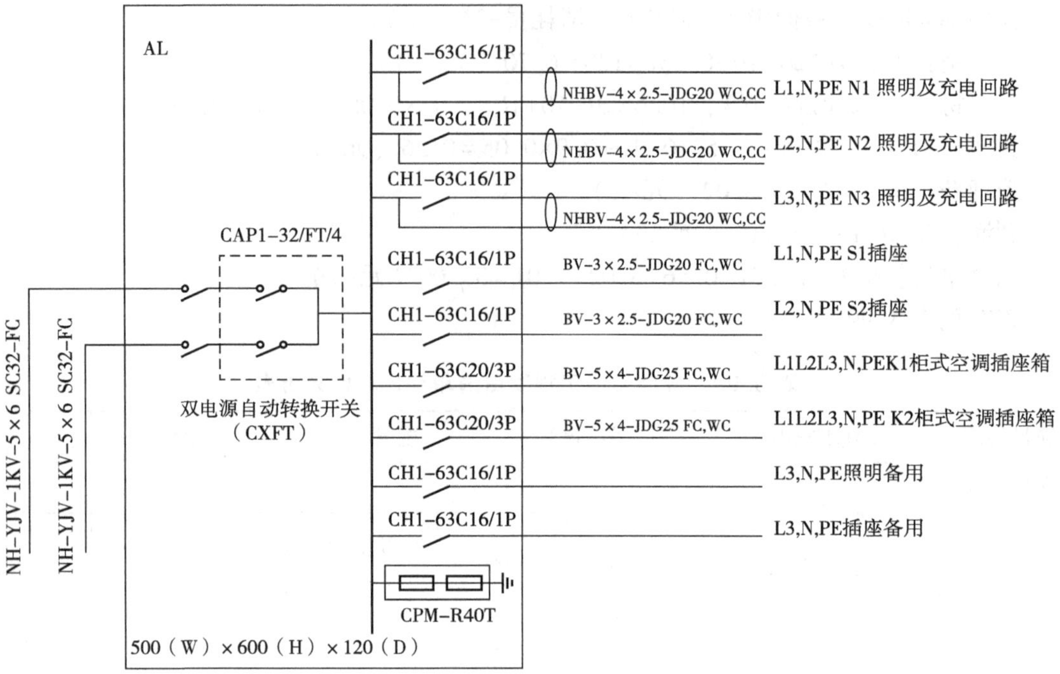

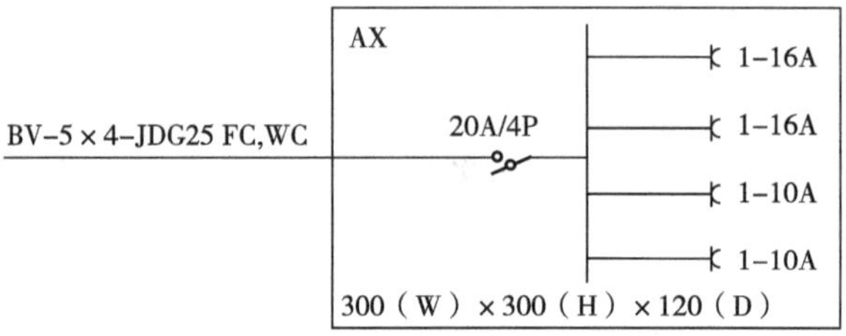

主要材料表

图例	设备名称	型号规格	安装方式	单位	备注
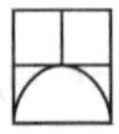	插座箱 AX	300×300（H）×120	嵌入式 H=0.3m	台	标高 H 为下沿高度
	配电箱 AL	500×600（H）×120	嵌入式 H=1.6m	台	
MEB	总等电位箱	TD-188	嵌入式 H=0.3m	台	
	翘板式三联单控暗开关	AP86K496-10	暗装 1.3m	个	—
	单相带接地插座	AP86K264-10	暗装 0.3m	个	—
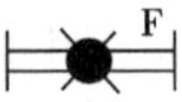	双管防爆应急荧光灯	2×28W（自带蓄电池）	吸顶安装	套	—
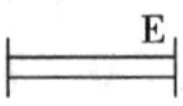	双管应急荧光灯	2×28W（自带蓄电池）	吸顶安装	套	—

图 3.28　配电箱系统图及主要材料表

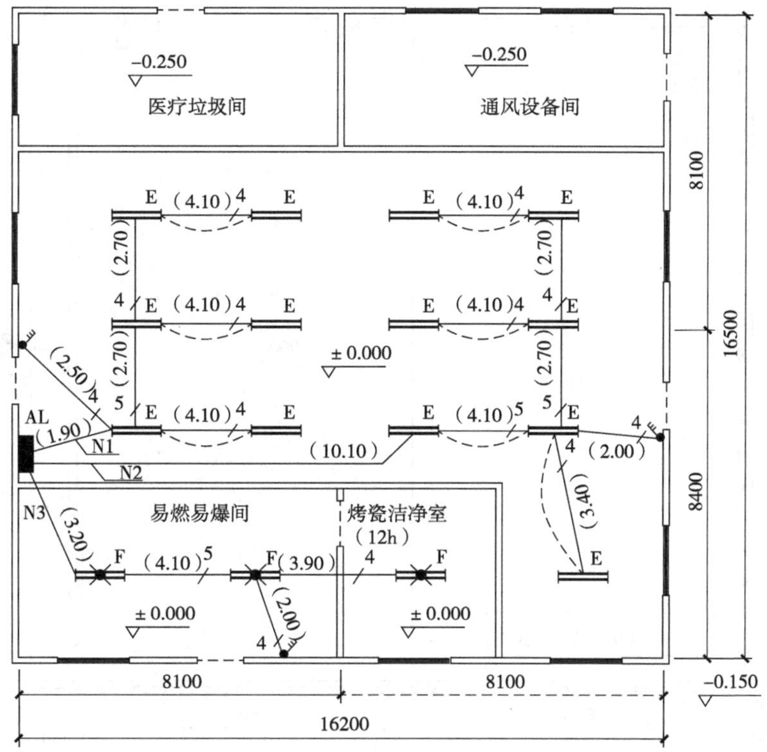

图 3.29　照明平面图

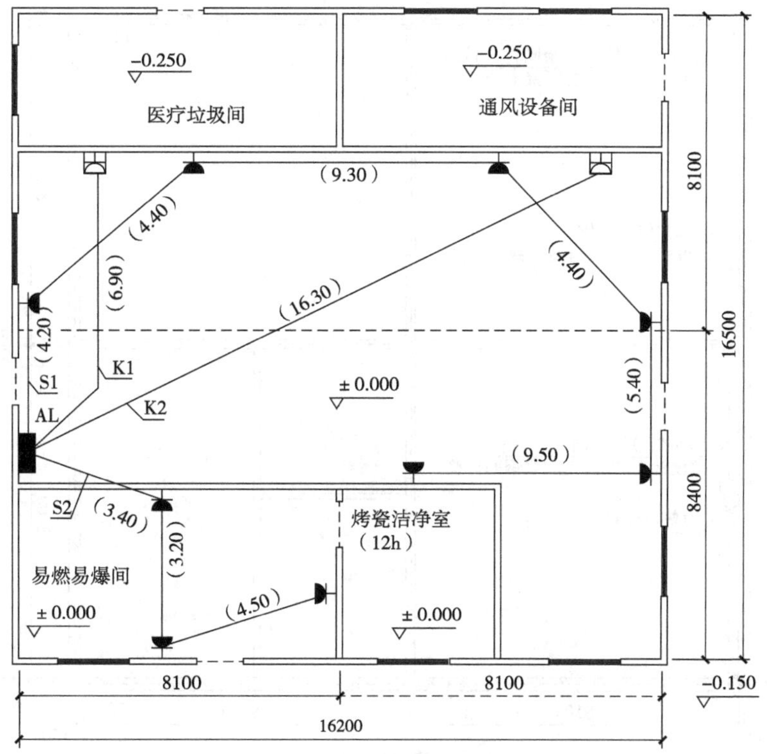

图 3.30　插座平面图

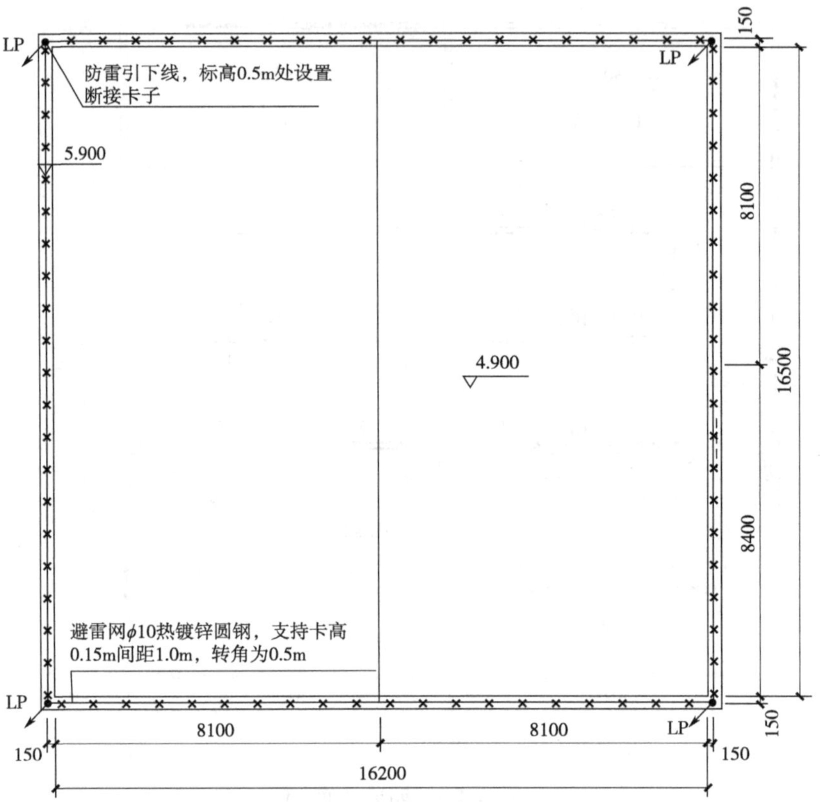

图 3. 31　防雷平面图

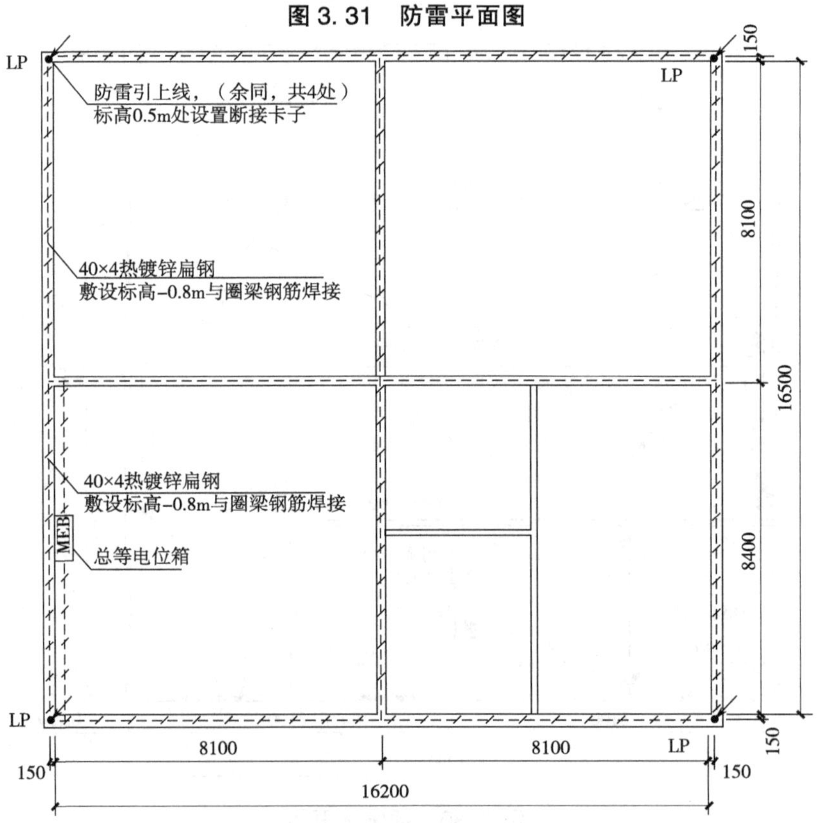

图 3. 32　接地平面图

施工的相关定额、主材单价及损耗率如表 3. 100。

表 3. 100 电气工程定额、主材单价及损耗率

定额编号	项目名称	定额单位	安装基价/元			主材	
			人工费	材料费	机械费	单价	损耗率
4-2-76	成套插座箱安装　嵌入式　半周长≤1. 0m	台	153. 50	41. 30	0	400. 00 元/台	
4-2-77	成套配电箱安装　嵌入式　半周长≤1. 5m	台	189. 50	45. 50	0	4 000. 00 元/台	
4-4-14	无端子外部接线　导线截面≤2. 5mm²	个	1. 70	1. 70	0		
4-4-15	无端子外部接线　导线截面≤4mm²	个	2. 40	1. 70	0		
4-12-8	砖、混璇土结构暗配 JDG20	10m	51. 00	10. 00	0	4. 00 元/m	3%
4-12-9	砖、混凝土结构暗配 JDG25	10m	72. 50	12. 00	0	5. 00 元/m	3%
4-13-5	管内穿照明线　铜芯　导线截面≤2. 5mm²	10m	12. 50	1. 80	0	1. 50 元/m	16%
4-13-9	管内穿照明线　铜芯　导线截面≤2. 5mm²（NHBV2. 5）	10m	12. 50	1. 80	0	2. 00 元/m	16%
4-13-3	管内穿照明线　铜芯　导线截面≤4mm²	10m	8. 10	1. 70	0	2. 40 元/m	10%
4-13-20	管内穿动力线　铜芯　导线截面≤4mm²	10m	11. 00	1. 80	0	2. 40 元/m	5%
4-14-409	单相带接地暗插座≤15A	套	10. 20	1. 00	0	12. 00 元/套	2%
4-14-372	翘板暗开关　三联单控	套	8. 60	1. 00	0	18. 00 元/套	2%
4-14-208	荧光灯安装　吸顶式　应急双管	套	26. 20	1. 80	0	200. 00 元/套	1%
4-14-242	防爆荧光灯　安装　应急双管	套	40. 50	1. 80	0	500. 00 元/套	1%
4-10-46	避雷网安装　沿女儿墙支架敷设镀锌圆钢 ϕ10	m	24. 30	3. 60	0. 48	3. 80 元/m	5%
4-10-53	户内接地母线敷设镀锌扁钢-40×4	m	12. 30	1. 00	0. 20	7. 60 元/m	5%

注：表内费用均不含增值税可抵扣进项税。

该工程的管理费和利润分别按人工费的 35% 和 25% 计算。

相关分部分项工程量清单项目编码及项目名称如表 3. 101。

表 3. 101　分部分项工程量清单项目编码及项目名称表

项目编码	项目名称	项目编码	项目名称
030402011	成套配电箱	030410005	接闪带
030405001	低压电气开关	030412001	配管
030413013	照明开关	030412004	配线
030413014	插座	030413001	普通灯具
030410002	接地母线	030413005	工厂灯
030410004	均压环	030413003	荧光灯

答题时不考虑以下工程量：

（1）配电箱的进线管及电缆；

（2）开关盒、灯头盒和接线盒；

（3）接地母线进入总等电位箱内的长度；

（4）总等电位端子箱、防雷引下线、断接卡子、接地电阻测试。

问题：（1）按照背景资料及图纸，根据《建设工程工程量清单计价标准》GB/T 50500—2024 和《通用安装工程工程量计算标准》GB/T 50856—2024 的规定，计算 N1～N3，S1～S2，K1～K2 配管配线、接地母线、避雷网的工程量，计算式与结果填写再答题卡上指定位置。

（2）假定 JDG20 工程量为 140. 00m，JDG25 工程量为 40. 00m，BV2. 5 工程量为 190. 00m，BV4 工程量为 160. 00m。NHBV2. 5 工程量为 400. 00m，沿女儿墙敷设的避雷网清单工程量为 80. 00m，镀锌扁钢接地母线工程量为 120. 00m，其他工程量根据给定图纸计算，编制分部分项工程量清单，计算各分部分项工程的综合单价与合价，完成答题卡表 3. 102“分部分项工程项目清单计价表”。【2020 年真题】

表 3. 102　分部分项工程项目清单计价表

序号	项目编码	项目名称	项目特征描述	计量单位	工程量	综合单价/元	合价/元
1		成套配电箱					
2		成套配电箱					
3		配管					
4		配管					
5		配线					

续表3.102

序号	项目编码	项目名称	项目特征描述	计量单位	工程量	综合单价/元	合价/元
6		配线					
7		配线					
8		照明开关					
9		插座					
10		工厂灯					
11		荧光灯					
12		接闪带					
13		接地母线					
合计							

(计算过程和结果数据均保留两位小数。)

答案：

问题（1）：

1）N1：

JDG20（四线）：（4.9−0.1+0.05−1.6−0.6）+1.9+2.5+（4.9−0.1+0.05−1.3）+2.7+4.1×3=25.60（m）。

JDG25（五线）：2.70m。

NHBV2.5：（0.5+0.6）×4+25.6×4+2.7×5=120.30（m）。

2）N2：

JDG20（四线）：（4.9−0.1+0.05−1.6−0.6）+10.1+2.7+4.1×2+3.4+2+（4.9−0.1+0.05−1.3）=32.60（m）。

JDG25（五线）：4.1+2.7=6.80（m）。

NHBV2.5：（0.5+0.6）×4+32.6×4+6.8×5=168.80（m）。

3）N3：

JDG20（四线）：（4.9−0.1+0.05−1.6−0.6）+3.2+3.9+2+（4.9−0.1+0.05−1.3）=15.30（m）。

JDG25（五线）：4.10m。

NHBV2.5：（0.5+0.6）×4+15.3×4+4.1×5=86.10（m）。

4）S1：

JDG20：（1.6+0.05）+4.2+4.4+9.3+4.4+5.4+9.5+（0.3+0.05）×11=42.70（m）。

BV2.5：（0.5+0.6+42.7）×3=131.40（m）。

5）S2：

JDG20：（1.6+0.05）+3.4+3.2+4.5+（0.3+0.05）×5=14.50（m）。

BV2.5：（0.5+0.6+14.5）×3=46.80（m）。

6）K1：

JDG25：（1.6+0.05）+6.9+（0.3+0.05）=8.90（m）。

BV4：（0.5+0.6+0.3+0.3+8.9）×5=53.00（m）。

7）K2：

JDG25：（1.6+0.05）+16.3+（0.3+0.05）=18.30（m）。

BV4：（0.5+0.6+0.3+0.3+18.3）×5=100.00（m）。

8）汇总：

JDG20：25.6+32.6+15.3+42.7+14.5=130.70（m）。

JDG25：2.7+6.8+4.1+8.9+18.3=40.80（m）。

NHBV2.5：120.3+168.80+86.10=375.20（m）。

BV2.5：131.4+46.8=178.20（m）。

BV4：53+100=153.00（m）。

避雷网：（16.5+0.15×2+16.2+0.15×2）×2×1.039=69.20（m）。

接地母线：[（16.5+0.15×2）×3+（16.2+0.15×2）×3+（8.4+0.15）+（0.8+0.3）+（0.8+0.5）×4]×1.039=119.23（m）。

问题（2）：

表3.103　分部分项工程项目清单计价表

序号	项目编码	项目名称	项目特征描述	计量单位	工程量	综合单价/元	合价/元
1	030402011001	成套配电箱	配电箱：AL500×600（H）×120； 底边距地1.6m嵌入式安装； 无端子外部接线2.5mm²18个； 无端子外部接线4mm²10个；	台	1	4 483.66	4 483.66
2	030402011002	成套配电箱	插座箱：AX300×300（H）×120； 底边距地0.3m嵌入式安装； 无端子外部接线4mm² 每台5个	台	2	714.60	1 429.20
3	030412001001	配管	砖、混凝土结构暗配JDG20	m	140.00	13.28	1 859.20
4	030412001002	配管	砖、混凝土结构暗配JDG25	m	40.00	17.95	718.00
5	030412004001	配线	管内穿照明线　铜芯BV2.5	m	190.00	3.92	744.80
6	030412004002	配线	管内穿照明线　铜芯NHBV2.5	m	400.00	4.50	1 800.00
7	030412004003	配线	管内穿动力线　铜芯BV4	m	160.00	4.46	713.60
8	030413013001	照明开关	翘板式三联单控暗开关AP86K496-10	套	3	33.12	99.36

续表3.103

序号	项目编码	项目名称	项目特征描述	计量单位	工程量	综合单价/元	合价/元
9	030413014001	插座	单相带接地插座 AP86K264-10	套	9	29.56	266.04
10	030413005001	工厂灯	双管防爆应急荧光灯 2×28W 自带蓄电池　吸顶安装	套	3	571.60	1 714.80
11	030413003001	荧光灯	双管应急荧光灯 2×28W 自带蓄电池　吸顶安装	套	13	245.72	3 194.36
12	030410005001	接闪带	避雷网安装沿女儿墙支架敷设镀锌圆钢 ϕ10	m	80.00	46.95	3 756.00
13	030410002001	接地母线	户内接地母线敷设镀锌扁钢-40×4	m	120.00	28.86	3 463.20
合计							24 242.22

第四章　工程招标投标

一、本章考核要点

本章考核要点见表 4.1。

表 4.1　主要知识点及考核要点

序号	考试大纲要求	考核要点
1	工程招标的方式与程序	招标投标程序；投标报价技巧；评标定标的具体方法及需要注意的问题；工程量清单招标投标的相关问题；工程总承包、招标文件、投标文件和电子招标投标的应用
2	工程招标与投标文件的编制	
3	工程评标与定标	
4	工程投标策略与方法	

二、精要·题眼

（一）工程招标方式

1. 必须招标范围及规模

必须招标范围及规模见表 4.2。

表 4.2　必须招标范围及规模

必须招标	范围	规模
内容	（1）大型基础设施、公用事业等关系社会公共利益、公众安全的项目。 （2）全部或者部分使用国有资金投资或国家融资的项目。 （3）使用国际组织或者外国政府贷款、援助资金的项目	（1）**施工单项合同**估算价在**400 万元**人民币以上的。 （2）重要**设备**、**材料等货物的采购**，单项合同估算价在**200 万元**人民币以上的。 （3）**勘察**、**设计**、**监理**等服务的采购，单项合同估算价在**100 万元**人民币以上的。 （4）工程总承包项目（EPC 项目）范围内的设计、采购或者施工中，有**任一项属于**依法必须进行招标的项目范围且达到国家规定规模标准的，**应当采用**招标的方式选择工程总承包单位

注：同时满足范围和规模要求的项目属于必须招标的项目，不在规定范围或未达到相应规模的不必须招标。

2. 公开招标

采用公开招标方式的，招标人应当发布**招标公告**，邀请**不特定**的法人或者其他组织投标。依法必须进行施工招标项目的招标公告，应当在**国家指定**的报刊和信息网络上发布。

国有资金投资项目**原则上**都应采用**公开招标**。

3. 邀请招标

采用邀请招标方式的，招标人应当向**三家以上**具备承担施工招标项目能力、资信良好的**特定的**法人或者其他组织发出**投标邀请书**。可以采取邀请招标的工程范围如下：

（1）项目技术复杂或有特殊要求，只有**少量几家潜在**投标人可供选择的。

（2）受自然地域环境限制的。

（3）涉及国家安全、国家秘密或者抢险救灾，**适宜招标但不宜公开招标**的。

（4）拟公开招标的费用**与项目的价值相比**，**不值得的**。

（5）法律、法规规定不宜公开招标的。

国家重点建设项目的邀请招标，应当经国务院发展计划部门批准；**地方重点**建设项目的邀请招标，应当经各省、自治区、直辖市人民政府批准。

［注：即使满足上述（1）～（5）款，邀请招标**仍需经过相关主管部门批准**，不能由招标人自主决定。］

4. 不进行施工招标项目

（1）涉及国家安全、国家秘密或者抢险救灾而**不适宜招标的**；

（2）属于利用扶贫资金实行**以工代赈**需要**使用农民工**的；

（3）施工主要技术采用**特定的**（**不可替代**）专利或者专有技术的；

（4）施工企业**自建自用**的工程，且该施工**企业资质等级符合**工程要求的；

（5）在建工程追加的**附属小型工程**或者**主体加层工程**，**原中标人仍具备承包能力**的。

［注：即使满足上述（1）～（5）款，不进行招标**仍需经过相关主管部门批准**，不能由招标人自主决定。］

（二）工程招标程序及招标文件的编制

工程招标投标程序时间见图 4.1。

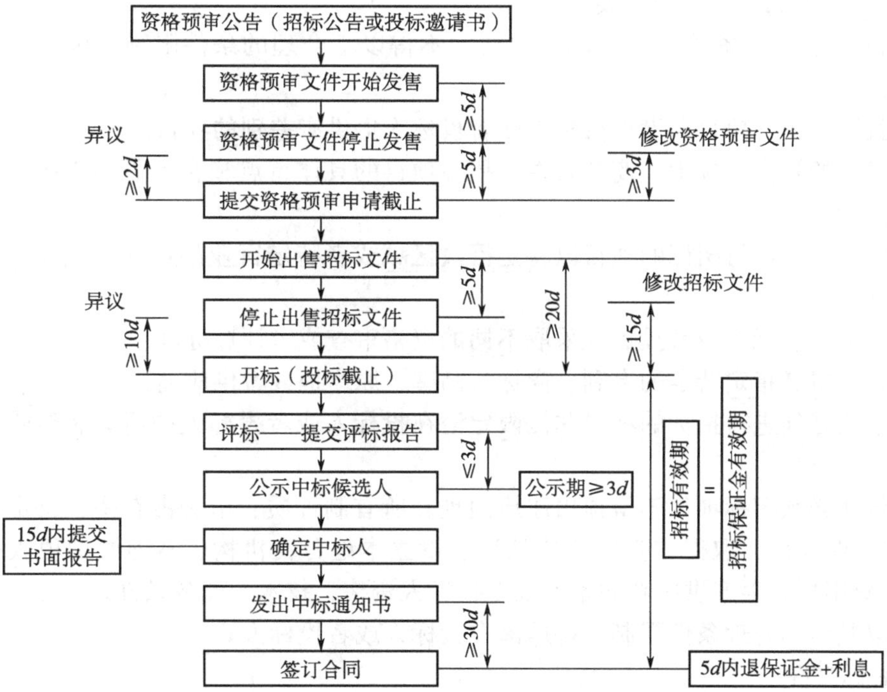

图 4.1　工程招标投标程序时间

1. 招标必须具备的基本条件

（1）招标人已经依法成立；

（2）**初步设计及概算**应当履行审批手续的**已经批准**；

（3）**招标范围、招标方式和招标组织形式**等应当履行核准手续的**已经核准**；

（4）有相应资金或**资金来源已经落实**；

（5）有招标**所需的**设计图纸及技术资料。

2. 招标组织形式

（1）招标人自行组织招标：招标人要具有编制招标文件和组织评标的能力（招标人具有与招标项目规模和复杂程度相适应的技术、经济等方面的专业人员），可以**自行办理招标事宜**。依法必须进行招标的项目，招标人自行办理招标事宜的，**应当向有关行政监督部门备案**。

（2）招标人不具备自行办理招标能力的，**可以委托招标代理机构办理招标事宜**。

（3）**除交易平台暂不具备条件**等特殊情形外，依法必须招标项目**应当实行全流程电子化交易**。

3. 编制招标公告或投标邀请书

招标公告或者投标邀请书应当至少载明下列内容：

（1）招标人的名称和地址；

（2）招标项目的内容、规模、资金来源；

（3）招标项目的实施地点和工期；

（4）获取招标文件或者资格预审文件的地点和时间；

（5）对招标文件或者资格预审文件收取的费用；

（6）**投标人的资质等级的要求**。

招标人对投标人资质等级要求的设置，不得以不合理的条件限制、排斥潜在投标人或投标人。

1）就同一招标项目向潜在投标人或者投标人提供**有差别的**项目信息；

2）设定的**资格、技术、商务条件**与招标项目的具体特点和**实际需要不相适应**或者与合同履行无关；

3）依法必须进行招标的项目以**特定行政区域**或者特定行业的业绩、**奖项作为加分条件或者中标条件**；

4）对潜在投标人或者投标人采取**不同的**资格审查或者评标标准；

5）**限定或者指定**特定的专利、商标、品牌、原产地或者供应商；

6）依法必须进行招标的项目**非法限定**潜在投标人或者投标人的**所有制形式**或者组织形式；

7）依法必须招标项目**不得提出**注册地址、所有制性质、市场占有率、特定行政区域或者特定行业业绩、取得非强制资质认证、设立本地分支机构、本地缴纳税收社保等要求，不得套用特定生产供应者的条件设定投标人资格、技术、商务条件。

8）以其他不合理条件限制、排斥潜在投标人或者投标人。

4. 招标文件

（1）投标邀请书。

（2）投标人须知。

（3）**合同主要条款**。

（注：合同条款应为详细的合同条款，包含拟签订合同的主要内容。）

（4）投标文件格式。

（5）采用工程量清单招标的，应当提供工程量清单。

（6）技术条款。

（7）设计图纸。

（8）评标标准和方法。

1）招标文件应当明确规定评标时**除价格以外的所有评标因素**，以及如何将这些因素量化或者据以进行评估。

2）**在评标过程中，不得改变招标文件中规定的评标标准、方法和中标条件**。

（9）投标辅助材料。

（10）标底。

1）招标人可以**自行决定是否编制**标底，一个招标项目**只能有一个标底**，标底必须**保密**。

2）标底只能作为**评标参考**，**不得**以投标报价是否接近标底**作为中标条件**，**也不得**以投标报价超过标底上下浮动范围作为**否决投标的条件**。

3）招标项目设有标底的，招标人应当**在开标时公布**。

（11）最高投标限价。

1）**国有资金投资**的工程建设项目**应实行**工程量清单招标，招标人**应编制**最高投标限价，并应**拒绝高于最高投标限价的投标报价**。

2）最高投标限价应由具有编制能力的招标人或受其委托具有相应资质的工程造价咨询人编制。**工程造价咨询人不得同时接受招标人和投标人对同一工程的最高投标限价和投标报价的编制**。

3）招标人设有最高投标限价的，**应当在招标文件中明确**最高投标限价或者最高投标限价的计算方法。招标人**不得规定最低投标限价**。

4）最高投标限价与投标报价编制依据对比见表4.3。

表4.3　最高投标限价与投标报价编制依据对比

项目	最高投标限价	投标报价
定额	行业建设主管部门颁发的工程计量与计价相关规定	**企业**定额（或社会定额）
施工方案	常规施工组织设计、施工方案	**拟采用**施工组织设计、施工方案
材料、设备价格	工程价格信息及造价资讯、工程造价数据及指数	**市场价（或信息价）**
风险	招标文件中**要求投标人承担的风险**	招标文件中**要求投标人承担的风险**
暂估价	招标文件规定**暂估价**	招标文件规定**暂估价**

续表4.3

项目	最高投标限价	投标报价
暂列金额	招标文件规定**暂列金额**	招标文件规定**暂列金额**

5）投标人经复核认为招标人公布的最高投标限价未按招标文件的要求和国家及行业有关规定进行编制或存在不合理的，**可在规定时间内以书面形式向招标人提出异议**。

（12）其他招标文件应当注明的内容。

1）招标人应当在**招标文件中规定实质性要求和条件，并用醒目的方式标明**。

2）招标人**可以要求**投标人在提交符合招标文件规定要求的投标文件外，**提交备选投标方案**，但**应当在招标文件中作出说明，并提出相应的评审和比较办法**。

3）招标文件应当规定一个适当的投标有效期，以保证招标人有足够的时间完成评标和与中标人签订合同。**投标有效期从投标人提交投标文件截止之日起计算**。

4）在原投标有效期结束前，出现特殊情况的，**招标人可以书面形式要求所有投标人延长投标有效期**。投标人**同意延长的，不得要求或被允许修改其投标文件的实质性内容，但应当相应延长其投标保证金的有效期**；投标人**拒绝延长的，其投标失效，但投标人有权收回其投标保证金**。因延长投标有效期造成投标人损失的，招标人应当给予补偿，但因不可抗力需要延长投标有效期的除外。

5. 招标公告和资格预审公告

依法必须进行招标的项目的资格预审公告和招标公告，应当在**国务院发展改革部门依法指定的媒介发布**。在不同媒介发布的同一招标项目的资格预审公告或者招标公告的内容应当一致。指定媒介发布依法必须进行招标的项目的境内资格预审公告、招标公告，不得收取费用。

编制依法**必须进行招标的项目**的资格预审文件和招标文件，应当使用国务院发展改革部门会同有关行政监督部门制定的**标准文本**。

6. 发售资格预审文件

（1）资格预审文件的**发售期不得少于5日**。招标人发售资格预审文件费用应当限于补偿印刷、邮寄的成本支出，**不得以营利为目的**。

（2）招标人应当合理确定提交资格预审申请文件的时间。依法必须进行招标的项目提交资格预审申请文件的时间，自资格预审文件**停止发售之日起不得少于5日**。

（3）潜在投标人或者其他利害关系人对资格预审文件**有异议的**，应当在提交资格预审申请文件**截止时间2日前**提出。招标人应当自收到异议之日起3日内作出答复；作出答复前，应当暂停招标投标活动。

（4）招标人可以对已发出的资格预审文件进行必要的**澄清或者修改**。澄清或者修改的内容可能影响资格预审申请文件编制的，招标人应当在提交资格预审申请文件**截止时间至少3日前**，以**书面形式通知所有**获取资格预审文件的潜在投标人；**不足3日**，招标人**应当顺延**提交资格预审申请文件的截止时间。

7. 投标单位资格审查

资格审查分为资格预审和资格后审。

(1) 资格审查应主要审查潜在投标人或者投标人是否符合下列条件：

1) 投标人签订合同的权利：营业执照、资质证书和安全生产许可证。

2) 投标人履行合同的能力：人员情况、财务状况、技术装备情况、业绩等。

3) 投标人目前的状况：投标资格是否被取消、账户是否被冻结等。

4) 近三年情况：是否发生过重大安全事故和质量事故。

(2) 资格预审。**国有资金占控股或者主导地位**的依法必须进行招标的项目，招标人**应当组建资格审查委员会**审查资格预审申请文件。经资格预审后，**招标人应当**向资格预审合格的潜在投标人**发出资格预审合格通知书**，告知获取招标文件的时间、地点和方法，并**同时**向资格预审不合格的潜在投标人告知资格预审结果。资格预审不合格的潜在投标人不得参加投标。通过资格预审的申请人少于 3 个的，应当重新招标。

(3) 资格后审。招标人采用资格后审办法对投标人进行资格审查的，应当在**开标后由评标委员会**按照招标文件规定的标准和方法对投标人的资格进行审查。

经资格后审不合格的投标人的投标应作废标处理。

8. 发售招标文件

(1) 招标文件的**发售期不得少于 5 日**。招标人发售招标文件费用应当限于补偿印刷、邮寄的成本支出，**不得以营利为目的**。

(2) 招标人应当合理确定提交投标文件的时间。自招标文件**发出之日**起至投标人提交投标文件截止之日止，不得少于 20 日。

(3) 潜在投标人或者其他利害关系人对招标文件**有异议的**，应当在提交投标文件**截止时间 10 日前**提出。招标人应当自收到异议之日起 3 日内作出答复；作出答复前，应当暂停招标投标活动。

(4) 招标人可以对已发出的招标文件进行必要的**澄清或者修改**。澄清或者修改的内容可能影响投标文件编制的，招标人应当在提交投标文件**截止时间至少 15 日前**，以**书面形式通知所有**获取招标文件的潜在投标人；**不足 15 日**，招标人**应当顺延**提交投标文件的截止时间。

9. 组织现场勘察

(1) 招标人根据招标项目的具体情况，**可以组织**潜在投标人踏勘项目现场，向其介绍工程场地和相关环境的有关情况。

(2) 招标人**不得（分别）组织单个或者部分**潜在投标人踏勘项目现场。

(3) 投标人踏勘现场**发生的费用自理**。

(4) 招标人在踏勘现场中介绍的工程场地和相关的周边环境情况，供投标人在编制投标文件时参考，**招标人不对投标人据此作出的判断和决策负责**。

10. 投标预备会

对于潜在投标人在阅读招标文件和现场踏勘中提出的疑问，招标人可以书面形式或召开投标预备会的方式解答，但需**同时将解答以书面方式通知所有购买招标文件的潜在投标人**。该解答的内容为招标文件的组成部分。

(注：解答不得透漏提问投标人的信息，如单位名称等。)

11. 接收投标文件、投标保证金

(1) 接收投标文件。

1）接收时限：**招标文件规定的时间**。

（注：**相关法律、法规**对接收投标文件的时间并**未做任何强制要求**，在**投标截止前的合理时间均可以**。）

2）拒收情形：

①**未通过资格预审**的申请人提交的投标文件。

②**逾期**送达。

③**不按照招标文件要求密封**的投标文件。

（2）投标保证金。

1）投标保证金除现金外，可以是银行出具的银行保函、保兑支票、银行汇票或现金支票。

2）依法必须进行招标的项目的境内投标单位，**以现金或者支票形式提交的投标保证金应当从其基本账户转出**。

3）投标保证金不能超过**投标项目估算价**（**最高投标限价、标底**）的 2%。

4）**投标保证金的有效期与投标有效期保持一致**。投标有效期从投标截止时间起开始计算，**一般项目投标有效期为 60~90 天**。

5）投标保证金退还。

①招标人**终止招标**，**及时退还**投标人的投标保证金及银行同期存款利息。

②投标截止日前**撤回**投标文件的，自收到投标人**书面撤回通知之日起 5 日内**退还投标保证金。

③中标**合同签订后 5 日内**向中标人和未中标人退还投标保证金及银行同期存款利息。

6）投标保证金没收：

①投标人在规定的投标有效期内**撤销**投标文件。

②中标人在收到中标通知书后，**无正当理由拒签合同**或未按招标文件规定提交履约担保。

12. 开标

（1）前提条件：投标人少于 3 个，不得开标；重新招标。

（2）时间：提交投标文件截止时间的同一时间。

（3）地点：招标文件中预先确定的地点。

（4）参加人员：招标人、投标人及监督人。

（5）主持人：招标人，邀请所有投标人参加。

（注：若投标人不参加，不影响其投标有效项。）

（6）检查密封情况：由**投标人或者其推选的代表**检查投标文件的密封情况，也可以由招标人委托的**公证机构检查并公证**。

（7）拆封、宣读：投标截止时间前收到的所有投标文件，开标时均应当当众予以拆封、宣读。

（8）异议：对开标结果有异议应当**当场提出**，招标人**当场答复**。

13. 确定中标单位并公示

（1）**国有资金占控股或者主导**地位的依法必须进行招标的项目，招标人**应当确定排**

名第一的中标候选人为中标人。排名第一的中标候选人放弃中标、因不可抗力不能履行合同、不按照招标文件要求提交履约保证金，或者被查实存在影响中标结果的违法行为等情形，不符合中标条件的，招标人**可以**按照评标委员会提出的中标候选人名单排序**依次确定其他中标候选人为中标人**，**也可以重新招标**。

（2）依法必须进行招标的项目，招标人应当自收到评标报告之日起**3日内公示中标候选人，公示期不得少于3日**。

（3）中标候选人的经营、财务状况发生较大变化或者存在违法行为，招标人认为可能影响其履约能力的，**应当在发出中标通知书前由原评标委员会按照招标文件规定的标准和方法审查确认**。

14. 发出中标通知书

（1）中标人确定后，招标人应当向中标人发出中标通知书，**并同时将中标结果通知所有未中标的投标人**。中标通知书对招标人和中标人具有法律效力。中标通知书发出后，招标人改变中标结果，或者中标人放弃中标项目的，应当依法承担法律责任。

（2）招标人应当自**确定中标人之日起15日内**，向有关**行政监督部门提交**招标投标情况的**书面报告**。

15. 签订合同、交纳履约保证金

（1）签订合同。

1）招标人和中标人应当自中标通知书**发出之日**起**30日内**签订书面合同，合同的标的、价款、质量、履行期限等主要条款应当与招标文件和中标人的投标文件的内容一致。**招标人和中标人不得再行订立背离合同实质性内容的其他协议**。

2）招标人最迟应当在书面合**同签订后5日内**向**中标人和未中标**的投标人退还投标保证金及银行同期存款利息。

（2）交纳履约保证金。

招标文件要求中标人提交履约保证金的，中标人应当按照招标文件的要求提交。履约保证金不得超过**中标合同金额**的10%。

16. 终止招标

招标人终止招标的，应当**及时**发布公告，或者以书面形式通知被邀请的或者已经获取资格预审文件、招标文件的潜在投标人。已经发售资格预审文件、招标文件或者已经收取投标保证金的，招标人**应当及时**退还所收取的资格预审文件、招标文件的费用，以及所收取的投标保证金及银行同期存款利息。

17. 两阶段招标

（1）对**技术复杂**或者**无法精确拟定技术规格**的项目，招标人可以分两阶段进行招标。

（2）**第一阶段**，投标人按照招标公告或者投标邀请书的要求提交**不带报价的技术建议**，招标人根据投标人提交的技术建议确定技术标准和要求，编制招标文件。

招标文件中应约定**技术建议补偿的方式**。由于每个投标人的方案可能从不同的角度进行，各有优劣，可以通过**补偿的方式约定**：设计成果文件的**署名权由各投标人所有**，**所有权归采购人所有**，另有约定的除外；支付补偿费之后，采购人**不再归还**各投标人提交的有效方案设计成果文件，**并有权使用方案设计成果内容的合理要素**；各投标人提交的方案设计成果应保持原创性，**不得包含**任何侵犯第三方知识产权的材料，否则由此产生的后果由投标人承担。

（3）**第二阶段**，招标人向在第一阶段提交技术建议的投标人提供招标文件，投标人按照招标文件的要求提交包括最终技术方案和投标报价的投标文件。**招标人要求投标人提交投标保证金的，应当在第二阶段提出**。

（三）工程投标及投标报价的策略

1. 投标资格

（1）投标人参加依法必须进行招标的项目的投标，不受地区或者部门的限制，任何单位和个人不得非法干涉。

（2）招标人存在利害关系可能影响招标公正性的法人、其他组织或者个人，不得参加投标。

（3）单位负责人为同一人或者存在控股、管理关系的不同单位，不得参加**同一标段**投标或者**未划分标段的同一招标项目**投标。

（4）投标人发生**合并、分立、破产**等重大变化的，应当及时书面告知招标人。投标人**不再具备资格**预审文件、招标文件规定的资格条件或者其投标影响招标公正性的，**其投标无效**。

2. 联合体投标

（1）招标人应当在资格预审公告、招标公告或者投标邀请书中载明**是否接受**联合体投标。

（2）招标人**不得强制**投标人组成联合体共同投标，不得限制投标人之间的竞争。

（3）招标人接受联合体投标并进行资格预审的，联合体应当在**提交资格预审申请文件前组成**。**资格预审后**联合体增减、更换成员的，其投标无效。

（4）联合体各方**均应当具备规定的**相应资格条件。由**同一专业**的单位组成的联合体，按照资质等级**较低**的单位确定资质等级。

（5）联合体各方在同一招标项目中**以自己名义单独投标或者参加其他联合体投标的**，相关**投标均无效**。

（6）联合体各方**必须指定牵头人**，授权其代表所有联合体成员负责投标和合同实施阶段的主办、协调工作，并应当向招标人提交由所有联合体成员法定代表人签署的授权书。

（7）联合体投标的，应当以联合体各方或者联合体中牵头人的名义提交投标保证金。以联合体中牵头人名义提交的投标保证金，对联合体各成员具有约束力。

（8）**联合体各方应当签订共同投标协议**，**明确约定各方拟承担的工作和责任**，并将共同投标协议连同投标文件一并提交招标人。联合体中标的，联合体各方**应当共同**与招标人签订合同，就中标项目向招标人承担**连带责任**。

3. 投标文件

（1）投标文件的内容。

1）投标函及投标函附录；

2）资格审查资料；

3）法定代表人身份证明或附有法定代表人身份证明的授权委托书；

4）项目管理机构；

5）施工组织设计；

6）已标价工程量清单；

7）**拟分包项目情况表**；

8）联合体协议书；

9）投标保证金。

（2）已标价分部分项工程量清单。

1）综合单价=人工费+材料费+机械费+管理费+利润。

2）材料费=材料消耗量×材料单价。

①**材料消耗量**=材料**净用量**+材料**损耗量**=材料净用量×（1+加工损耗率）。

②**材料单价=材料原价+材料运杂费+运输损耗费+采购及保管费**。

材料单价=（原价+运杂费）×（1+运输损耗率）×（1+采购保管费率）。

其中：材料单价为**不含进项税的价格**。

3）材料暂估价（此处根据2024清单计价标准规定）。

①招标文件给定材料暂估价，应说明拟用暂估价材料的清单项目，**投标人应将上述材料暂估单价计入**工程量清单综合单价。

②工程量清单中给定暂估价的材料属于**依法必须招标**的，应以招标确定的材料**税前价格取代暂估价**，调整合同价格。

③由**发包人作为招标人**进行暂估价材料招标的，**发包人应承担组织招标工作有关的费用**。需要承包人配合的，**承包人应自行承担其配合费用**。

④由**发包人和承包人共同作为招标人**进行暂估价材料招标的，发承包双方应**各自承担相应的费用**。

⑤工程量清单中给定暂估价的材料**不属于依法必须招标**的，可由**承包人**进行市场采购**询价或自主报价**，经**发包人确认价格**后以税前价格取代暂估价，或可由发承包双方共同询价确认价格后以税前价格取代暂估价，并计算相应价格调整引起的增值税变化，调整合同价格。

⑥工程量清单中给定材料暂估价的清单项目价格调整，应**只调整综合单价**的材料暂估价价格，合同清单中该清单项目的综合单价的**其他费用不宜做调整**。

4）清单准确性完整性责任主体（此处根据2024清单计价标准规定）。

①采用**单价合同**的招标工程。

投标人**应在接收招标文件后**，在规定时间内对招标工程量清单的分部分项工程项目清单进行**复核**。

如投标人对分部分项工程项目清单**有疑问或异议的**，应按招标文件的规定以书面形式**提请招标人澄清**，招标人核实后作出修正的，投标人应按修正后的分部分项工程项目清单进行投标报价。

无论投标人是否已提出疑问或异议，分部分项工程项目清单的**完整性和准确性由招标人负责**。

②采用总价合同的招标工程。

投标人应在接收招标文件后，在规定时间内对招标工程量清单进行复核。

如投标人对工程项目清单有疑问或异议的，应按招标文件的规定以书面形式提请招标人澄清，招标人核实后作出修正的，投标人应按修正后的工程量清单进行报价。

如投标人经复核认为招标工程量清单及其修正后（如有）的分部分项工程项目清单存在工程量清单缺陷的，可在已标价工程量清单的分部分项工程项目清单中进行补充完善及报价，并对已标价分部分项工程项目清单的完整性和准确性负责。

5）投标风险。

投标人的投标价应包括招标文件中规定的由承包人承担范围及幅度内的风险费用。如招标文件中未明确相关风险责任的，投标人应在接收招标文件后，在规定的时间内提请招标人明确，招标人应在规定时间内予以书面答复。

（3）已标价措施项目清单。

1）投标人应在接收招标文件后，在规定时间内根据工程特点、合同要求及现场踏勘情况，复查措施项目清单列项的完整性和适用性。如投标人对措施项目清单有疑问或异议的，可按招标文件的规定以书面形式提请招标人澄清或修正，若投标人认为需要增加措施项目的，可在措施项目中补充列项及报价，并对措施项目清单的准确性和完整性负责。

2）除工程变更、暂列金额中未能完全预见或详细说明的工程、新增工程、工程索赔等引起的措施项目费用调整外，执行措施项目费用包干引起的承包风险。

（4）其他项目清单。

1）暂列金额。

①暂列金额由招标人在工程量清单中给定，投标人应将暂列金额填写并计入投标总价，不得变动。

②合同总价内的暂列金额应由发包人掌握，依据发包人发出的指令使用。

2）专业工程暂估价。

①专业工程暂估价由招标人在工程量清单中给定，投标人应将专业工程暂估价填写并计入投标总价，不得变动。

②专业工程暂估价为含增值税的价格。

③由发包人作为招标人进行暂估价专业工程招标的，发包人应承担组织招标工作有关的费用。需要承包人配合的，承包人应自行承担其配合费用。

④由发包人和承包人共同作为招标人暂估价专业工程招标的，发承包双方应各自承担相应的费用。

⑤暂估价的专业工程不属于依法必须招标的，可按新增工程确定含增值税专业工程价格，并以此取代专业工程暂估价，或可由发承包双方共同招标确定含增值税专业分包工程价格取代专业工程暂估价，调整合同价格。

⑥承包人参加由发包人作为招标人的暂估价专业工程投标并中标的，应扣减该专业工程的总承包服务费。

3）计日工。计日工表由招标人填写名称、暂定数量，由投标人自主报价，并按暂定数量计算合价计入投标总价中。

4）总承包服务费。项目名称、服务内容由招标人填写，投标时，费率及金额由投标人自主报价，计入投标总价中。

4. 投标报价的策略

（1）不平衡报价法。

在工程项目总报价基本确定后不提高总报价，通过调整项目内部各部分报价（调整范围不能过大），谋求结算时提高经济效益的方法，应用时需和网络分析、资金时间价值分析相结合。要注意单价调整时不能畸高畸低，一般来说，单价调整幅度不宜超过±10%。

1）利用资金的时间价值，前期工程单价调高，后期工程单价调低。

2）利用索赔的原理，工程量可能增加的工程单价调高，工程量可能减少的工程单价调低。

（2）多方案报价法。

招标文件中工程范围不明确，某些条款不清，在充分考虑风险的情况下，在满足原招标文件规定技术要求的条件下，不仅对原方案提出报价，还可以提出新的方案进行报价。报价时要对两种方案进行技术与经济的对比，新方案比原方案报价应低些，以利于中标。

（3）增加建议方案法。

招标文件允许投标人提出建议时，可以对原设计方案提出新的建议，投标人可以提出技术上先进、操作上可行、经济上合理的建议。提出建议后要与原报价进行对比且有所降低。但要注意对原方案一定也要报价。建议方案不要写得太具体，要保留方案的技术关键，防止招标人将此方案交给其他投标人。同时要强调的是，建议方案一定要比较成熟，有很好的可操作性。

5. 禁止投标人之间串通投标

（1）有下列情形之一的，属于投标人相互串通投标：

1）投标人之间协商投标报价等投标文件的实质性内容；

2）投标人之间约定中标人；

3）投标人之间约定部分投标人放弃投标或者中标；

4）属于同一集团、协会、商会等组织成员的投标人按照该组织要求协同投标；

5）投标人之间为谋取中标或者排斥特定投标人而采取的其他联合行动。

（2）有下列情形之一的，视为投标人相互串通投标：

1）不同投标人的投标文件由同一单位或者个人编制；

2）不同投标人委托同一单位或者个人办理投标事宜；

3）不同投标人的投标文件载明的项目管理成员为同一人；

4）不同投标人的投标文件异常一致或者投标报价呈规律性差异；

5）不同投标人的投标文件相互混装；

6）不同投标人的投标保证金从同一单位或者个人的账户转出。

6. 禁止招标人与投标人串通投标

（1）招标人在开标前开启投标文件并将有关信息泄露给其他投标人，或者授意投标人撤换、修改投标文件；

（2）招标人向投标人泄露标底、评标委员会成员等信息；

（3）招标人明示或者暗示投标人压低或抬高投标报价；

（4）招标人明示或者暗示投标人为特定投标人中标提供方便；

（5）招标人与投标人为谋求特定中标人中标而采取的其他串通行为。

（四）工程评标

1. 组建评标委员会

（1）评标委员会由招标人负责组建。评标委员会成员名单一般应于开标前确定。评标委员会成员名单在中标结果确定前应当保密。

（2）评标委员会由招标人或其委托的招标代理机构熟悉相关业务的代表，以及有关技术、经济等方面的专家组成，成员人数为五人以上单数（含五人），其中技术、经济等方面的专家不得少于成员总数的三分之二。

（3）省级人民政府和国务院有关部门应当组建综合评标专家库。评标委员会的专家成员应当从专家库内的相关专家名单中确定。

1）一般项目，可以采取随机抽取的方式；

2）技术特别复杂、专业性要求特别高或者国家有特殊要求的招标项目，采取随机抽取方式确定的专家难以胜任的，可以由招标人直接确定。

（4）有下列情形之一的，不得担任评标委员会成员：

1）投标人或者投标人主要负责人的近亲属；

2）项目主管部门或者行政监督部门的人员；

3）与投标人有经济利益关系，可能影响对投标公正评审的；

4）曾因在招标、评标以及其他与招标投标有关活动中从事违法行为而受过行政处罚或刑事处罚的。

评标委员会成员不得与任何投标人或者与招标结果有利害关系的人进行私下接触，不得收受投标人、中介人、其他利害关系人的财物或者其他好处。

（5）评标过程中，评标委员会成员有回避事由、擅离职守或者因健康等原因不能继续评标的，应当及时更换。被更换的评标委员会成员作出的评审结论无效，由更换后的评标委员会成员重新进行评审。

（6）依法对投标文件进行独立评审，提出评审意见，不受任何单位或者个人的干预；不得向招标人征询确定中标人的意向或者接受任何单位或者个人明示或者暗示提出的倾向或者排斥特定投标人的要求；严禁组建或者加入可能影响公正评标的微信群、QQ 群等网络通信群组。

2. 评标准备与初步评审

（1）招标人应当向评标委员会提供评标所必需的信息，但不得明示或者暗示其倾向或者排斥特定投标人。

（2）招标人应当根据项目规模和技术复杂程度等因素合理确定评标时间。超过三分之一的评标委员会成员认为评标时间不够的，招标人应当适当延长。

（3）评标委员会应当根据招标文件规定的评标标准和方法，对投标文件进行系统地评审和比较。**招标文件中没有规定的标准和方法不得作为评标的依据**。

（4）评标委员会可以书面方式要求投标人对投标文件中**含义不明确、对同类问题表述不一致或者有明显文字和计算错误的内容作必要的**澄清、说明或者补正应以书面方式进行并不得超出投标文件的范围或者改变投标文件的实质性内容。

评标委员会不得暗示或者诱导投标人作出澄清、说明，**不得接受投标人主动提出的澄清、说明**。

投标文件中的大写金额和小写金额不一致的，**以大写金额为准**；

总价金额与单价金额不一致的，**以单价金额为准**，**但单价金额小数点有明显错误的除外**；

对不同文字文本投标文件的解释发生异议的，**以中文文本为准**。

拒不按照要求对投标文件进行澄清、说明或者补正的，**评标委员会可以否决其投标**。

（5）在评标过程中，评标委员会发现投标人的报价明显低于其他投标报价或者在设有标底时明显低于标底，使得其投标报价可能低于其个别成本的，应当要求该投标人作出书面说明并提供相关证明材料。**投标人不能合理说明或者不能提供相关证明材料的，由评标委员会认定该投标人以低于成本报价竞标，应当否决其投标**。

（6）评标委员会应当根据招标文件，审查并逐项**列出投标文件的全部投标偏差**。

1）重大偏差（应否决投标）。

①没有按照招标文件要求提供投标担保或者所提供的**投标担保有瑕疵**；

②投标文件**没有投标人授权代表签字和加盖公章**；

③投标文件载明的招标项目完成期限**超过招标文件规定的期限**；

④明显**不符合技术规格、技术标准的要求**；

⑤投标文件**载明的货物包装方式、检验标准和方法等不符合招标文件的要求**；

⑥投标文件附有**招标人不能接受的条件**；

⑦**不符合招标文件中规定的其他实质性要求**。

2）细微偏差（不否决投标）。

①细微偏差是指投标文件在实质上响应招标文件要求，但在**个别地方存在漏项或者提供了不完整的技术信息和数据等情况**，并且**补正这些遗漏或者不完整不会对其他投标人造成不公平的结果**。细微偏差不影响投标文件的有效性。

②评标委员会应当书面要求存在细微偏差的投标人在**评标结束前予以补正**。**拒不补正的，在详细评审时可以对细微偏差作不利于该投标人的量化，量化标准应当在招标文件中规定**。

3. 推荐中标候选人

（1）评标委员会完成评标后，应当向招标人提出书面**评标报告**，并抄送有关行政监督部门。评标委员会推荐的中标候选人应当**限定在1~3人，并标明排列顺序**。

（2）评标报告由评标委员会**全体成员签字**。对评标结论**持有异议的评标委员会**成员**可以书面**方式阐述其**不同意见和理由**。评标委员会成员**拒绝**在评标报告上**签字且不陈述其不同意见和理由的**，视为**同意评标结论**。评标委员会应当对此作出书面说明并记录在案。

（五）工程总承包招标

（1）工程总承包，是指承包单位按照与建设单位签订的合同，对工程**设计、采购、施工**或者**设计、施工**等阶段实行总承包，并对工程的质量、安全、工期和造价等全面负责的工程建设组织实施方式。

（2）建设**内容明确**、**技术方案成熟**的项目，**适宜采用**工程总承包方式。

（3）建设单位依法采用招标或者直接发包等方式选择工程总承包单位。工程总承包项目范围内的设计、采购或者施工中，**有任一项属于依法必须进行招标**的项目范围且达到国家规定规模标准的，**应当采用招标的方式**选择工程总承包单位。

（4）建设单位应当在发包前完成项目**审批、核准或者备案**程序。

1）采用工程总承包方式的**企业投资项目**，应当在核准或者备案后进行工程总承包项目发包。

2）采用工程总承包方式的**政府投资项目**，原则上应当在**初步设计审批完成后**进行工程总承包项目发包；其中，按照国家有关规定简化报批文件和审批程序的政府投资项目，应当在完成相应的**投资决策审批后**进行工程总承包项目发包。

（5）建设单位应当根据招标项目的特点和需要编制工程总承包项目招标文件，主要包括以下内容：

1）投标人须知；

2）评标办法和标准；

3）拟签订合同的主要条款；

4）发包人要求，列明项目的目标、范围、设计和其他技术标准，包括对项目的内容、范围、规模、标准、功能、质量、安全、节约能源、生态环境保护、工期、验收等的明确要求；

5）建设单位提供的资料和条件，包括发包前完成的水文地质、工程地质、地形等勘察资料，以及可行性研究报告、方案设计文件或者初步设计文件等；

6）要求投标人提交的其他材料。

（6）工程总承包单位应当同时具有与工程规模相适应的**工程设计资质和施工资质**，或者由具有相应资质的设计单位和施工单位组成**联合体**。

（7）工程总承包单位**不得是**工程总承包项目的代建单位、项目管理单位、监理单位、造价咨询单位、招标代理单位。

政府投资项目招标人公开已经完成的项目建议书、可行性研究报告、初步设计文件的，上述单位可以参与该工程总承包项目的投标，经依法评标、定标，成为工程总承包单位。

（8）**鼓励设计单位申请取得施工资质**，已取得工程设计综合资质、行业甲级资质、建筑工程专业甲级资质的单位，可以直接申请相应类别施工总承包一级资质。**鼓励施工单位申请取得工程设计资质**，具有一级及以上施工总承包资质的单位可以直接申请相应类别的工程设计甲级资质。完成的相应规模工程总承包业绩可以作为设计、施工业绩申报。

（9）评标委员会应当依照法律规定和项目特点，由**建设单位代表**、具有工程总承包项目管理经验的专家，以及从事**设计**、**施工**、**造价**等方面的专家组成。

（10）企业投资项目的工程总承包宜采用总价合同，政府投资项目的工程总承包应当合理确定合同价格形式。采用总价合同的，除合同约定可以调整的情形外，合同总价一般不予调整。

（11）工程总承包单位**可以采用直接发包**的方式进行**分包**。但**以暂估价形式**包括在总承包范围内的工程、货物、服务分包时，属于依法必须进行招标的项目范围且达到国家规定规模标准的，**应当依法招标**。

（六）电子招标投标

1. 总则

数据电文形式与**纸质形式**的招标投标活动具有**同等法律效力**。

依法设立的招标投标**交易场所**的监管机构负责督促、指导招标投标交易场所推进电子招标投标工作，**配合有关部门**对电子招标投标活动**实施监督**。

2. 电子招标投标交易平台

（1）依法设立的招标投标交易场所、招标人、招标代理机构以及其他依法设立的法人组织可以按**行业、专业类别**，建设和运营电子招标投标交易平台。国家**鼓励**电子招标投标交易平台平等竞争。

（2）电子招标投标交易平台**应当允许社会公众**、**市场主体免费注册登**录和获取依法公开的招标投标信息，为招标投标活动当事人、行政监督部门和监察机关按各自职责和注册权限登录使用交易平台提供必要条件。

（3）电子招标投标交易平台运营机构**不得以任何手段限制或者排斥潜在投标人**，不得泄露依法应当保密的信息，不得弄虚作假、串通投标或者为弄虚作假、串通投标提供便利。

3. 电子招标

（1）电子招标投标交易平台运营机构**不得**以技术和数据接口配套为由，**要求潜在投标人购买指定的工具软件**。

（2）招标人或者其委托的招标代理机构**应当在资格预审公告**、**招标公告或者投标邀请书中载明**潜在投标人访问电子招标投标**交易平台的网络地址和方法**。依法必须进行公开招标项目的上述相关公告应当在**电子招标投标交易平台**和**国家指定的招标公告媒介**同步发布。

（3）在投标截止时间前，电子招标投标交易平台**运营机构不得向招标人**或者其委托的招标代理机构**以外的任何单位和个人泄露**下载资格预审文件、招标文件的潜在投标人名称、数量以及可能影响**公平竞争的其他信息**。

（4）招标人对资格预审文件、招标文件进行澄清或者修改的，**应当通过**电子招标投标**交易平台以醒目的方式公告**澄清或者修改的内容，**并以有效方式通知**所有已下载资格预审文件或者招标文件的潜在投标人。

4. 电子投标

（1）电子招标投标**交易平台的运营机构**，以及与该机构有**控股或者管理关系**可能影响招标公正性的任何单位和个人，**不得**在该交易平台进行的招标项目中**投标和代理投标**。

(2) 电子招标投标交易平台**应当允许**投标人离线编制投标文件，**并且具备分段或者整体加密、解密功能**。

投标人**应当按照**招标文件和电子招标投标**交易平台的要求**编制并加密投标文件。

投标人**未按规定加密**的投标文件，电子招标投标交易平台**应当拒收并提示**。

(3) 投标人应当在**投标截止时间前完成**投标文件的**传输递交**，并**可以补充**、**修改**或者**撤回投标文件**。**投标截止时间前未完成投标文件传输**的，**视为撤回**投标文件。**投标截止时间后送达**的投标文件，电子招标投标交易平台**应当拒收**。

电子招标投标**交易平台收到**投标人送达的投标文件，**应当即时**向投标人**发出确认回执通知**，并妥善保存投标文件。在投标截止时间前，除投标人补充、修改或者撤回投标文件外，任何单位和个人不得解密、提取投标文件。

5. 电子开标、评标和中标

(1) 电子开标应当按照招标文件确定的时间，在电子招标投标**交易平台上公开进行**，所有投标人均**应当准时在线参加**开标。

(2) 开标时，电子招标投标交易平台自动提取所有投标文件，提示**招标人和投标人**按招标文件规定方式按时**在线解密**。解密全部完成后，应当向所有投标人公布投标人名称、投标价格和招标文件规定的其他内容。

(3) 因**投标人原因**造成投标文件**未解密的**，**视为撤销**其投标文件；因**投标人之外的原因**造成投标文件未解密的，**视为撤回**其投标文件，投标人**有权要求责任方赔偿**因此遭受的直接损失。部分投标文件未解密的，其他投标文件的开标可以继续进行。

(4) 电子招标投标交易平台应当**生成开标记录并向社会公众公布**，但依法应当保密的除外。

(5) **电子评标**应当在**有效监控和保密的环境下**在线进行。根据国家规定应当进入依法设立的招标投标交易场所的招标项目，**评标委员会成员应当在**依法设立的**招标投标交易场所登录**招标项目所使用的**电子招标投标交易平台**进行评标。

评标中需要投标人对投标文件**澄清或者说明的**，招标人和投标人**应当通过**电子招标投标**交易平台交换数据电文**。

(6) 评标委员会**完成评标后**，应当通过电子招标投标交易平台向招标人**提交数据电文形式的评标报告**。

(7) 依法必须进行招标的项目**中标候选人和中标结果**应当在电子招标投标**交易平台进行公示和公布**。

(8) 招标人确定中标人后，应当通过电子招标投标**交易平台以数据电文**形式向中标人**发出中标通知书**，并向未中标人发出中标结果通知书。招标人应当通过电子招标投标交易平台，以数据电文形式与中标人签订合同。

(9) 投标人或者其他利害关系人依法对资格预审文件、招标文件、开标和评标结果**提出异议**，**以及招标人答复**，均应当**通过电子招标投标交易平台**进行。

三、典型例题

(一) 简答题部分

例题 4.1 项目投标及评标中发生如下事件：

事件1：招标文件规定，未中标的投标人投标保证金在投标有效期满后5日内退还；履约保证金为中标合同金额的15%，签约时中标人不按招标文件要求提交履约保证金的，取消其中标资格。

事件2：评标时，评标委员会发现投标人A（联合体）成员安全生产许可证已经超过有效期，但牵头人的安全生产许可证在有效期内。B投标人某分部分项占比较大的分项工程综合单价低于最高投标限价相应综合单价的30%以上，评标委员会向B投标人发出了澄清函。投标人B书面回复称：由于询价失误，材料价格偏低，并修改综合单价和合价，并据此修改了投标总价。

事件3：投标人C中标，签订合同时提出，政府发布了材料价格风险指导性文件，材料价格波动超出±5%风险由发包人承担，原招标文件材料价格波动超出±10%时的风险由发包人承担的规定，在合同中应改为材料价格波动超出±5%时调整综合单价。【2024年真题（节选）】

问题：（1）指出事件1的不妥之处，并写出正确做法。

（2）针对事件2，评标委员会是否应否决投标人A（联合体）的投标文件？评标委员会对投标人B应当如何处理？分别说明理由。

（3）针对事件3，判断投标人C的观点是否妥当？并说明理由。

答案：

问题（1）：

1）“招标文件规定，未中标的投标保证金在投标有效期满后5日内退还”不妥；

正确做法：招标人最迟应当在书面合同签订后5日内向中标人和未中标人退还投标保证金及银行同期存款利息。

2）“履约保证金为中标金额的15%”不妥；

正确做法：履约保证金不得超过中标合同金额的10%。

问题（2）：

1）评标委员会应否决投标人A的投标文件；

理由：联合体各方均应具备招标文件规定的相应资格条件。安全生产许可证过期不符合招标文件规定的资质要求。

2）评标委员会应否决投标人B的投标文件；

理由：在评标过程中，评标委员会发现投标人的报价明显低于其他投标报价或者在设有标底时明显低于标底，使得其投标报价可能低于其个别成本的，应当要求该投标人作出书面说明并提供相关证明材料。投标人不能合理说明或者不能提供相关证明材料的，由评标委员会认定该投标人以低于成本报价竞标，应当否决其投标。

问题（3）：

投标人C的做法不妥当；

理由：招标人和中标人签订书面合同的标的、价款、质量、履行期限等主要条款应当与招标文件和中标人的投标文件的内容一致。招标人和中标人不得再行订立背离合同实质性内容的其他协议。

例题4.2 国有资金投资依法必须招标的某省重点建设项目，采用工程量清单方式进行施工招标。在招投标过程中发生了如下事件：

事件1：招标人认为该项目技术复杂且自然环境恶劣，建议招标代理人采用邀请招标方式进行招标，直接邀请多家综合实力强经验丰富的大型总承包公司参与该项目投标；

事件2：在投标截止时间前5日招标人对项目技术要求和工程量清单做了部分修改，开标时间不变。投标人甲对此提出了异议，认为此修改影响了投标文件的编制，应顺延开标时间。

事件3：由于受外界因素影响，招标人决定延长投标有效期，投标人乙认为自己无中标希望，拒绝了招标人的延长要求，并要求退还投标保证金；投标人丙同意了延长投标有效期，但不同意延长投标保证金的有效期，并提出修改投标文件中的工期；其余参与投标的投标人均同意了延长要求，确定中标人后，业主与其签订合同。【2023年真题（节选）】

问题：（1）事件1中，根据法律法规的相关规定，该项目是否可进行邀请招标？说明理由。

（2）事件2中，投标人甲提出的异议是否合理？并说明理由。招标人何时答复，应如何处理异议？

（3）事件3中，投标人乙和丙的做法是否妥当？并分别说明理由；招标人是否应退还投标人乙、丙的投标保证金？二者投标是否继续有效？

答案：

问题（1）：

不可以采取邀请招标；

理由：①邀请招标需经批准，招标人未经批准不能直接采用邀请招标。②该项目虽然技术复杂、自然环境恶劣，但仍有多家大型总承包公司可以参与，不满足邀请招标条件（只有少量潜在投标人可供选择）。

问题（2）：

1）投标人甲提出的异议合理；

理由：招标人对已发出的招标文件进行澄清或修改的，应当在投标截止时间至少15日前，以书面形式通知所有获得招标文件的潜在投标人，不足15日的，应当顺延投标截止时间。

2）招标人应当自收到书面异议之日起3日内作出答复，答复前应当暂停招投标活动。

3）招标人应当顺延投标截止时间至少10日，并书面通知所有获得招标文件的潜在投标人。

问题（3）：

1）投标人乙的做法妥当；

理由：出现特殊情况需要延长投标有效期的，招标人以书面形式通知所有投标人延长投标有效期。投标人拒绝延长的，其投标失效，但投标人有权收回其投标保证金。

2）投标人丙的做法不妥当；

理由：投标人同意延长的，应相应延长其投标保证金的有效期，但不得要求或被允许修改其投标文件的实质性内容。

3）招标人应退还投标人乙、丙的投标保证金。

4）投标人乙、丙的投标文件无效。

例题 4.3 某国有资金投资新建工程，建设单位委托某招标代理机构编制最高投标限价 7 900 万元（暂列金额 500 万元）的建筑安装工程组织招标，A、B、C、D、E、F、G（H、I 组成联合体 G 投标）共七家，投标保证金 75 万元。投标人报价相关信息见表 4.4。

表 4.4 投标人报价相关信息

投标人	投标报价/万元	暂列金额/万元	备注
A	7 636	500	投标保证金 80 万
B	7 004	500	投标截止前补充修改投标报价，投标报价为 7 860 万元
C	7 960	500	—
D	7 750	510	—
E	7 980	500	—
F	7 456	500	作为一个独立的投标人
G	7 400	500	资格预审后，联合体成员增加投标人 F

招标项目采用综合评分法，其中商务标总分 60 分。投标基准价等于各有效投标总报价的算术平均值的 96%。当投标总价每高于评标基准价 1 个百分点时扣 1 分，每低于评标基准价 1 个百分点时扣 1 分；高于或低于不足 1 个百分点时按 1 个百分点计入。【2022 年补考真题（节选）】

问题：（1）指出投标人 A~G 无效的投标报价，并说明理由。

（2）计算有效投标的综合评分。

答案：

问题（1）：

1）D 投标人的投标无效。

理由：暂列金额应按照招标人提供的其他项目清单中列出的金额填写，不得变动。

2）E 投标人的投标无效。

理由：投标报价不得超过最高投标限价。

3）F、G 投标人的投标报价无效。

理由：联合体各方在同一招标项目中以自己名义单独投标或者参加其他联合体投标的，相关投标均无效。资格预审后，联合体成员增减、更换成员的，其投标无效。

问题（2）：

评标基准价=（7 636+7 004+7 860）/3×96%=7 200.00（万元）。

1）投标人 A 报价得分：（7 636−7 200）/7 200×100%=6.06%，60−7%×100=53（分）。

2）投标人 B 报价得分：（7 004−7 200）/7 200×100%=−2.72%，60−3%×100=57（分）。

3）投标人 C 报价得分：（7 860−7 200）/7 200×100%=9.17%，60−10%×100=50（分）。

例题 4.4 某国有资金投资新建教学楼工程，建设单位委托某招标代理机构对预算为 3 800 万元的建筑安装工程组织施工招标。A、B、C、D、E 共五家申请人通过了资格预审，其中 B 为联合体。

建设单位要求招标代理机构做好以下工作：

（1）被列为失信被执行人的投标人，直接否决其投标，不进行评标环节。

（2）为保证招标工作顺利进行，指导投标人做好投标文件。

（3）最高投标限价为 3 800 万元，为保证工程质量，规定投标人的投标报价不得低于最高投标限价的 75%，即不低于 3 800×75%＝2 850 万元。

（4）为保证投标人不少于 3 家，对开标前已提交投标文件而又要求撤回的投标人，其投标保证金不予退还。

该项目招标过程中发生如下事件：

事件 1：投标人 A 递交投标文件时，提交了某银行出具的投标保证金汇款支出证明。在开标时，招标人实时查证该笔汇款还未到达招标文件指定的收款账户。

事件 2：投标文件评审时发现，投标人 B 为增加竞争力，将资格预审时联合体成员中某二级资质的甲单位更换为另一特级资质的乙单位。

事件 3：评标过程中，评标委员会 7 位专家中有 3 位专家提出，招标文件要求详细核对投标文件中的相关数据，应延长评标时间。招标人认为其他 4 位专家并未提出评标时长不够，应该少数服从多数，不同意延长评标时间。

事件 4：评标委员会按综合得分由高到低顺序向招标人推荐了三名中标候选人。由于排名第一的中标候选人放弃中标，招标人和排名第二的中标候选人进行谈判，因其报价高于排名第一的中标候选人，招标人要求安排名第一的中标候选人的报价签订合同。【2022 年真题（节选）】

问题：（1）指出建设单位向招标代理机构提出的各项要求是否妥当，并说明理由。

（2）分别指出事件 1 和事件 2 中评标委员会对投标人 A 和投标人 B 的投标应如何处理，并说明理由。

（3）分别指出事件 3 和事件 4 中招标人的做法是否妥当，并说明理由。

答案：

问题（1）：

1）妥当；

理由：投标人被列为失信被执行人，丧失投标资格，应当否决其投标。

2）不妥当；

理由：招标代理机构不得在所代理的招标项目中投标或代理投标，也不得为所代理的招标项目的投标人提供咨询服务。

3）不妥当；

理由：招标人不得规定最低投标限价。

4）不妥当；

理由：投标截止日前，投标人有权撤回其投标文件，招标人应当自收到投标人书面撤回通知之日起 5 日内退还其投标保证金。

问题（2）：

1）事件1投标人A应做无效标处理；

理由：未按规定时间提交投标保证金，应做无效标处理。

2）事件2投标人B应做无效标处理；

理由：招标人接受联合体投标并进行资格预审的，联合体应当在提交资格预审申请文件前组成，资格预审后联合体增减、更换成员的，其投标无效。

问题（3）：

1）事件3招标人做法不妥；

理由：招标人应当根据项目规模和技术复杂程度等因素合理确定评标时间，超过三分之一的评标委员会成员认为评标时间不够的，招标人应适当延长。

2）事件4招标人做法不妥。

理由：国有资金投资项目第一中标候选人放弃中标，招标人可以依次确定中标人。但应该按第二中标候选人中标价签订合同，不得再对合同的标的、质量、价款、工期等实质性内容进行谈判，也不得再订立背离合同实质性内容的其他协议。

例题4.5 某施工总承包合同中的某分包专业工程暂估价1 000万元，具有技术复杂、专业性强的工程特点，由总承包单位负责招标，招标过程中发生如下事件：

事件1：鉴于采用随机抽取方式确定的评标专家难以保证胜任该分包专业工程评标工作，总承包单位便直接确定了评标专家。

事件2：资格审查时，评标委员会认为，招标文件中规定投标人必须提供合同复印件作为施工业绩认定的证明材料，不足以反映工程合同履行的实际情况，还应提供工程竣工验收单。所以对投标文件中，提供了施工业绩的合同复印件和工程竣工验收单的投标人通过资格审查，对施工业绩仅提供了合同复印件的投标人作出了不予通过资格审查的处理决定。

事件3：评标结束后，总承包单位征得业主同意，拟向排名第一序位的中标候选人发出中标通知书前，了解到该中标候选人的经营状况恶化。【2021年真题（节选）】

问题：（1）总承包单位直接确定评标专家的做法是否正确？说明理由。

（2）评标委员会对投标人施工业绩认定的做法是否正确？说明理由。

（3）针对分包专业工程招标过程中的事件3，总承包单位应如何处理？

答案：

问题（1）：

做法不正确；

理由：涉及暂估价的专业工程招标，总承包单位直接确定评标专家前应报发包单位批准。

问题（2）：

做法不正确。

理由：评标委员会应按照招标文件要求的资格审查方式审查投标人资格，招标文件中未规定的方法不得作为资格预审依据。

问题（3）：

应当在发出中标通知书前由原评标委员会按照招标文件规定的标准和方法审查确认。

若不影响履约能力，应及时发出中标通知书；若影响履约能力，应否决其投标并依次确定中标人或重新组织招标。

例题 4.6 某国有资金投资的施工项目，采用工程量清单公开招标，并按规定编制了最高投标限价。同时，该项目采用单价合同，工期为 180 天。

招标人在编制招标文件时，使用了九部委联合发布的《标准施工招标文件》，并对招标人认为某些不适于本项目的通用条款进行了删减。招标文件中对竣工结算的规定：工程量按实结算，但竣工结算价款总额不得超过最高投标限价。

共有 A、B、C、D、E、F、G、H 等八家投标人参加了投标。

投标人 D 对某项用量大的主材进行了市场询价，并按其含税供应价格加运费作为材料单价用于相应清单项目的组价计算。

投标人 F 在进行报价分析时，下调了招标清单中材料暂估单价 8% 计入工程量清单综合单价报价中，工期为六个月。

中标候选人公示期间，招标人接到投标人 H 提出的异议：第一中标候选人的项目经理业绩为在建工程，不符合招标文件要求的“已竣工验收”的工程业绩的要求。【2020 年真题（节选）】

问题：（1）编制招标文件时，招标人的做法是否符合相关规定？招标文件中对竣工结算的规定是否妥当？并分别说明理由。

（2）投标人 D、投标人 F 的做法是否有不妥之处？并分别说明理由。

（3）针对投标人 H 提出的异议，招标人应在何时答复，应如何处理？若第一中标候选人不再符合中标条件，招标人应如何确定中标人？

答案：

问题（1）：

1）不符合相关规定；

理由：招标人不得修改通用条款，对于不适用于本项目的某些通用条款，招标人应在专用条款中另行规定。

2）对竣工结算的规定不妥；

理由：招标人应对招标工程量清单的工程量负责，竣工结算时按实际工程量结算，不应以最高投标限价来约束实际结算工程款。

问题（2）：

1）投标人 D 做法有不妥之处；

理由：①应采用不含税材料单价。②材料的单价还应考虑运输损耗费、采购保管费。

2）投标人 F 做法有不妥之处；

理由：①材料暂估价应按招标工程量清单中规定的价格直接计入综合单价，不得变动。②F 报价工期 6 个月超过了招标文件要求工期 180 天限制，未响应合同实质性条款。

问题（3）：

1）招标人应在收到异议之日起 3 日内答复；

2）答复应当以书面形式，并明确对异议的认可或驳回，以及相关的理由和依据；

3）招标人可以根据评标报告依次确定中标人，也可以重新组织招标。

例题 4.7 某工程，业主采用公开招标方式选择施工单位，委托具有工程造价咨询资质的机构编制了该项目的招标文件和最高投标限价（最高投标限价 600 万元，其中暂列金额为 50 万元）。该招标文件规定，评标采用经评审的最低投标价法。A、B、C、D、E、F、G 共 7 家企业通过了资格预审（其中，D 企业为 D、D1 企业组成的联合体），且均在投标截止日前提交了投标文件。

在该工程项目开标、评标、合同签订与执行过程中发生了以下事件：

事件 1：B 企业的投标报价为 560 万元，其中暂列金额为 60 万元。

事件 2：C 企业的投标报价为 550 万元，其中对招标工程量清单中的“照明开关”项目未填报单价和合价。

事件 3：D 企业的投标报价为 530 万元，为增加竞争实力，投标时联合体成员变更为 D、D1、D2 企业组成。

事件 4：评标委员会按招标文件评标办法对投标企业的投标文件进行了价格评审，A 企业经评审的投标价最低，最终被推荐为中标单位。合同签订前，业主与 A 企业进行了合同谈判，要求在合同中增加一项原招标文件中未包括的零星工程，合同额相应增加 15 万元。

事件 5：A 企业与业主签订合同后，又在外地中标了大型工程项目，遂选择将本项目全部工作转让给了 B 企业，B 企业又将其中三分之一工程量分包给了 C 企业。【2019 年真题（节选）】

问题：（1）根据现行《招标投标法》《招标投标法实施条例》和《建设工程工程量清单计价标准》，逐一分析事件 1~3 中各企业的投标文件是否有效，分别说明理由。

（2）针对事件 4，分析建设单位做法是否妥当，并说明理由。签约合同价为多少万元?

（3）针对事件 5，分析 A 和 B 企业做法是否妥当，并分别说明理由。

答案：

问题（1）：

1）事件 1，B 企业投标文件无效；

理由：B 投标报价中暂列金为 60 万元，没有按照招标文件中的 50 万报价，B 企业未响应招标文件的实质性要求。

2）事件 2，C 企业投标文件有效；

理由：未对“照明开关”填写单价和合价属于细微偏差，不影响投标文件的有效性。

3）事件 3，D 企业投标文件无效；

理由：联合体通过资格预审后，增减、更换联合体成员的，其投标无效。

问题（2）：

1）建设单位做法不妥当。

理由：招标人与中标人签订书面合同的标的、价款、质量、履行期限应当与招标文件和中标人的投标文件一致。

2）签约合同价：500 万元。

问题（3）：

1）A 企业做法不正确；

理由：A 企业行为是将承揽的工程转包，属于违法行为。

2）B 企业做法不正确；

理由：B 企业行为是将主体工程分包，属于违法分包。

例题 4.8 某国有资金建设项目，采用公开招标方式进行施工招标，业主委托咨询公司编制了招标文件和最高投标限价。

该项目招标文件包括如下规定：

（1）招标人不组织项目现场勘查活动。

（2）投标人对招标文件有异议的，应当在投标截止时间 10 日前提出，否则招标人拒绝回复。

（3）投标人报价时必须采用当地建设行政管理部门造价管理机构发布的计价定额中分部分项工程人工、材料、机械台班消耗量标准。

（4）招标人将聘请第三方造价咨询机构在开标前开展投标报价澄清说明活动。

（5）投标人报价低于最高投标限价幅度超过 30% 的，投标人在评标时须向评标委员会说明报价较低的理由，并提供证据；投标人不能说明理由、提供证据的，将认定为无效标。

在项目的投标及评标过程中发生以下事件：

事件 1：投标人 A 为外地企业，对项目所在区域不熟悉，向招标人申请希望招标人安排一名工作人员陪同勘查现场。招标人同意安排一名普通工作人员陪同勘查。

事件 2：评标时发现，投标人 A 和投标人 B 的总价和所有分部分项工程综合单价相差相同的比例。

事件 3：通过市场调查，工程清单中某材料暂估单价与市场调查价格有较大偏差，为规避风险，投标人 C 在投标报价计算相关分部分项工程项目综合单价时采用了该材料市场调查的实际价格。

事件 4：评标委员会某成员认为投标人 D 与招标人曾经在多个项目上合作过，从有利于招标人的角度，建议优先选择投标人 D 为中标候选人。【2016 年真题】

问题：（1）请逐一分析项目招标文件包括的（1）~（5）项规定是否妥当，并分别说明理由。

（2）事件 1 中，招标人的做法是否妥当？并说明理由。

（3）针对事件 2，评标委员会应该如何处理？并说明理由。

（4）事件 3 中，投标人 C 的做法是否妥当？并说明理由。

（5）事件 4 中，该评标委员会成员的做法是否妥当？并说明理由。

答案：

问题（1）：

1）妥当；

理由：是否组织现场踏勘由招标人自主决定。

2）妥当；

理由：投标人对招标文件有异议的，应当在投标截止时间 10 日前提出。

3）不妥当；

理由：投标报价由投标人自主确定，投标人可以依据企业定额的人、材、机消耗量标准编制投标报价，也可参照造价管理机构发布的人、材、机消耗量标准编制投标报价。

4）不妥当；

理由：投标报价澄清说明活动应在开标后定标前进行。

5）妥当；

理由：评标委员会发现投标人的报价明显低于其他投标报价或者在设有标底时明显低于标底，使得其投标报价可能低于其个别成本的，应当要求该投标人作出书面说明并提供相关证明材料。投标人不能合理说明或者不能提供相关证明材料的，由评标委员会认定该投标人以低于成本报价竞标，应当否决其投标。

问题（2）：

招标人做法不妥当；

理由：招标人不得组织单个或部分潜在投标人踏勘项目现场。

问题（3）：

评标委员会对于投标人A和B的投标文件均应按无效标处理；

理由：投标人投标总价和所有分部分项工程综合单价相差相同的比例属于呈规律性差异，视为投标人之间相互串通投标。

问题（4）：

不妥当；

理由：投标人投标报价时，对于材料暂估单价应按招标工程量清单中的暂估单价计入相应清单项目的综合单价中，不得变动和更改。

问题（5）：

不妥当；

理由：评标委员会成员应当按照招标文件中规定的评标准和方法进行评标，招标文件中没有规定的评标标准和方法不得作为评标的依据。

例题4.9 某省属高校投资建设一幢建筑面积为30 000m^2的普通教学楼，拟采用工程量清单以公开招标方式进行施工招标，合同形式为单价合同。业主委托某咨询企业编制招标文件和最高投标限价（该项目的最高投标限价为5 000万元）。

咨询企业编制招标文件和最高投标限价过程中，发生如下事件：

事件1：为了响应业主对潜在投标人择优选择的高要求，咨询企业的项目经理在招标文件中设置了以下几项内容。

（1）投标人资格条件之一为：投标人近5年必须承担过高校教学楼工程。

（2）投标人近5年获得过鲁班奖、本省省级质量奖等奖项作为加分条件。

（3）项目的投标保证金为75万元，且投标保证金必须从投标企业的基本账户转出。

（4）中标人的履约保证金为最高投标限价的10%。

事件2：项目经理认为招标文件中的合同条款是基本的粗略条款，只需将政府有关管理部门出台的施工合同示范文本添加项目基本信息后附在招标文件中即可。

事件3：在招标文件编制人员研究本项目的评标办法时，项目经理认为所在咨询企业以往代理的招标项目更常采用综合评估法，遂要求编制人员采用综合评估法。

事件4：该咨询企业技术负责人在审核项目成果文件时发现项目工程量清单中存在漏项，要求作出修改。项目经理解释认为第二天需要向委托人提交成果文件且合同条款中已有关于漏项的处理约定，故不做修改。

事件5：该咨询企业的负责人认为最高投标限价不需保密，因此又接受了某拟投标人的委托，为其提供该项目的投标报价咨询。

事件6：为控制投标报价的价格水平，咨询企业和业主商定，以代表省内先进水平的A施工企业的企业定额作为依据，编制了本项目的最高投标限价。【2016年真题】

问题：（1）针对事件1，逐一指出咨询企业项目经理为响应业主要求提出的（1）~（4）项内容是否妥当，并说明理由。

（2）针对事件2~6，分别指出相关人员的行为或观点是否正确或妥当，并说明理由。

答案：

问题（1）：

1）不妥当；

理由：设定的资格条件与项目的实际需求不符，属于以不合理的条件限制或排斥潜在投标人。

2）①“获得鲁班奖的企业加分”妥当；

理由：鲁班奖属于全国奖项，可以反映企业的综合实力。

②“对获得本省省级奖项的企业加分”不妥当。

理由：以特定行政区域的奖项作为加分条件属于以不合理的条件限制或排斥投标人。

3）妥当；

理由：投标保证金的数额不得超过项目估算价的2%。投标保证金必须从投标人的基本账户中转出。

4）不妥当。

理由：履约保证金不得超过中标合同金额的10%。

问题（2）：

1）事件2中项目经理的观点不妥；

理由：合同条款属于招标文件的组成部分，合同条款及格式中应当明确完整的施工合同条款。

2）事件3中项目经理的观点不妥；

理由：评标方法应根据项目特点、复杂程度等条件确定，不应根据招标代理机构的习惯确定。

3）事件4中企业技术负责人的观点妥当，项目经理的观点不妥当；

理由：单价合同工程量清单的准确性和完整性由招标人负责。工程量清单作为投标人编制投标文件的依据，如其存在漏项，应及时作出修改。

4）事件5中企业负责人的行为不妥当；

理由：工程造价咨询人不得同时接受招标人和投标人对同一工程项目最高投标限价和投标报价的编制。

5）事件6中咨询企业和业主的行为不妥当。

理由：编制最高投标限价应依据国家或省级、行业建设主管部门颁发的计价定额和计价办法，而不应当依据A企业定额编制。

（二）选择题部分

1. 下列全部使用国有资金投资的项目中，依法必须进行招标的项目是（　　）。

A. 重要设备、材料等货物的采购，单项合同估算价在 200 万元以下

B. 施工单项合同估算价在 400 万元以上

C. 勘察单项合同估算价在 100 万元以下

D. 监理单项合同估算价在 50 万元以上

答案：B

【解析】必须招标的规模标准：①施工单项合同算价在 400 万元人民以上；②重要设备、材料等货物的采购，单项合同估算价在 200 万元人民以上；③勘察、设计、监理等的采购，单项合同估算价在 100 万元人民以上。

2. 根据《招标投标法》，可以不进行招标的工程项目有（　　）。

A. 国有企业开发建设的商住两用的工程项目

B. 涉及国家秘密的工程项目

C. 涉及抢险救灾的工程项目

D. 利用扶贫资金实行以工代赈、需要使用农民工的工程项目

E. 涉及国家安全的工程项目

答案：BCDE

【解析】《招标投标法》规定，涉及国家安全、国家秘密、抢险救灾或者属于利用扶贫资金实行以工代赈、需要使用农民工等特殊情况，不适宜进行招标的项目，按照国家有关规定可以不进行招标。

3. 根据《招标投标法》及相关规定，关于邀请招标的说法，正确的是（　　）。

A. 受自然环境限制不适宜公开招标的省级重点项目，建设单位可自行决定邀请招标

B. 由于资金条件限制，只有少量潜在投标人可供选择的项目，可采取邀请招标

C. 由于技术复杂导致公开招标程序复杂的项目，可采取邀请招标

D. 采用公开招标方式的费用占合同金额比例过大的项目，可采取邀请招标

答案：D

【解析】有下列情形之一的，可以邀请招标：①技术复杂、有特殊要求或受自然环境限制，只有少量潜在投标人可供选择；②采用公开招标方式的费用占项目合同金额的比例过大。

4. 根据《招标投标法》及相关规定，招标必须具备的基本条件有（　　）。

A. 招标人已经依法成立

B. 施工图设计文件已经批准

C. 招标范围、招标方式和招标组织形式等应当履行核准手续的，已经核准；

D. 建设资金已经到位

E. 招标人已经获得施工许可证

答案：AC

【解析】招标必须具备的基本条件：①招标人已经依法成立；②初步设计及概算应当履行审批手续的，已经批准；③招标范围、招标方式和招标组织形式等应当履行核准手

续的，已经核准；④有相应资金或资金来源已经落实；⑤有招标所需的设计图纸及技术资料。

5. 关于编制招标文件的说法，正确的是（　　）。

A. 招标人对已发出的招标文件进行必要的澄清或者修改的，可以以口头的形式通知所有招标文件接受人

B. 招标人应当根据招标项目的特点和需要编制招标文件

C. 国家对招标项目的技术、标准有规定的，招标人应当按照其规定在招标文件中提出相应要求

D. 招标文件中不得要求或者标明特定的生产供应者以及含有倾向或者排斥潜在投标人的其他内容

E. 招标人对已发出的招标文件进行必要的澄清或者修改的内容为招标文件的组成部分

答案：BCDE

【解析】选项 A 错误，招标人对已发出的招标文件进行必要的澄清或者修改的，以书面的形式通知所有招标文件接受人。

6. 关于招标文件的说法，正确的是（　　）。

A. 招标文件不得要求或者标明特定的生产供应者以及含有倾向或者排斥潜在投标人的内容

B. 招标人对已发出的招标文件进行必要的澄清的，该澄清的内容不得再次澄清

C. 招标人对已发出的招标文件进行必要的修改的，应在招标文件要求提交投标文件截止时间至少 10 日前

D. 招标人对已发出的招标文件进行必要的修改的，应当以电话等即时通信方式及时通知所有获取招标文件的潜在投标人

答案：A

【解析】B 选项错误，招标人对已发出的招标文件进行必要的澄清没有次数限制；C 选项错误，招标人对已发出的招标文件进行必要的修改的，应在招标文件要求提交投标文件截止时间至少 15 日前；D 选项错误，招标人对已发出的招标文件进行必要的修改的，应当以书面方式及时通知所有获取招标文件的潜在投标人。

7. 关于招标文件的说法，正确的是（　　）。

A. 招标人可以在招标文件中设定最高投标限价和最低投标限价

B. 潜在投标人对招标文件有异议的，应当在投标截止时间 15 日前提出

C. 招标人应当在招标文件中载明投标有效期，投标有效期从提交投标文件的截止之日算起

D. 招标人对已经发出的招标文件进行必要的澄清的，应当在投标截止时间至少 10 日之前，通知所有获取招标文件的潜在投标人

答案：C

【解析】A 选项错误，招标人不得设定最低投标限价；B 选项错误，潜在投标人对招标文件有异议的，应当在投标截止时间 10 日前提出；D 选项错误，招标人对已经发出的

招标文件进行必要的澄清的，应当在投标截止时间至少 15 日之前，并书面通知所有获取招标文件的潜在投标人。

8. 关于招标文件的说法，正确的是（　　）。

A. 招标文件的要求不得高于法律规定

B. 潜在投标人对招标文件有异议的，招标人作出答复前，招标投标活动继续进行

C. 招标文件中载明的投标有效期从提交投标资格预审文件之日起算

D. 招标人修改已发出的招标文件，应当以书面形式通知所有招标文件收受人

答案：D

【解析】A 选项错误，法律是最低限制要求，招标文件的要求可以高于法律，不得低于法律；B 选项错误，潜在投标人对招标文件有异议的，招标人作出答复前，应暂停招标投标活动；C 选项错误，招标文件中载明的投标有效期从提交投标文件截止之日起算。

9. 关于投标人资格审查的说法，正确的有（　　）。

A. 资格审查分为资格预审、资格中审和资格后审

B. 资格预审结束后，评标委员会应当及时向资格预审申请人发出资格预审结果通知书

C. 招标人采用资格预审的应当发布资格预审公告

D. 国有资金占控股或主导地位的依法必须招标的项目，招标人应当组建资格审查委员会

E. 资格后审在开标后由招标人按照招标文件的标准和方法对投标人资格进行审查

答案：CD

【解析】A 选项错误，资格审查分为资格预审和资格后审；B 选项错误，资格预审结束后，招标人应当及时向资格预审申请人发出资格预审结果通知书；E 选项错误，资格后审在开标后由评标委员会按照招标文件的标准和方法对投标人资格进行审查。

10. 关于开标的说法，正确的是（　　）。

A. 投标文件经确定无误后，由招标监管部门人员当众拆封

B. 开标时只能由投标人或者其推选的代表检查投标文件的密封情况

C. 开标过程应当及时向社会公布

D. 开标地点应当为招标文件中预先确定的地点

答案：D

【解析】A 选项错误，投标文件经确定无误后，由招标人的工作人员当众拆封；B 选项错误，开标时由投标人或者其推选的代表检查投标文件的密封情况，也可以由公正机构人员检查投标文件的密封情况；C 选项错误，并无相关法规要求开标过程向社会公布，确定中标候选人应当向社会公开。

11. 根据《招标投标法》，开标的主持者是（　　）。

A. 建设行政主管部门　　B. 招标代理机构

C. 招标人　　D. 投标人推选的代表

答案：C

【解析】开标应由招标人主持。

12. 根据《工程建设项目施工招标投标办法》，评标委员会对投标文件做无效处理的情况有（　　）。

A. 无单位盖章并且无法定代表人或者其授权的代理人签字或盖章的

B. 投标人名称或者组织结构与资格预审时不一致的

C. 投标人对同一招标项目按照招标文件的要求提交了两个报价方案

D. 未按招标文件要求提交投标保证金的

E. 联合体投标未附联合体各方共同投标协议的

答案：ABDE

【解析】C 选项，投标人对同一招标项目按照招标文件的要求提交了两个报价方案，但招标文件接受备选方案的除外。

13. 根据《工程建设项目施工招标投标办法》，评标委员会对投标文件做无效处理的情况有（　　）。

A. 投标人未按照招标文件要求提交投标保证金

B. 投标文件逾期送达或者未送达指定地点

C. 投标文件未按招标文件要求密封

D. 投标文件无单位盖章并无单位负责人签字

E. 联合体投标未附联合体各方共同投标协议

答案：ADE

【解析】B 选项，投标文件逾期送达或者未送达指定地点，招标人应当拒收；C 选项，投标文件未按招标文件要求密封，招标人应当拒收。

14. 关于评标的说法，正确的是（　　）。

A. 评标委员会可以向招标人征询确定中标人的意向

B. 招标项目设有标底的，可以投标报价是否接近标底作为中标条件

C. 评标委员会成员拒绝在评标报告上签字的，视为不同意评标结果

D. 投标文件中有含义不明确的内容、明显文字或计算错误的，评标委员会可以要求投标人作出必要澄清、说明

答案：D

【解析】A 选项错误，评标委员会不得向招标人征询确定中标人的意向；B 选项错误，招标项目设有标底的，不得以投标报价是否接近标底作为中标条件，也不得以投标报价超过标底上下浮动的范围作为否决投标的条件；C 选项错误，评标委员会成员拒绝在评标报告上签字的又不说明不同意见和理由，视为同意评标结果。

15. 关于评标规则的说法，正确的是（　　）。

A. 评标委员会成员的名单可在开标前予以公布

B. 投标文件未经投标单位盖章和负责人签字的，评标委员会应当否决其投标

C. 招标项目的标底应当在中标结果确定前公布

D. 评标委员会确定的中标候选人至少 3 个，并标明顺序

答案：B

【解析】A 选项错误，评标委员会成员的名单应在中标结果确定前保密；C 选项错误，招标项目的标底应当在中开标时公布；D 选项错误，评标委员会确定的中标候选人至多 3 个，并标明顺序。

16. 某项目 2025 年 3 月 1 日确定了中标人，2025 年 3 月 8 日发出了中标通知书，2025 年 3 月 12 日中标人收到了中标通知书，则签订合同的日期应该不迟于（　　）。

A. 2025 年 3 月 26 日　　B. 2025 年 3 月 31 日

C. 2025 年 4 月 7 日　　D. 2025 年 4 月 11 日

答案：C

【解析】发承包双方应在中标通知书发出之日起的 30 日内签订合同。

17. 某建设工程项目中标人与招标人签订合同并备案的同时，双方针对结算条款签订了与备案合同完全不同的补充协议。后双方因计价问题发生纠纷，遂诉至法院。法院此时应该以（　　）作为结算工程款的依据。

A. 双方达成的补充协议　　B. 双方签订的备案合同

C. 类似项目的结算价格　　D. 市场的平均价格

答案：B

【解析】当事人就同一建设工程另行订立的建设工程施工合同与经过备案的中标合同实质性内容不一致的，应当以备案的中标合同作为结算工程价款的根据。

18. 关于中标和签订合同的说法，正确的是（　　）。

A. 招标人应当授权评标委员会直接确定中标人

B. 招标人与中标人签订合同的标的、价款、质量等主要条款应当与招标文件一致，但履行期限可以另行协商确定

C. 确定中标人的权利属于招标人

D. 中标人应当自中标通知书送达之日起 30 日内，按照招标文件与投标人订立书面合同

答案：C

【解析】A 选项错误，招标人可以授权评标委员会直接确定中标人；B 选项错误，招标人与中标人签订合同的标的、价款、质量、期限等主要条款应当与招标文件一致；D 选项错误，中标人应当自中标通知书发出之日起 30 日内，按照招标文件与投标人订立书面合同。

19. 关于确定中标人的说法，正确的是（　　）。

A. 招标人不得授权评标委员会直接确定中标人

B. 排名第一的中标候选人放弃中标的，招标人必须重新招标

C. 确定中标人选，招标人可以就投标价格与投标人进行谈判

D. 国有资金占控股地位的依法必须进行招标的项目，招标人应当确定排名第一的中标候选人为中标人

答案：D

【解析】A 选项错误，招标人可以授权评标委员会直接确定中标人；B 选项错误，排名第一的中标候选人放弃中标的，招标人可以根据评标报告依次确定中标人，也可以重新招标；C 选项错误，确定中标人选，招标人与中标人不得就合同的标的、质量、价款、工期等实质性内容进行谈判。

20. 在招标投标中，关于履约保证金的说法正确的是（　　）。

A. 招标文件中不得要求中标人提交履约保证金

B. 履约保证金是为了保证中标人履行义务，完成中标项目而设立的

C. 履约保证金的金额没有法律法规规定的限制，招标人可要求中标人提交任意金额的履约保证金

D. 不鼓励施工企业以银行保函形式向建设单位提供履约担保

答案：B

【解析】A 选项错误，招标文件中可以要求中标人提交履约保证金；C 选项错误，履约保证金不得超过中标合同金额的 10%；D 选项错误，鼓励施工企业以银行保函形式向建设单位提供履约担保。

21. 根据《招标投标法实施条例》关于投标保证金的说法，正确的有（　　）。

A. 投标保证金有效期应当与投标有效期一致

B. 投标保证金不得超过招标项目估算价的 2%

C. 两阶段招标中要求提交投标保证金的，应当在第一阶段提出

D. 招标人应当在中标通知书发出后 5 日内退还中标人的投标保证金

E. 未中标的投标人的投标保证金及银行同期存款利息，招标人最迟应当在书面合同签订后 5 日内退还

答案：ABE

【解析】C 选项错误，两阶段招标中要求提交投标保证金的，应当在第二阶段提出；D 选项错误，招标人应当在签订合同后 5 日内退还中标人的投标保证金及银行同期存款利息。

22. 下列情形中，投标人已提交的投标保证金不予返还的是（　　）。

A. 在提交投标文件截止日后撤销投标文件的

B. 提交投标文件后，在投标截止日前表示放弃投标的

C. 开标后被要求对其投标文件进行澄清的

D. 评标期间招标人通知延长投标有效期，投标人拒绝延长的

答案：A

【解析】BCD 选项均应退还投标保证金。

23. 根据《招标投标法》，投标人补充，修改或者撤回已提交的投标文件，并书面通知招标人的时间期限应在（　　）。

A. 评标截至时间前　　B. 评标开始前

C. 提交投标文件的截止时间前　　D. 投标有效期内

答案：C

【解析】投标人补充，修改或者撤回已提交的投标文件，应在投标截止时间前提出。

24. 下列情形中，视为投标人相互串通投标的有（　　）。

A. 不同投标人的投标文件相互混装

B. 属于同一集团、协会、商会等组织成员的投标人按照该组织要求协同投标

C. 招标人授意投标人撤换、修改投标文件

D. 不同投标人委托同一单位办理投标

E. 单位负责人为同一人或者存在控股、管理关系的不同单位参加同一招标项目不同标段的投标

答案：AD

【解析】B 选项，属于投标人之间相互串通投标；C 选项，属于招标人与投标人串通投标。E 选项，属于投标人资格存在缺陷。

25. 根据《招标投标法实施条例》，下列投标人的行为中，属于弄虚作假行为的有（　　）。

A. 使用伪造、变造的许可证件　　B. 投标人之间协商投标报价

C. 不同投标人的投标文件相互混装　　D. 投标人之间约定部分投标人放弃中标

E. 提供虚假的财务状况

答案：AE

【解析】BD 选项，属于投标人之间串通投标；C 选项，视为投标人之间串通投标。

26. 关于联合体投标的说法，正确的有（　　）。

A. 多个施工单位可以组成一个联合体，以一个投标人的身份共同投标

B. 中标的联合体各方应当就中标项目向招标人承担连带责任

C. 联合体各方的共同投标协议属于合同关系

D. 联合体中标的，应当由联合体各方共同与招标人签订合同

E. 由不同专业的单位组成的联合体，按照资质等级较低的单位确定业务许可范围

答案：ABCD

【解析】E 选项，同一专业的单位组成的联合体，按照资质等级较低的单位确定业务许可范围

27. 关于投标联合体资格条件的说法，正确的是（　　）。

A. 联合体牵头单位具备招标文件规定的相应资格条件即可

B. 联合体一方具备招标文件规定的相应资格条件即可

C. 联合体各方均当具备招标文件规定的相应资格条件

D. 由不同专业的单位组成联合体，按照资质等级较低的单位确定其资质等级

答案：C

【解析】A 选项，联合体各方均应具备相应投标资格；D 选项，由专业的单位组成联合体，按照资质等级较低的单位确定其资质等级。

28. 根据《房屋建筑和市政基础设施项目工程总承包管理办法》，关于工程总承包单位的说法正确的有（　　）。

A. 工程总承包单位应当同时具有与工程规模相适应的工程设计资质和施工资质

B. 工程总承包单位可以由具有相应资质的设计单位和施工企业组成联合体

C. 工程总承包单位应当具有相应的项目管理体系和项目管理能力财务和风险承担能力

D. 工程总承包单位可以是工程总承包项目的代建单位或者造价咨询单位

E. 工程总承包单位应当具有与发包工程相类似的设计施工或者工程总承包业绩

答案：ABCE

【解析】D 选项错误，工程总承包单位不得是工程总承包项目的代建单位、项目管理单位、监理单位、造价咨询单位、招标代理单位。

29. 关于承包人将其工程分包的说法，正确的是（　　）。

A. 承包人可以不经发包人认可将工程分包给他人

B. 承包人可以将工程分包给个人

C. 承包人可以将工程的主体结构分包给他人

D. 分包人不得将其承包的工程再分包

答案：D

【解析】A 选项错误，承包人将工程分包需要经发包人认可；B 选项错误，承包人应当工程分包给有资质的单位。C 选项错误，承包人不得将工程的主体结构分包。

30. 在电子招标投标中，投标截止时间前未完成投标文件传输的，视为（　　）。

A. 撤回投标文件

B. 拒收投标文件

C. 未参加投标

D. 需要补寄纸质投标文件

答案：A

【解析】在电子招标投标中，投标截止时间前未完成投标文件传输的，视为撤回投标文件。

31. 下列关于电子招标投标描述错误的有（　　）。

A. 因投标人之外的原因造成投标文件未解密的，视为撤回其投标文件，投标人有权要求责任方赔偿因此遭受的直接损失

B. 投标截止时间后送达的投标文件，电子招标投标交易平台应当拒收

C. 电子招标投标交易平台收到投标人送达的投标文件，应当即时向投标人发出确认回执通知

D. 如果设置了招标最高限价，电子招标投标的最高限价可以在投标截止时间前 3 天发布

答案：D

【解析】如果设置了招标最高限价，电子招标投标的最高限价应在发布招标文件时发布。

32. 下列关于电子招标投标描述正确的有（　　）。

A. 数据电文形式与纸质形式的招标投标活动具有同等法律效力

B. 电子招标投标交易平台运营机构可以要求潜在投标人购买指定的加密软件

C. 电子招投标开标，投标人自愿在线参加，不参加不影响投标有效性

D. 因投标人原因造成投标文件未解密的，视为撤回其投标文件

E. 电子招标投标交易平台应当生成开标记录并向社会公众公布，但依法应当保密的除外

答案：AE

【解析】B 选项错误，电子招标投标交易平台运营机构不得以技术和数据接口配套为由，要求潜在投标人购买指定的工具软件。C 选项错误，电子开标应当按照招标文件确定的时间，在电子招标投标交易平台上公开进行，所有投标人均应当准时在线参加开标。D 选项错误，因投标人原因造成投标文件未解密的，视为撤销其投标文件；因投标人之外的原因造成投标文件未解密的，视为撤回其投标文件，投标人有权要求责任方赔偿因此遭受的直接损失。

33. 采用工程总承包方式的政府投资项目，进行工程总承包项目发包原则上应当在（　　）。

A. 投资决策审批后

B. 初步设计审批完成后

C. 可行性研究报告编制完成后

D. 项目勘察报告完成后

答案：B

【解析】采用工程总承包方式的政府投资项目，原则上应当在初步设计审批完成后进行工程总承包项目发包。

34. 工程总承包单位选择分包可以采用（　　）。

A. 公开招标　　B. 邀请招标

C. 直接发包　　D. 议标

E. 单一来源采购

答案：ABC

【解析】工程总承包单位可以采用直接发包的方式进行分包。但以暂估价形式包括在总承包范围内的工程、货物、服务分包时，属于依法必须进行招标的项目范围且达到国家规定规模标准的，应当依法招标。

35. 关于 EPC 工程项目，下列描述正确的有（　　）。

A. 签约合同价一般不高于最高投标限价

B. 工程总承包单位不可以采用直接发包的方式进行分包

C. 政府投资项目建设投资原则上不得超过经核定的投资概算

D. EPC 总承包投标文件包括拟采用的合同条款

E. 评标委员会由建设单位代表、具有工程总承包项目管理经验的专家，以及从事设计、施工、造价等方面的专家组成

答案：ACE

【解析】B 选项错误，工程总承包单位可以采用直接发包的方式进行分包。但以暂估价形式包括在总承包范围内的工程、货物、服务分包时，属于依法必须进行招标的项目范围且达到国家规定规模标准的，应当依法招标。D 选项错误，EPC 总承包招标文件包括拟采用的合同条款。

第五章　合同价款的管理

一、本章考核要点

本章考核要点见表5.1。

表5.1　主要知识点及考核要点

序号	考试大纲要求	考核要点
1	工程合同价的类型及其适用条件	索赔成立的条件；工期索赔；费用索赔；工期奖罚；流水网络计划；双代号网络计划；时标网络计划；实际进度前锋线
2	工程合同价款的约定与调整	
3	工程变更与索赔的处理	
4	工程合同争议的处理	

二、精要·题眼

1. 索赔成立的条件

（1）索赔双方**有合同关系**。

1）总分包合同关系。

发包方（业主、建设单位、甲方）⟷总包方（施工单位、乙方）⟷分包方（分包单位、丙方）。

索赔原则：沿着合同关系依次索赔，分包方→总包方→发包方。

2）平行发包关系。

土建承包方（施工单位）⟷发包方（业主、建设单位、甲方）⟷安装承包方（施工单位）。

索赔原则：沿着合同关系依次索赔，“土建承包商→发包方→安装承包商或者安装承包商→发包方→土建承包商”。

（2）索赔事件属于**非承包商责任**。在造价案例分析考试中一般是研究承包方向发包方索赔。

（3）承包方**有费用损失或工期损失**。

（4）承包方在**合同约定的时间内**提出索赔（合同未约定，索赔事件**发生之日起**的**28天内**提出索赔）。

2. 索赔成立的一般事件

（1）责任事件：

1）发包方采购的材料、提供的设备不及时或质量不合格。

2）发包方未及时提供图纸或场地。

3）发包方提出设计变更。

4）分部分项工程量清单错误（**单价合同**）。

5）**业主、监理方要求**的赶工。

（2）风险事件：

1）地质条件变化（地下不利的物质条件、文物）。

2）非承包人原因引起的停水停电。

3. 索赔不成立的一般事件

索赔不成立的一般事件不区分责任事件，风险事件。

（1）承包方采购的材料不及时或质量不合格。

（2）承包方施工质量不合格。

（3）承包方人员、施工机械未及时到场或发生故障。

（4）季节性天气（如梅雨季节）。

（5）为**保证达到合同约定的质量**，经监理工程师同意，而增加的技术措施。

（6）**承包方为获得**工期奖励或者避免工期罚款，经监理工程师同意，而自发的赶工。

（7）分部分项工程工程量清单错误（**总价合同**）。

（8）措施项目清单错误。

4. 不可抗力的责任划分

（1）发包方承担。

1）**永久工程**、**已运至施工现场的材料**的损坏及修复费用。

2）施工场地内及工程损坏造成的第三方人员伤亡和财产损失。

3）发包方人员伤亡和财产损失。

4）停工期间按照发包人要求**照管、清理、修复工程**的费用。

5）**发包人要求**留驻施工现场必要的管理与保卫人员工资。

6）**发包人要求**留驻现场待工人员的工资。

7）**工期**损失。

（2）承包方承担责任。

1）承包人**停工损失**（**人员窝工和机械闲置**）。

2）**措施项目**的损坏、清理、修复费用（含措施项目材料的损失）。

3）因承包人原因发生的第三方人员伤亡和财产损失。

4）承包人人员伤亡和财产损失。

5. 共同延误

在实际施工过程中，工期拖期很少是只由一方造成的，往往是两、三种原因同时发生（或相互作用）而形成的，故称为“共同延误”。在这种情况下首先判断造成拖期的**哪一种原因是最先发生的**，即**确定“初始延误”者**，**它应对工程拖期负责**。在初始延误发生作用期间，其他并发的延误者不承担拖期责任。

6. 隐蔽工程

（1）隐蔽工程重新检查的权力。

承包人覆盖工程隐蔽部位后，**发包人或监理人对质量有疑问的**，**可要求**承包人对已覆盖的部位进行钻孔探测或**揭开重新检查**，**承包人应遵照执行**。

（2）隐蔽工程重新检查费用责任划分。

隐蔽工程重新检查费用责任划分见表 5.2。

表 5.2 隐蔽工程重新检查费用责任划分

索赔情形	索赔结果	
承包方报验→监理验收合格→剥露检查	检查合格	索赔成立
	检查不合格	索赔不成立
承包方报验→监理未验收→剥露检查	检查合格	索赔成立
	检查不合格	索赔不成立
承包方未报验→剥露检查→不可索赔	检查合格	索赔不成立
	检查不合格	

* 记忆要点：承包方无质量及程序问题，索赔成立，否则索赔不成立。

7. 费用索赔取费

（1）增加作业引起的索赔取费。

1）题干描述：给定增加**人材机数量/费用**（默认为**分部分项人材机**费用）。

索赔费用=人材机费用+管理费+利润+措施项目费+税金

2）题干描述：**增加作业费用**或者**增加工程量及综合单价**（默认为**分部分项工程费**）。

索赔费用=费用+措施项目费+税金

索赔费用=工程量×综合单价+措施项目费+税金

3）**签证人材机**费用（默认为**计日工**人材机费用）。

索赔费用=人材机费用+管理费+利润+税金

4）**签证费用**（默认为**计日工**费用）。

索赔费用=费用+税金

5）**增加人材机**数量/费用（默认为分部分项人材机）+**增加措施费人材机**费用/数量。

索赔费用=（人材机费用+管理费+利润）+（措施项人材机+管理费+利润）+税金

（2）停工引起的索赔取费。

取费原则：索赔费用=人员窝工机械闲置+现场管理费+税金

1）题目**未给定**现场管理费费率，则只计取税金。

2）题目**给定**现场管理费费率，但**未要求区分**风险事件和责任事件，则风险和责任事件都可计取现场管理费。

3）题目**给定**现场管理费费率，且**要求风险事件**只计取税金，**责任事件**计取现场管理费和税金，则按照题目要求处理。

（3）不可抗力引起的索赔取费。

1）题干描述：不可抗力导致人员窝工机械闲置。

索赔费用=不可索赔。

2）题干描述：不可抗力导致修复及清理的费用。

索赔费用=取费方式同增加作业导致的索赔取费。

3）题干描述：不可抗力导致待用**材料或工程实体损失**。

索赔费用=待用材料或工程实体损失+税金。

（说明：以上总结内容是根据2025版案例分析教材案例题的取费方式进行的总结，解题中若题目有特别约定，应按特别约定处理。）

8. 工期索赔

原则：注意节奏，始终保证**网络图在最新状态下**分析每个事件。

（1）索赔工期=工作的延长时间-工作总时差。

（2）分析完每个**业主应负责**的事件后，**及时更新**网络图到最新状态，再分析下一事件。

1）业主责任事件，且延误超过总时差能够索赔。分析完后，需要更新网络图。

2）业主责任事件，但延误未超过总时差不能索赔。分析完后，仍需更新网络图。

（3）**承包商的应负责任**的事件，在计算索赔过程中**无需更新网络图**。

9. 工期奖罚

（1）工期奖罚=实际工期-新合同工期。

（2）实际工期=把全部事件（承包商责任+业主责任）延误带入网络图，新网络图计算工期。

对比记忆：①计算工期索赔——更新网络图只能带入业主应承担责任事件。

②计算实际工期——应带入承包商责任+业主责任的全部事件。

（3）新合同工期=原合同工期+索赔的工期天数。

新合同工期=带入所有业主责任事件，新网络图计算工期。

10. 判断索赔是否成立，说明理由

（1）费用和工期索赔均成立。

理由：因为事件是业主（发包方、甲方）**应承担责任**，由此引起××**费用增加**，且基础工程为**关键工作**，延误的工期顺延。

理由：因为事件是业主（发包方、甲方）**应承担责任**，由此引起××**费用增加**，且该项工作的拖延时间（××天）**超出其总时差**（××天）。

（2）费用索赔成立，但工期索赔不成立。

理由：因为该事件是业主（发包方、甲方）**应承担责任**，由此引起××**增加的费用**，但该项工作的拖延时间（××天）**未超出其总时差**（××天）。

（3）费用和工期索赔均不成立。

理由：

1）因为该事件是承包人应承担的责任事件。

2）因为甲丙没有合同关系。

3）季节性天气是一个有经验的承包商可以合理预见的，应视为已经在合同工期中合理考虑。

4）因为承包方未在规定的时限28天内（或者合同约定的时限内）提出索赔。

11. 双代号改流水典型题目

（1）确定**流水的开始时间**。

（2）**初步绘制**流水横道图。

（3）结合双代号网络图确定工作最早开始时间及流水的**间歇时间**。

（4）**调整流水横道图**，确定流水工期。

（5）改为流水工作的开始时间带入双代号网络图，确定总工期及关键线路。

12. 专用设备典型题目

（1）调整双代号网络图。

1）初步用虚箭线连接建立逻辑关系的两个工作。

2）**判断**有无建立**多余的逻辑关系**。

3）若出现多余逻辑关系，**增加节点编号**，利用虚箭线的断开功能。

4）再次检查节点编号，确保**从小到大**，**无重复编号**。

（2）专用设备闲置时间。

1）设备在场时间=退场时间-进场时间。

2）设备闲置时间=退场时间-进场时间-工作时间。

3）按最迟进场时间=**第一个工作最早开始**+**第一个工作总时差**。

（3）专用设备找隐藏项。

1）使用专用设备工作的工作时间增加，而**题干未描述该设备增加**，应该计算专用设备的增加作业费。

2）使用专用设备工作的工作时间未增加，其紧前工作导致设备在场闲置时间延长，而**题干未描述该设备闲置**，应索赔机械闲置费。

3）如果题目给定增加工程量和综合单价，应特别注意求得的**工程费用中已经包含专用设备**，**不要重复计算**专用设备费用。

13. 工期优化

目标：通过压缩关键工作，使得项目**计算工期满足要求工期**。

（1）应选择缩短持续时间所需增加的**费用最少**的**关键工作**压缩。

（2）被压缩的关键工作在压缩完成后**仍应为关键工作**且压缩**不能超过工作允许的最大压缩时间**。

（3）若优化过程中出现多条关键线路时，为使工期缩短，应将**各关键线路持续时间压缩同一数值**。

（4）重复上述过程，直到计划工期小于或等于要求工期。

14. 费用优化

目标：通过压缩关键工作，计算**总成本最用最低时对应的工期**及费用。

原理：总成本费用的变化=直接费增加-间接费降低-工期奖励。

（1）压缩**关键线路上的工作**。

（2）间接费减少+工期奖励≥直接费增加的工作，即让总成本下降工作。

（3）被压缩的关键工作在压缩完成后**仍应为关键工作**且**压缩不能超过工作允许的最大压缩时间**。

（4）若优化过程中出现多条关键线路时，为使工期缩短，应将**各关键线路持续时间压缩同一数值**。

（5）重复上述过程，直到总成本费用最低。

15. 实际进度前锋线

（1）工作实际进展位置点落在检查日期的**左侧**，表明该工作**进度拖后**，拖后的时间为二者之差。

（2）**重合**，表明该工作实际进度与计划**进度一致**。

（3）落在**右侧**，表明该工作实际**进度超前**，超前的时间为二者之差。

三、典型例题

（一）简答题部分

例题 5.1 某施工单位（乙方）与建设单位（甲方）签订了某工程施工总承包合同，合同约定：工期 600 天，工期每提前（或拖后）1 天奖励（或罚款）1 万元（含税费）。经甲方同意乙方将设备安装工程分包给具有相应资质的专业承包单位（丙方）。分包合同约定：分包工程施工进度必须服从施工总承包进度计划的安排，施工进度奖罚约定与总承包合同的工期奖罚相同；因发生甲方的风险事件导致的工人窝工和机械闲置费用，只计取税金。因甲方的责任事件导致的工人窝工和机械闲置，除计取税金外，还应补偿现场管理费，补偿标准约定为 500 元/天。乙方按时提交了施工网络计划，如图 5.1 所示（时间单位：天），并得到了批准。

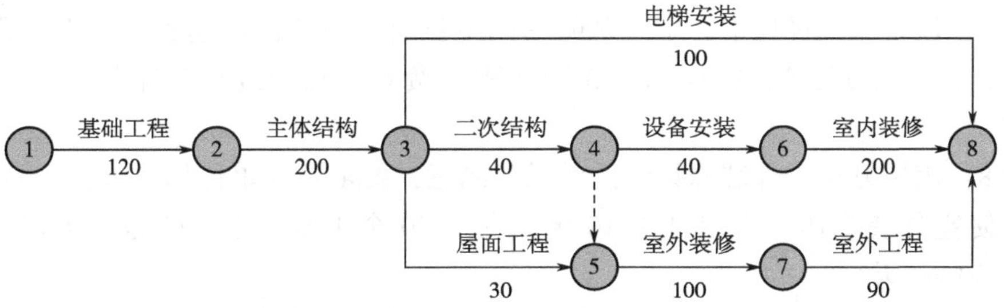

图 5.1 施工网络计划（单元：天）

已知工程所在地人工费标准为 150 元/工日，窝工人工费补偿标准为 80 元/工日；机械闲置补偿标准为正常台班费的 60%；该工程管理费按人工、材料、机械费之和的 6% 计取，利润按人工、材料、机械费和管理费之和的 4.5% 计取，措施费按分部分项工程费 30%。增值税为 9%。

事件 1：5 月 1 日基础工程开始施工，乙方发现基坑开挖部位有一处地勘资料中未标出的地下砖砌废井构筑物，经发包人与有关单位确认，该井内没有任何杂物，已经废弃。甲方、乙方和监理单位共同确认废井井壁内侧围尺寸为：长×宽×深 = 3m×2m×10m，井壁厚度为 0.3m，无底、无盖、井口简易覆盖（不计覆盖物工程量）。该构筑物位于基底标高以上部位，拆除不会对地基构成影响，三方签署了现场签证单。基坑开挖工作延长 5 天。

事件 2：5 月 20 日基坑工程开挖工作完成后验槽时，发现基坑底部部分土质与地质勘察报告不符。地勘复查后，设计单位修改了基础工程设计，由此造成乙方人员窝工 150 工日，机械闲置20个台班（台班单价600元/台班），修改后的基础分部工程增加人材机费用25万元。监理工程师批准基坑工程增加工期10天。

事件3：7月25日至26日基础工程施工时，由于特大暴雨引起洪水突发，导致现场无法施工，基础工程专业队30名工人窝工，天气转好后，27日该专业队全员进行现场清理，所用机械持续闲置3个台班（台班费：800元/台班），28日乙方安排基础作业队修复被洪水冲坏的部分基础12m^3（综合单价：480元/m^3）。

事件4：9月7日至10日主体结构施工时，乙方租赁的大模板未能及时进场，随后的9月9日至12日，工程所在地区供电中断，造成40名工人持续窝工6天，所用机械持续闲置6个台班（台班费：900元/台班）。

事件5：10月10日主体结构施工时，乙方报监理工程师进行隐蔽工程验收，监理工程师未按合同约定时间到现场验收，也未通知乙施工单位推迟验收时间，在此情况下，乙施工单位进行了隐蔽工序施工，业主代表得知该情况后要求施工单位剥漏重新检验，检验发现预埋件尺寸不足，位置偏差过大，不符合设计要求。该重新检验导致乙施工单位增加人工30工日，材料费1.2万元，主体结构工作延长2天。

事件6：原设计屋面工程分项估算工程量为300m^3，由于发包人提出新的使用功能要求，进行了设计变更。该变更增加了该分项工程量200m^3。已知屋面工程工作人材机单价为360元/m^3，合同约定超过原估算工程量15%以上部分管理费费率调整为原有的70%，利润率调整为原有的60%；变更前后屋面工程的施工方法和施工效率保持不变。

事件7：设备安装过程中，甲方采购的制冷机组因质量问题退换货，造成丙方12名工人窝工3天，租赁的施工机械闲置3天（租赁费600元/天），设备安装工程完工时间拖延3天。

事件8：因甲方对室外装修设计的效果不满意，要求设计单位修改设计，致使图纸交付拖延，使室外装修作业推迟开工10天，窝工50个工日，租赁的施工机械闲置10天（租赁费700元/天）。

事件9：乙方为了提前完工，经甲方同意，乙方在室内装修施工中，采取了加快施工的技术组织措施，使室内装修施工时间缩短了10天，技术组织措施人材机费用8万元。

其余各项工作未出现导致作业时间和费用增加的情况。【经典例题（自编）】

问题：（1）事件1中，若基坑开挖土方的综合单价为30元/m^3，砖砌废井拆除人材机单价160元/m^3（包括拆除、控制现场、清理、弃渣场内外运输），其他计价原则按原合同约定执行。计算乙方可向发包人主张的工程索赔款多少元和工期。

（2）乙方可否就上述每项事件向甲方提出工期和（或）费用索赔？请简要说明理由。

（3）事件2~9乙方应得到的费用索赔是多少？

（4）事件2~9工期索赔多少天？工程总工期索赔多少天？实际工期为多少天？工期奖（罚）款是多少元？

（5）丙方因制冷机组退换货导致的工人窝工和租赁设备闲置费用损失应由谁给予补偿？费用索赔和工期索赔分别是多少元？

（计算结果以元为单位四舍五入取整。）

答案：

问题（1）：

1）工期索赔：5 天。

2）费用索赔=［（3+0.6）×（2+0.6）－3×2］×10×160×1.06×1.045×1.09－（3+0.6）×（2+0.6）×10×30×1.3×1.09=2 512（元）。

问题（2）：

1）事件 1：工期索赔和费用索赔均成立。

理由：事件 1 属于甲方应承担的责任，造成乙方费用增加，且基础工程为关键工作，延误的工期顺延。

2）事件 2：工期索赔和费用索赔均成立。

理由：事件 2 属于甲方应承担的责任，造成乙方人员窝工机械闲置，且基础工程为关键工作，延误的工期顺延。

3）事件 3：工期索赔成立，清理、修复费用索赔成立；人员窝工机械闲置费用索赔不成立。

理由：事件 3 不可抗力清理、修复、工期损失是甲方应承担的责任，造成乙方清理、修复费用增加，且基础工程为关键工作，延误的工期顺延。

理由：不可抗力导致的人员窝工机械闲置由承包方承担。

4）事件 4：11、12 日工期索赔，费用索赔均成立。7~10 日工期索赔，费用索赔都不成立。

理由：7~10 日是乙方应当承担的责任，其中 9、10 日属于共同延误，由事件先发生者负责。

理由：11、12 日供电中断属于甲方应承担（风险）责任，造成乙方人员窝工机械闲置，且主体结构为关键工作，延误的工期顺延。

5）事件 5：工期费用索赔均不成立。

理由：预埋件尺寸不足是乙方应当承担的责任。

6）事件 6：费用索赔成立，工期索赔不成立。

理由：事件 6 属于甲方应当承担的责任，造成分项工程费增加，但延误的时间 20 天未超出其总时差 60 天。

7）事件 7：费用索赔工期索赔均成立。

理由：事件 7 属于甲方应承担责任，造成分包方人员窝工机械闲置（乙方进行索赔），且设备安装工作为关键工作，造成的工期延误顺延。

8）事件 8：费用索赔成立，工期索赔不成立。

理由：事件 8 是甲方应承担的责任，造成人员窝工设备闲置，但延误的时间 10 天未超出其总时差 43 天。

9）事件 9：工期索赔费用索赔均不成立。

理由：乙方提出提前完工是乙方应承担责任。

问题（3）：

1）事件 2：费用索赔=（150×80+20×600×60%）×1.09+250 000×1.06×1.045×1.3×

1.09=413 331（元）。

（注：部分土质与地质勘察报告不符，属于地勘未在该土质位置选点位，应该属于发包方风险更为合理。）

2）事件3：费用索赔=30×150×1.06×1.045×1.3×1.09+12×480×1.3×1.09=15 225（元）。

3）事件4：费用索赔=（40×2×80+2×900×60%）×1.09=8 153（元）。

4）事件5：费用索赔=0。

5）事件6：费用索赔=［45×360×1.06×1.045+（200−45）×360×（1+6%×70%）×（1+4.5%×60%）］×1.3×1.09=110 042（元）。

6）事件7：费用索赔=（12×3×80+3×600+500×3）×1.09=6 736（元）。

7）事件8：费用索赔=（50×80+10×700+500×10）×1.09=17 440（元）。

8）事件9：0。

问题（4）：

1）各事件工期索赔。

事件1，5天；事件2，10天；事件3，4天；事件4，2天；事件5，0天；事件6，0天；事件7，3天；事件8，0天；事件9，0天。

合计工期索赔：24天。

2）实际工期：620天。

3）工期奖励=（624−620）×1×10 000=40 000（元）。

问题（5）：

1）丙应向乙提出索赔。

2）费用索赔=（12×3×80+3×600+500×3）×1.09=6 736.20（元）。

3）工期索赔：3天。

例题5.2 某工程项目业主分别与甲、乙施工单位签订了土建施工合同和设备安装合同，土建施工合同约定：管理费为人材机费之和的10%，利润为人材机费用与管理费之和的6%，税金为人材机费用与管理费和利润之和的9%，合同工期为100天。设备安装合同约定：管理费和利润均以人工费为基础，其费率分别为55%、45%。税金为人材机费用与管理费和利润之和的9%，合同工期为20天。土建施工合同与设备安装合同均约定：人工工日单价为80元/工日，窝工补偿按70%计，机械台班单价按500元/台班，闲置补偿按80%计。甲乙施工单位编制了施工进度计划，获得监理工程师的批准，如图5.2所示。

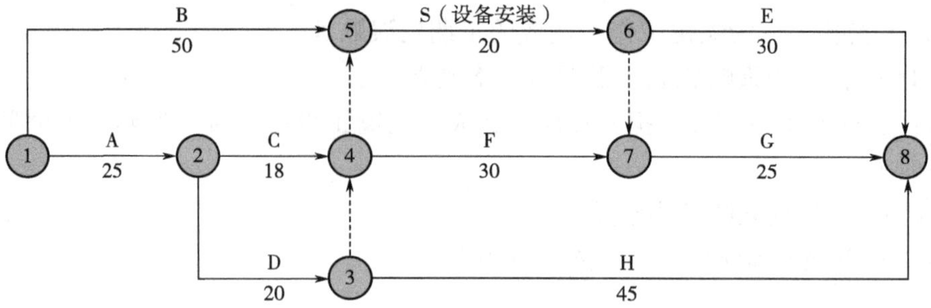

图5.2 施工进度计划图（单元：天）

事件1：基础工程A工作施工完毕组织验槽时，发现基坑实际土质与业主提供的工程地质资料不符，为此，设计单位修改加大了基础埋深，该基础加深处理使甲施工单位增加用工50个工日，增加机械10个台班，A工作时间延长3天，甲施工单位及时向业主提出费用索赔和工期索赔。

事件2：设备基础D工作的预埋件施工完毕后，甲施工单位报监理工程师进行隐蔽工程验收，监理工程师未按合同约定时间到现场验收，也未通知甲施工单位推迟验收时间，在此情况下，甲施工单位进行了隐蔽工序施工，业主代表得知该情况后要求施工单位剥漏重新检验，检验发现预埋件尺寸不足，位置偏差过大，不符合设计要求。该重新检验导致甲施工单位增加人工30工日，材料费1.2万元，D工作延长2天，甲施工单位及时向业主提供了费用索赔和工期索赔。

事件3：设备安装S工作开始后，乙施工单位发现业主采购的设备配件缺失，业主要求乙施工单位自行采购缺失配件。为此，乙施工单位发生材料费2.5万元，人工费0.5万元，S工作时间延长2天。乙施工单位向业主提出费用索赔和工期延长2天的索赔，向甲施工单位提出受事件1和事件2影响工期延长5天的索赔。

事件4：设备安装过程中，由于乙施工单位安装设备故障和调试设备损坏使S工作延长施工工期6天，窝工24个工日。增加安装、调试设备修理费1.6万元，并影响了甲施工单位后续工作的开工时间，造成甲施工单位窝工36个工日，机械闲置6个台班。为此，甲施工单位分别向业主和乙施工单位及时提出了费用和工期索赔。【2016年真题（改编）】

问题：（1）指出事件1~4中甲施工单位和乙施工单位的费用索赔和工期索赔是否成立？并分别说明理由。

（2）事件2中，业主代表的做法是否妥当？说明理由。

（3）事件1~4发生后，图4.1中E和G工作实际开始时间分别为第几天？说明理由。

（4）计算业主应补偿甲、乙施工单位的费用分别为多少元。可批准延长的工期分别为多少天？

（计算结果以元为单位，保留两位小数。）

答案：

问题（1）：

1）事件1，甲施工单位向业主提出的工期索赔和费用索赔均成立；

理由：设计单位修改加大基础埋深是业主应承担的责任事件，造成施工单位费用增加，且A工作为关键工作。

2）事件2，甲施工单位向业主提出的工期索赔和费用索赔均不成立；

理由：预埋件尺寸不足，位置偏差过大是甲施工单位应承担的责任事件。

3）事件3：

①乙施工单位向业主提出的工期索赔和费用索赔均成立；

理由：业主采购的设备配件缺失是业主应承担的责任事件，造成乙施工单位费用增加，且S工作对乙施工单位为关键工作。

②乙施工单位向甲施工单位提出的工期索赔和费用索赔均不成立。

理由：甲、乙之间无合同关系且事件1和事件2对设备安装工程的最早开始时间无影响。

4）事件4：

①甲施工单位向业主提出的工期索赔和费用索赔成立；

理由：对甲施工单位而言，设备安装工程延误是业主应承担的责任事件，造成甲施工单位费用增加，并且事件4发生后会使土建合同工期延长5天。

②甲施工单位向乙施工单位提出的工期索赔和费用索赔均不成立；

理由：甲、乙施工单位之间无合同关系。

问题（2）：

业主做法妥当；

理由：承包人覆盖工程隐蔽部位后，发包人或监理人对质量有疑问的，可要求承包人对已覆盖的部位进行钻孔探测或揭开重新检查，承包人应遵照执行。

问题（3）：

1）事件1~4发生后，E工作的实际开始时间为78天，即第79天上班时刻。

理由：E工作为S工作的紧后工作，事件1~4发生后，S工作的实际完成时间为78天。

2）G工作的实际开始时间为80天，即第81天上班时刻。

理由：G工作的紧前工作为S、F工作，事件1~4发生后，S、F工作的实际完成时间分别为78天和80天。

问题（4）：

1）补偿费用。

①业主应补偿甲施工单位的费用：

事件1：（50×80+10×500）×1.1×1.06×1.09=11 438.46（元）。

事件4：（36×80×70%+6×500×80%）×1.09=4 813.44（元）。

合计：11 438.46+4 813.44=16 251.90（元）。

②业主应补偿乙施工单位的费用：

事件3：［2.5+0.5×（1+55%+45%）］×1.09×10 000=38 150（元）。

事件4：扣回4 813.44（元）。

合计：38 150−4 813.44=33 336.56（元）。

2）延长工期。

①业主应批准甲施工单位工期延长8天。

②业主应批准乙施工单位工期延长2天。

例题5.3 某工程项目发包方分别与甲、乙施工单位签订了土建施工合同和设备安装合同。

土建施工合同约定：管理费和利润为人工、机费之和为基数，费率分别为20%、18%，税金为人材机费用与管理费和利润之和的9%，合同工期为140天。设备安装（E工作）合同约定：管理费和利润均以人工费为基础，其费率分别为55%、45%。税金为人材机费用与管理费和利润之和的9%。合同工期为45天。

土建施工合同与设备安装合同均约定：人工工日单价为 80 元/工日，窝工补偿按 50 元/工日计，机械台班闲置补偿按 60% 计。因非承包方的责任事件导致的工人窝工和机械闲置，除计取税金外，还应补偿现场管理费（500 元/天）。措施项目费按分部分项工程费的 20% 计算。甲乙施工单位编制了施工进度计划，获得监理工程师的批准，如图 5.3 所示。

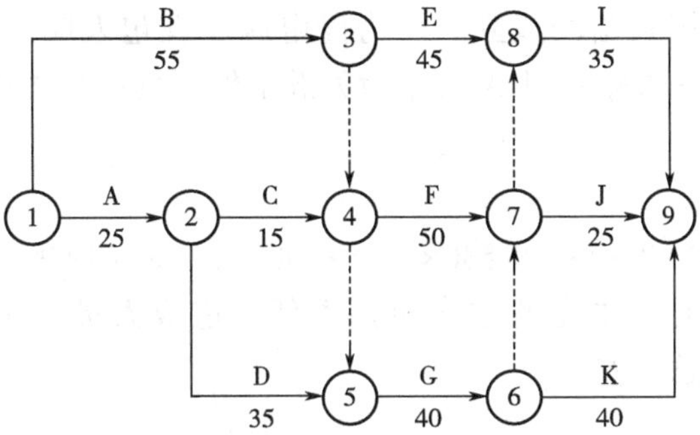

图 5.3　工程网络进度计划图（单位：天）

事件 1：1 月 1 日 ~3 日 A 工作施工过程中，该工作施工班组的租赁机械出现故障，随后 1 月 2 日 ~8 日供电中断，事件共计造成班组人员 30 名工人持续窝工 8 天，施工机械持续闲置 8 个台班（租赁费 600 元/台班）。

事件 2：A 工作完成后，C 工作因业主未能及时提供图纸，业主提出了设计变更，导致人工窝工 50 工日，3 台机械闲置（台班费 530 元/台班），工作时间延长 10 天。甲施工单位及时向业主提供了费用索赔和工期索赔。

事件 3：E 开始时，因为甲施工单位提供的预埋件位置偏差过大，乙施工单位调整位置用工 30 个工日，人员窝工 15 个工日，机械闲置 15 个台班（600 元/台班），E 开始时间延误 15 天。E 开始施工 30 天后，因业主提出设计变更，乙施工单位增加用工 45 个工日，材料费 1.2 万元，机械台班 15 个台班（600 元/台班），措施费人材机 2 000 元（其中人工费 1 000 元），作业时间又延长 15 天。事件发生后乙施工单位、甲施工单位、发包方均及时提出了索赔。

事件 4：原设计 K 工作分项估算工程量为 400m（综合单价为 360 元/m），施工中由于发包人提出新的使用功能要求，进行了设计变更。该变更增加了该分项工程量 50m。变更前后 K 工作的施工方法和施工效率保持不变。甲施工单位及时向业主提供了费用索赔和工期索赔。【经典例题（自编）】

问题：（1）事件 1 中，计算甲施工单位应获得的工期和费用索赔，说明理由。

（2）事件 2 中，计算甲施工单位可获得的工期和费用索赔，说明理由。

（3）事件 3 中，甲施工单位、乙施工单位、发包方应如何提出费用和工期索赔，分别为多少天和多少元。

（4）事件 4 中，计算甲施工单位可获得的费用和工期索赔，说明理由。

（工期结果取整数，费用结果保留两位小数。）

答案：

问题（1）：

1）工期索赔：5天。

2）费用索赔=（30×50×5+600×5+500×5）×（1+9%）=14 170.00（元）。

理由：1月1日~3日工期费用索赔均不成立。因为机械故障是承包人应承担的责任，且共同延误由先发生者负责。

1月4~8日工期费用索赔均成立。因为停电属于发包人应承担的风险责任，造成人员窝工机械闲置且应获得索赔；且A工作为关键工作，延误的工期顺延。

问题（2）：

1）工期索赔：0天。

2）费用索赔=（50×50+3×10×530×60%+500×10）×（1+9%）=18 573.60（万元）。

理由：图纸未能及时提供是业主应承担责任，造成人员窝工机械闲置由业主承担，但延误的天数未超出其总时差。

问题（3）：

1）甲施工单位应向发包单位提出索赔。

工期索赔：5天（事件1发生后E工作总时差10天，业主原因延误15天超出总时差5天）费用索赔0。

2）乙施工单位应向发包单位提出索赔。

30×80×（1+55%+45%）×（1+20%）×（1+9%）+（15×50+15×600×60%+500×15）×（1+9%）=21 156.90（元）。

［（45×80×（1+55%+45%）+15×600+12 000+2 000+1 000×（55%+45%）］×（1+9%）=34 008.00（元）。

合计费用索赔=21 156.90+34 008=55 164.90（元）。

工期索赔：30天。

3）发包单位向甲施工单位索赔。

费用索赔：21 156.90元。

问题（4）：

1）费用索赔=50×360×（1+20%）×（1+9%）=23 544.00（元）。

2）工期索赔：0（天）。

理由：设计变更是发包人的责任，由此增加的费用和延误的工期由发包人承担；事件3发生后K工作总时差5天，K工作效率为400/40=10m/天，增加50m工作时间需延长5天，未超出其总时差。

例题5.4 某工程合同中有关工程计价的部分条款约定：管理费按人材机费之和的10%计取；利润按人材机费和管理费之和的6%计取；措施费按分部分项工程费的30%计取；增值税按分部分项工程费和措施费之和的9%计取；人工工日单价为150元/工日，人员窝工的补偿标准为工日单价的60%；施工机械台班单价为1 500元/台班，施工机械闲置补偿标准为台班单价的70%；人员窝工和施工机械闲置均不计取管理费和利润；合同工期360天，工期提前/延误的奖罚金额为20 000元/天（含税）。合同签订后，承包单位编制并获批准的施工进度计划如图 5.4 所示。

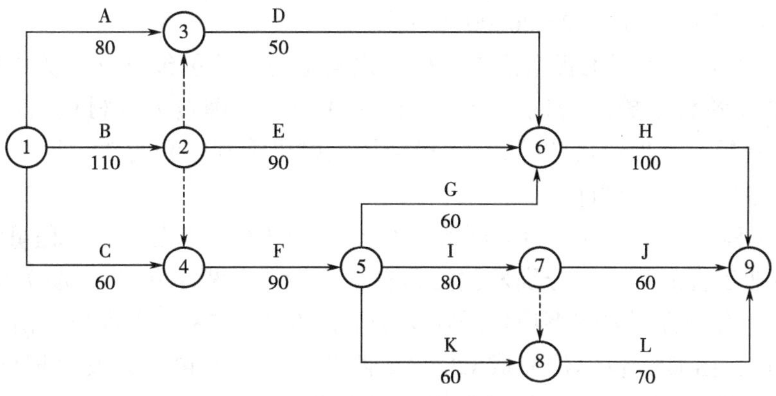

图 5.4　施工进度计划（单位：天）

为改善使用功能，建设单位要求设计单位修改和优化设计方案，具体设计变更内容为：

（1）取消了原有的 G 工作。取消 G 工作的设计变更通知送达承包单位时，承包单位已经为实施 G 工作刚采购进场了一批工程材料，该批材料无法退货也无法换作他用，承包单位向建设单位索要该批材料的材料费，内容包括材料原价、检验试验费和二次搬运费。

（2）增加了 H 工作的工程量，H 工作持续时间增加 20%，由此增加人工 600 工日、材料费 36 万元，施工机械 25 台班；造成人员窝工 160 工日、施工机械闲置 12 台班。

根据设计变更，建设单位与承包单位进行了合同变更，为加快施工进度，获得工期提前奖励，承包单位将 L 工作持续时间压缩了 30 天。【2022 年真题（节选）】

问题：（1）指出承包单位向建设单位索要 G 工作材料费内容的不妥之处，并写出材料费的内容组成。

（2）计算 H 工作增加的工程价款和承包单位可得到的人员窝工、机械闲置费用补偿，计算实际工期和承包单位可得到的工期提前奖励金额。

（费用计算结果以万元为单位，保留两位小数。）

答案：

问题（1）：

1）承包商要求索赔检验试验费和二次搬运费不妥，因为材料还未经检验和二次搬运，不应给予索赔该两笔费用。

2）材料费 = 材料消耗量×材料单价。

材料单价 = 材料原价+运杂费+场外运输损耗费+采购保管费。

材料消耗量 = 材料净用量+材料损耗量。

问题（2）：

H 增加工程价款：（600×150+360 000+25×1 500）/10 000×1.1×1.06×1.3×1.09 = 80.55（万元）。

窝工和机械闲置补偿：（160×150×60%+12×1 500×70%）/10 000×1.09=2.94（万元）。

实际工期：340 天。

工期奖励：（350-340）×2=20.00（万元）。

例题 5.5 某业主采用工程量清单招标方式确定施工总承包单位 A 为中标人，并与施工总承包单位 A 签订了施工合同。合同工期 210 天，管理费为人材机费用之和的 12%，利润为人材机费用与管理费之和的 5%，税金按人材机管利之和的 9%计取。

施工过程中发生如下事件：

事件 1：工程施工总承包合同签订后，发包人组织了该工程招标工程量清单中给定暂估价的两项专业工程的招标，分别发包给具有相应专业工程承包资质的分包单位 B 和 C，分包合同约定：有关合同索赔事项均需在索赔事件发生后 28 天内提出；由 B 分包单位完成 B1、B2 工作，由 C 分包单位完成 C1、C2 两项工作。发包人共发生招标费用 8 万元，承包人发生配合费用 1 万元。分包工程招标完成后，总承包单位 A 要求业主支付组织专业工程发包过程中发生的配合费用 1 万元。经总承包单位 A 与分包单位 B、C 协商，工程网络计划如图 5.5 所示。

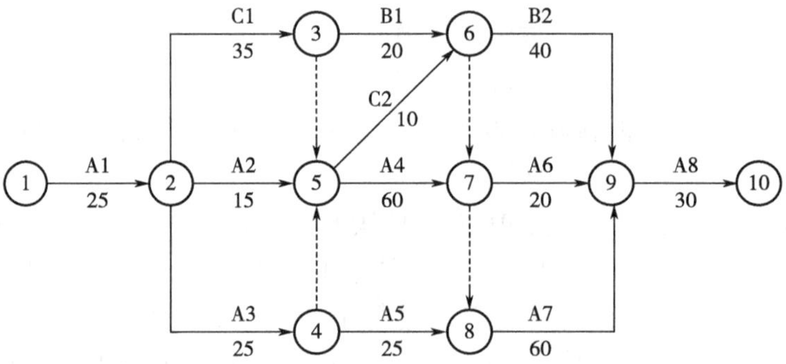

图 5.5 工程网络计划（单位：天）

事件 2：开工前业主改变地下空间使用功能，发生设计变更导致 A1 工作费用发生如下变化：

①增加降水深度，增加降水措施人材机费用 15 万；

②结构增加混凝土材料费 16 万元，减少人工费 7 万元，减少打桩 25 个机械台班（台班单价 1 200 元/台班），减少钢材费用 13 万元；

③增加土方开挖工程费 22 万；

④A1 的持续时间增加 30 天。

事件 3：分包单位 C 施工中出现质量问题，整改和返工造成 C2 实际持续时间为 25 天。为此，分包单位 B 依据施工总承包合同向分包单位 C 索赔工期 15 天，同时索赔 B1、B2 施工所共用的一台自有机械（单价 2 000 元/台班）的台班费：15×2 000=30 000（元）。

事件 4：竣工结算时，得知总承包单位 A 就设计变更影响向业主索赔工期和费用后，专业分包单位 C 也以设计变更导致无法按原计划时间开始施工为由，向业主提出窝工费和工期索赔。

事件5：考虑上述事件对总工期的影响，业主要求实际工期不超过原合同工期，并承诺工期奖罚款2万元/天（含税）。施工总承包单位A采取措施将A4、A7、A8的顺序施工方式改为分段流水作业。确定的流水节拍如表5.3所示。【2023年真题（改编）】

表5.3 流水节拍 单位：天

施工过程	流水段		
	①	②	③
A4	20	20	20
A7	20	20	20
A8	10	10	10

问题：（1）针对事件1，依据清单计价标准，总包方的要求是否合理？说明理由。若总承包单位A参与该两项投标且均中标，发包方应如何调整合同价？

（2）针对事件2，A1的分部分项工程费和工程造价分别增加多少万元？

（3）针对事件3，写出专业分包单位B的正确做法。

（4）针对事件4，专业分包单位C有哪些不妥之处？写出正确做法。

（5）针对事件5，仅按表格中流水节拍确定流水工期为多少天？受网络计划逻辑关系的约束，流水工期为多少天？说明理由。实际工期为多少天？工期奖罚款为多少万元？

（以万元为单位的，计算结果保留三位小数。）

答案：

问题（1）：

1）不合理。

理由：由发包人作为招标人进行暂估价材料、暂估价专业工程招标的，发包人应承担组织招标工作有关的费用。需要承包人配合的，承包人应自行承担其配合费用。

2）调整合同价。

①应以招标确定的含税专业分包工程价格取代暂估价，调整合同价格。

②应扣减原合同价中专业工程的总承包服务费。

问题（2）：

1）分部分项工程费：（16−7−13−25×1 200/10 000）×1.12×1.05+22=13.768（万元）。

2）造价：（13.768+15×1.12×1.05）×1.09=34.235（万元）。

问题（3）：

1）C2整改、返工事件发生后的28天内，B分包单位向总承包单位A提出索赔。

2）索赔内容：工期索赔5天；费用索赔5个台班的机械闲置费并写出计算过程结果。

问题（4）：

1）“竣工结算时提出索赔”不妥。

正确做法：应在索赔事件发生后的28天内提出索赔。

2）“向业主提出窝工费和工期索赔”不妥。

正确做法：应向总承包单位提出工期索赔。

问题（5）：

1）流水节拍确定流水工期：90 天。

理由：A4、A7 的流水步距 20 天；A7、A8 的流水步距 40 天；

流水工期 = 20+40+30 = 90（天）。

2）网络约束流水工期为 =（20+40）+30+（5+15）= 110（天）。

理由：①A7 工作受到仅前工作 B1、C2、A4、A5 工作的约束分别为第 110 天末、第 115 天末、第 110 天末、第 105 天末，故 A7 工作的实际开始时间未 115 天末，流水施工过程 A4、A7 存在间歇时间 = 115−110 = 5（天）。

②A8 工作受到仅前工作 B2、A6、A7 工作的约束分别为第 155 天末、170 天末、155 天末，流水施工 A7、A8 之间存在间歇时间 = 170−155 = 15（天）。

3）实际工期：（25+30）+35+60+20+30 = 200（天）。

4）工期奖励：（210−200）×2 = 20.000（万元）。

例题 5.6 某工业厂房项目，建设单位采用工程量清单方式招标，并与施工单位按《建设工程施工合同（示范文本）》签订了工程施工承包合同。合同工期为 270 天。施工承包合同约定：管理费和利润按人工费和施工机具使用费之和的 40% 计取，税金按人材机费、管理费和利润之和的 9% 计取；人工费平均单价按 120 元/工日计取；通用机械台班单价按 1 100 元/台班计取；人员窝工、通用机械闲置补偿按其单价的 60% 计取，不计管理费和利润；各分部分项工程施工均发生相应的措施费，措施费按其相应的工程费的 30% 计取；对工程量清单中采用材料暂估价格确定的综合单价，如果该种材料实际采购价格与暂估价格不符，以直接在综合单价上增减材料价差的方式调整。

该工程施工过程中发生如下事件：

事件 1：施工前施工单位编制了工程施工进度计划（图 5.6）和相应的设备使用计划，项目监理机构对其审核时得知：该工程的 B、E、J 工作均需要使用同一台特种设备吊装施工，施工承包合同约定该台特种设备由建设单位租赁，供施工单位无偿使用。在设备使用计划中，施工单位要求建设单位必须将该台特种设备在第 80 日末租赁进场，第 260 日末组织退场。

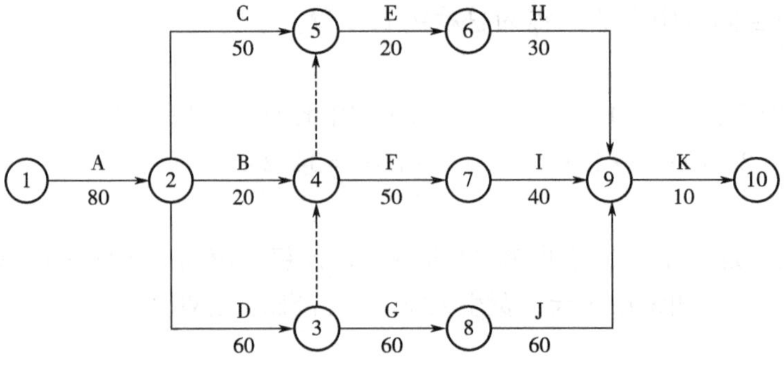

图 5.6 施工进度计划（单位：天）

事件 2：由于建设单位办理变压器增容原因，使施工单位 A 工作实际开工时间比已签发的开工令确定的开工时间推迟了 5 天，并造成施工单位人员窝工 135 工日，通用机械闲置 5 个台班。施工进行 70 天后，建设单位对 A 工作提出设计变更，该变更比原 A 工作增加了人工费 5 060 元、材料费 27 148 元、施工机具使用费 1 792 元，并造成通用机械闲置 10 个台班，工作时间增加 10 天。A 工作完成后，施工单位提出索赔：①推迟开工造成人员窝工、通用机械闲置和拖延工期 5 天的补偿；②设计变更造成增加费用、通用机械闲置和拖延工期 10 天的补偿。

事件 3：施工招标时，工程量清单中 ϕ25 项目的带肋钢筋材料单价为暂估价，暂估单价 3 500 元/t，数量为 260t，施工单位按照合同约定组织招标，以 3 600 元/t 的价格采购并经建设单位确认。施工使用该材料 130t，进行结算时，施工单位提出：材料实际采购价比暂估材料价增加 2.86%，所以该项目的结算综合单价应增加 2.86%，调整内容见表 5.4，已知该项目的钢筋主材损耗率为 2%。

表 5.4　分部分项工程量综合单价调整表

序号	项目编码	项目名称	综合单价		其中			
					人工费	材料费	施工机具使用费	管理费
1	……	带肋钢筋 ϕ25	已标价清单综合单价/元	4 210.27	346.52	3 639.52	61.16	163.07
			调整后综合单价	4 330.68	356.43	3 743.61	62.91	167.73
……								

事件 4：根据施工承包合同约定，合同工期每提前 1 天奖励 1 万元（含税）。施工单位计划将 D、G、J 工作按流水节拍 30 天组织等节奏流水施工，以缩短工期获取工期奖励。【2019 年真题（改编）】

问题：(1) 事件 1 中，在图 5.6 所示施工进度计划中，受特种设备资源条件的约束，应如何完善进度计划才能反映 B、E、J 工作的施工顺序？为节约特种设备租赁费用，该特种设备最迟第几日末必须租赁进场？说明理由。此时，该特种设备在现场的闲置时间为多少天？

(2) 事件 2 中，依据施工承包合同，分别指出施工单位提出的两项索赔是否成立，说明理由。可索赔费用数额是多少？可批准的工期索赔为多少天？说明理由。

(3) 事件 3 中，施工单位提出综合单价调整表（表 5.4）的调整方法是否正确？说明理由。该清单项目结算综合单价应是多少？钢筋分项工程核定结算款应为多少？

(4) 事件 4 中，在图 5.7 中画出组织 D、G、J 三项工作等节奏流水施工的横道图。考虑事件 1 和事件 2 的影响，指出组织流水施工后网络计划的关键线路和实际施工工期。依据施工承包合同，施工单位可获得的工期提前奖励为多少万元？考虑事件 1、事件 2 和事件 4 的影响，该特种设备在现场的闲置时间为多少天（设备按第 80 天末进场）？

施工过程	10	20	30	40	50	60	70	80	90	100	110	120	130	140	150
D															
G															
J															

图 5.7　流水施工横道图（单元：天）

（计算结果保留两位小数。）

答案：

问题（1）：

1）采用虚箭线将⑥节点与⑧节点连接，箭头指向⑧节点，以表示为 E 工作为 J 工作的紧前工作。调整后的网络进度计划见图 5.8。

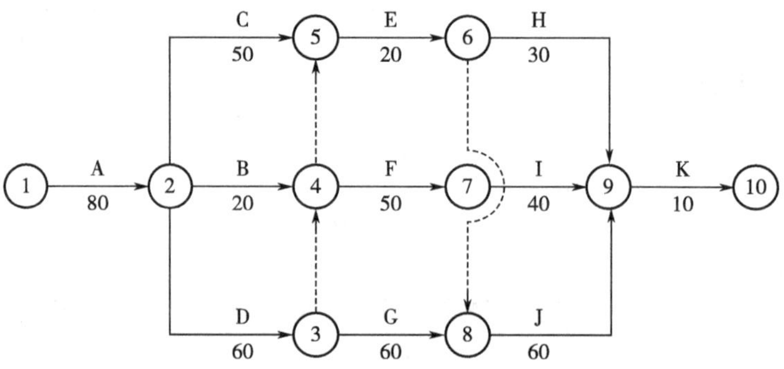

图 5.8　调整后的网络进度计划（单位：天）

（说明：题目未要求绘制双代号网络计划图，采用文字描述与绘图的方式均可得分。）

2）最迟在第 150 日末必须进场。

理由：B 工作的总时差为 70 天，最早开始时间为 80 天末，所以 B 工作的最晚开始时间为 150 天末。

3）闲置时间=（260−150）−（20+20+60）= 10（天）。

问题（2）：

1）推迟开工的工期和费用索赔均不成立；

理由：施工单位在 A 完成后提出索赔，超出索赔期限 28 日，视为施工企业放弃索赔。

2）设计变更的工期和费用索赔均成立；

理由：设计变更应由建设单位承担责任，增加用工和窝工费用由建设单位承担，且 A 工作为关键工作。

3）费用索赔：

$[(5\ 060+1\ 792)\times1.4+27\ 148]\times1.3\times1.09+10\times1\ 100\times60\%\times1.09=59\ 255.71$（元）。

4）工期索赔：10 天。

理由：A 工作为关键工作，变更导致工作时间增加 10 天，造成总工期延误 10 天。

问题（3）：

1）调整方法不正确；

理由：应直接在该综合单价上增加暂估材料费差额调整，不应当调整综合单价中的人工费、机械费、管理费和利润。

2）综合单价：4 210.27+（3 600−3 500）×1.02＝4 312.27（元/t）。

3）结算款：（130/1.02）×4 312.27×1.09＝599 067.31（元）。

问题（4）：

1）流水进度计划图见图 5.9。

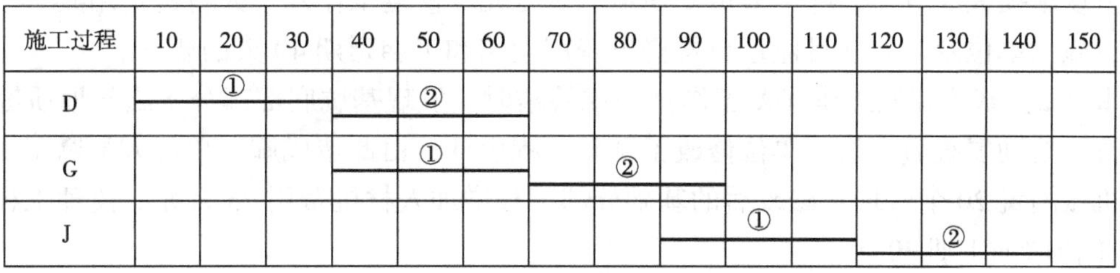

图 5.9　流水施工横道图

2）关键线路：A→D→F→I→K。

3）实际工期：255 天。

4）工期奖罚：（280−255）×1＝25.00（万元）。

5）闲置时间＝（235−80）−（20+20+60）＝55（天）。

例题 5.7　某建筑工程项目，业主和施工单位按工程量清单计价方式和《建设工程施工合同（示范文本）》GF−2013−0201 整订了施工合同。合同工期为 15 个月。合同约定：管理费按人材机费用之和的 10% 计，利润按人材机费用和管理费之和的 6% 计取，税金为人材机费用、管理费与利润之和的 9%；施工机械台班单价为 1 500 元/台班，施工机械闲置补偿按施工机械台班单价的 60% 计取，人员窝工补偿为 50 元/工日，人工窝工补偿、施工待用材料损失补偿、机械闲置补偿不计取管理费和利润；措施费按分部分项工程费的 25% 计取（各费用项目价格均不包含增值税可抵扣进项税额）。

施工前，施工单位向项目监理机构提交并确认的施工网络进度计划，如图 5.10 所示（每月按 30 天计取）；

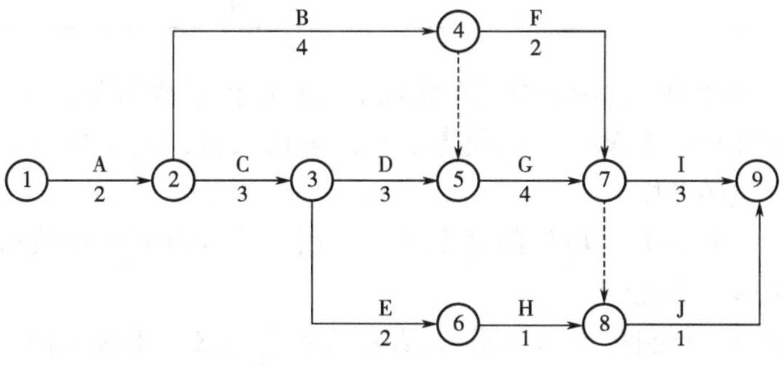

图 5.10　施工网络进度计划（单元：月）

该工程施工过程中发生如下事件：

事件1：基坑开挖工作（A工作）施工过程中，遇到了持续10天的季节性大雨（未包含在合同工期中），在第11天，大雨引发了附近的山体滑坡和泥石流。受此影响，施工现场的施工机械、施工材料已开挖的基坑及围护支撑结构、施工办公设施等受损，部分施工人员受伤。

经施工单位和项目监理机构共同核实，该事件中，季节性大雨造成施工单位人员窝工180工日，机械闲置60个台班。山体滑坡和泥石流事件使A工作停工30天，造成施工机械损失8万元，施工待用材料损失24万元，基坑及永久围护支撑结构损失30万元。施工办公设施损失3万元，施工人员受伤损失2万元。修复工作发生人材机费用共21万元。灾后，施工单位及时向项目监理机构提出费用索赔和工期延期40天的要求。

事件2：基坑开挖工作（A工作）完成验槽时，发现基坑底部部分土质与地质勘察报告不符。地勘复查后，设计单位修改了基础工程设计，由此造成施工单位人员窝工150工日，机械闲置20个台班，修改后的基础分部工程增加人材机费用25万元。监理工程师批准A工作增加工期30天。

事件3：E工作施工前，业主变更设计增加了一项K工作，K工作持续时间为2个月，根据施工工艺关系，K工作为E工作的紧后工作，为I、J工作的紧前工作。因K工作与原工程工作的内容和性质均不同，在已标价的工程量清单中没有适用也没有类似的项目，监理工程师编制了K工作的结算综合单价，经业主确认后，提交给施工单位作为结算的依据。

事件4：考虑到上述1-3项事件对工期的影响，业主与施工单位约定，工程项目仍按原合同工期15个月完成，实际工期比原合同工期每提前1个月，奖励施工单位30万元。施工单位对进度进行了调整，将D、G、I工作的依次施工方式改变为流水作业组织方式以缩短施工工期。组织流水作业的流水节拍见表5.5。【2017年真题（改编）】

表5.5　流水节拍　　单位：月

施工过程	流水段		
	①	②	③
D	1	1	1
G	1	2	1
I	1	1	1

问题：（1）针对事件1，确定施工单位和业主在山体滑坡和泥石流事件中各自应承担损失的内容；列式计算施工单位可以获得的费用补偿数额；确定项目监理机构应批准的工期延期天数，并说明理由。

（2）事件2中，应给施工单位的窝工补偿费用为多少万元？修改后的基础分部工程增加的工程造价为多少万元？

（3）针对事件3，绘制批准A工作工期索赔和增加K工作后的施工网络进度计划；指出监理工程师做法的不妥之处，说明理由并写出正确的做法。

(4）事件 4 中，在施工网络进度计划中，D、G、I 工作的流水工期为多少个月？施工单位可以获得的工期提前奖励金额为多少万元？

（计算结果有小数的，保留两位小数。）

答案：

问题（1）：

1）承担损失：

①施工单位应承担的损失：施工机械损失；施工办公设施损失；施工人员受伤损失；

②业主应承担的损失：待用材料损失；基坑及永久维护支撑损失；修复工作费用；工期损失。

2）费用补偿：（24+30）×1. 09+21×1. 1×1. 06×1. 25×1. 09＝92. 22（万元）。

3）应批准工期延期 30 天。

理由：

①季节性大雨是施工单位能够合理预见的，由此导致的工期损失应由施工单位承担；

②泥石流是不可抗力，由此导致的工期损失应由业主应承担，且 A 工作为关键工作。

问题（2）：

1）窝工补偿：（150×50+20×1 500×60%）×1. 09/10 000＝2. 78（万元）。

2）增加造价：25×1. 1×1. 06×1. 25×1. 09＝39. 72（万元）。

问题（3）：

1）修改后双代号网络计划见图 5. 11。

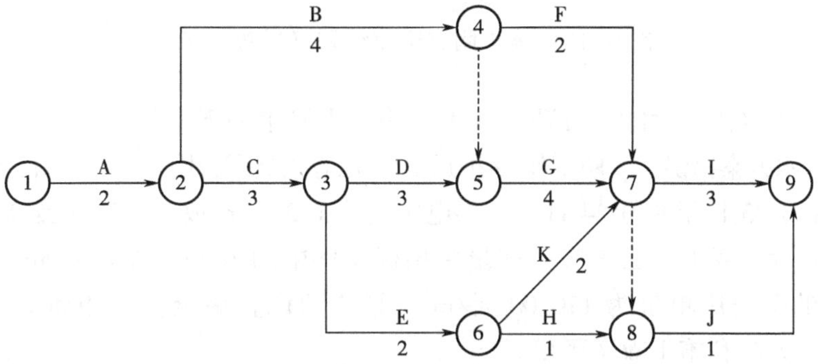

图 5. 11 修改后双代号网络计划（单元：月）

2）不妥之处："监理工程师编制了 K 工作的结算综合单价"；

理由：新增工作综合单价不应由监理工程师编制。

正确做法：新增工作综合单价应由施工单位编制，报监理工程师审核后由业主审批，作为结算的依据。

问题（4）：

1）DG 的流水步距 1 个月，G 和 I 的流水步距为 2 个月。由于 K 工作完成时间为 11 月末，导致 G 和 I 之间产生 1 个月间歇时间。

流水工期：$T=1+2+1+3=7$ 个月。

2）工期奖励：

实际工期为 14 个月 10 天，比原合同工期提前 1 个月。

工期奖励金额：1×30＝30（万元）。

例题 5.8 某厂（甲方）与某建筑公司（乙方）订立了某工程项目施工合同，同时与某降水公司订立了工程降水合同。甲乙双方合同规定：采用单价合同，每一分项工程的实际工程量增加（或减少）超过招标文件中工程量的 15% 时调整单价；工作 B、E、G 作业使用的施工机械甲一台，台班费为 600.00 元/台班，其中台班折旧费为 360.00 元/台班；工作 F、H 作业使用的施工机械乙一台，台班费为 400.00 元/台班，其中台班折旧费为 240.00 元/台班。施工网络进度计划如图 5.12 所示，图中：箭线上方字母为工作名称，箭线下方数据为持续时间，双箭线为关键线路。假定除工作 F 按最迟开始时间安排作业外，其余各项工作均按最早开始时间安排作业。

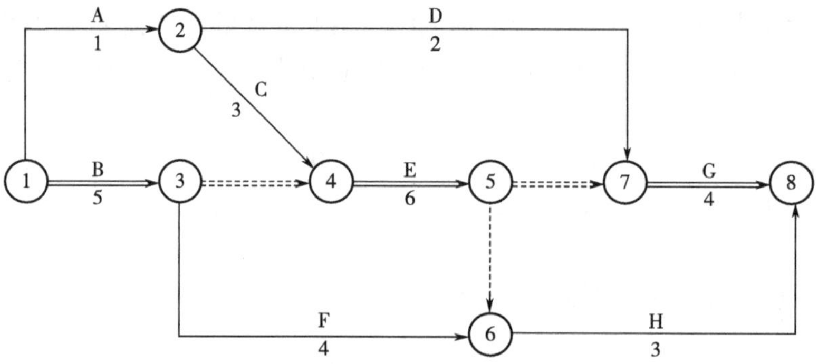

图 5.12 施工网络进度计划（单位：天）

甲乙双方合同约定 8 月 15 日开工。工程施工中发生如下事件：

事件 1：降水方案错误，致使工作 D 推迟 2d，乙方人员配合用工 5 个工日，窝工 6 个工日。

事件 2：8 月 23 日至 8 月 24 日，因供电中断停工 2d，造成全场性人员窝工 36 个工日。

事件 3：因设计变更，工作 E 工程量由招标文件中的 300m^3 增至 350m^3，超过了 15%；合同中该工作的全费用单价为 110.00 元/m^3，经协商调整后全费用单价为 100.00 元/m^3。E 变更前后施工方法和施工效率不变。

事件 4：为保证施工质量，乙方在施工中将工作 B 原设计尺寸扩大，增加工程量 15m^3，该工作全费用单价为 128.00 元/m^3。

事件 5：在工作 D、E 均完成后，甲方指令增加一项临时工作 K，且应在工作 G 开始前完成。经核准，完成工作 K 需要 1d 时间，消耗人工 10 工日、施工机械丙 1 台班（500.00 元/台班）、材料费 2 200.00 元。【教材例题】

问题：（1）如果乙方就工程施工中发生的 5 项事件提出索赔要求，试问工期和费用索赔能否成立？说明其原因。

（2）每项事件工期索赔各是多少？总工期索赔多少天？

（3）工作 E 结算价应为多少？

（4）假设人工工日单价为 80.00 元/工日，合同规定：窝工人工费补偿按 45.00 元/

工日计算；窝工施工机具使用费补偿按台班折旧费计算；因增加用工所需各项管理费为人工费的40%；工作K的管理费为人工、材料、施工机具使用费的20%；人工和机械窝工补偿管理费为人工、材料、施工机具使用费的10%，增值税税率为9%。试计算除事件3外合理的费用索赔总额。

（计算结果以元为单位保留两位小数。）

答案：

问题（1）：

1）事件1：工期索赔不成立，费用索赔成立；

理由：降水工程由甲方另行发包，是甲方应承担的责任，费用损失应由甲方承担，但是延误的时间（2d）没有超过工作D的总时差（8d），不影响工期。

2）事件2：工期和费用索赔成立；

理由：供电中断是甲方应承担的风险，费用损失应由甲方承担，且全场停工延误的时间（2d）将导致工期延长。

3）事件3：工期和费用索赔成立；

理由：设计变更是甲方的责任，由设计变更引起的工程量增加将导致费用增加应由甲方承担，且工作E为关键工作。

4）事件4：工期和费用索赔不成立。

理由：保证施工质量是乙方应承担责任，其技术措施费应已包括在合同价中。

5）事件5：工期和费用索赔成立。

理由：甲方指令增加工作是甲方应承担的责任，引起的费用增加应由甲方承担，且增加的工作K为关键工作。

问题（2）：

1）事件2：工期索赔2d。

2）事件3：工期索赔（350−300）/（300/6）=1（d）。

3）事件5：工期索赔1d。

4）总计工期索赔：4d。

问题（3）：

按原单价结算的工程量：300×（1+15%）=345（m^3）。

按新单价结算的工程量：350−345=5（m^3）。

总结算价=345×110.00+5×100.00=38 450.00（元）。

问题（4）：

1）事件1：［6×45.00×（1+10%）+5×80.00×（1+40%）］×（1+9%）=934.13（元）。

2）事件2：（36×45.00+2×360.00+2×240.00）×（1+10%）×（1+9%）=3 381.18（元）。

3）事件5：［（10×80.00+1×500.00+2 200.00）×（1+20%）+1×360.00×（1+10%）］×（1+9%）=5 009.64（元）。

4）费用索赔合计：934.13+3 381.18+5 009.64=9 324.95（元）。

例题5.9 某国有资金投资项目，业主通过工程量清单方式招标确定了施工总承包单位，双方签订了施工总承包合同。合同工期320天，签约合同价8 000万元（含税）。管理费按人材机费之和的 8% 计取，利润按人材机费和管理费之和的 3% 计取，增值税以人材机费、管理费和利润之和的 9% 计取。合同中还约定，因市场价格波动，人工费及钢材价格变化据实调整（不计取管理费和利润），机械闲置按台班单价的 60% 计算（不计取管理费和利润）。

签订合同后，经总监理工程师批准的施工进度如图 5.13 所示。承包人安排工作 E、工作 I 使用同一台施工机械（每天一个台班），台班单价为 1 000 元/天，各项工作均按最早开始时间安排。

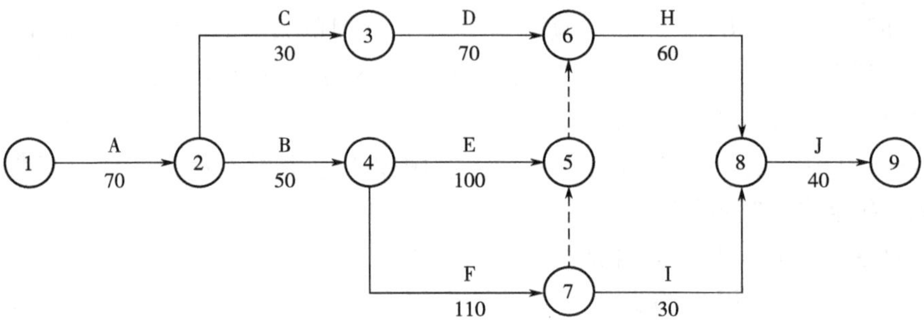

图 5.13　施工进度计划图（单位：天）

施工过程中，发生如下事件：

事件 1：工作 F 在招标工程量清单中空调机组为 12 套，设备暂估价为 20 万元/套，工作 F 开始前发包人向供应商询价，按 18 万元/套认定价格，由承包人采购，合同价款按发包人认定价格调整。

事件 2：由于发包人进行设计变更，增加工作 G，工作 G 为 E 工作的紧后工作、I 工作的紧前工作。工作 G 的持续时间为 40 天，增加的人工费、材料费、机械费分别为 20 万元、40 万元和 10 万元。

事件 3：由于功能调整，对施工设计图进行调整，图纸延迟交付，H 工作开始时间延误 40 天，经发承包双方协商，对由于功能调整延误交付图纸导致的工期延误，发包人同意按签约合同价和合同工期分摊的每天管理费补偿承包人。

事件 4：上述事件发生后，J 工作由于价格波动，经发包人确认，钢材价格下降 200 元/吨（合同价格 3 600 元/吨），J 工作的钢材用量为 300 吨，人工费上涨 6%，原合同中 J 工作的人工费为 30 万元。

以上事件发生后，承包人及时向发包人提出了工期和费用索赔。

除注明外，上述费用均不含增值税可抵扣进项税。【2024 年真题（改编）】

问题：（1）针对事件 1，指出发包人的不妥之处，并写出正确做法。

（2）针对事件 2，指出变更后的关键线路。承包人可索赔工期多少天？G 工作工程造价为多少万元？除 G 工作外，承包人可索赔工程价款为多少万元？

（3）针对事件 3，承包人可索赔工期多少天？计算每天应分摊的管理费为多少万元？发包人应补偿承包人管理费为多少万元？

（4）针对事件 4，钢材价格下降和人工费上涨是否应调整？说明理由，如果需要调整，计算调整金额。

(计算结果以万元为单位保留三位小数。)

答案：

问题（1）：

“发包人经询价选择供应商并认定价格” 不妥。

理由：本项目为国有资金投资项目，暂估设备价格：12×20＝240 万元，超过了 200 万元，应当依法招标选择供应商。应按照合同约定由发包人或发承包双方共同招标，确定中标价。用中标价取代暂估价调整合同价款。

问题（2）：

1）关键线路：A→B→E→G→I→J 或①-②-④-⑤-⑦-⑧-⑨。

2）索赔工期：10 天。

3）G 工程造价：［（20+40+10）×1.08×1.03］×1.09＝84.876（万元）。

4）索赔价款：30×1 000×60%×1.09/10 000＝1.962（万元）。

问题（3）：

1）索赔工期：30 天。

2）管理费：（8 000÷1.09÷1.03÷1.08）×8%/320＝1.649（万元/天）。

3）补偿管理费：30×1.649＝49.470（万元）。

问题（4）：

1）钢材价格下降不应调整，人工费上涨应当调整。

理由：因发包人的原因导致工期延误的，费用上涨应予调整，费用下降不予调整。

2）调整金额：30×6%×1.09＝1.962（万元）。

例题 5.10　某工程项目，发承包双发签订了工程施工合同，合同约定：工期 270 天；管理费和利润按人材机费用之和的 20%计取；增值税按人材机费、管理费和利润之和的 9%计取；人工单价按 150 元/工日计，人工窝工补偿按其单价的 60%计；施工机械台班单价按 1 200 元/台班计，施工机械闲置补偿按其台班单价的 70%计；人工窝工和施工机械闲置补偿均不计取管理费和利润；各分部分项工程的措施费按其相应工程费的 25%计取。(费用计算时均按不含税价格考虑)。承包人编制的施工进度计划得到了监理工程师批准，如图 5.14 所示。

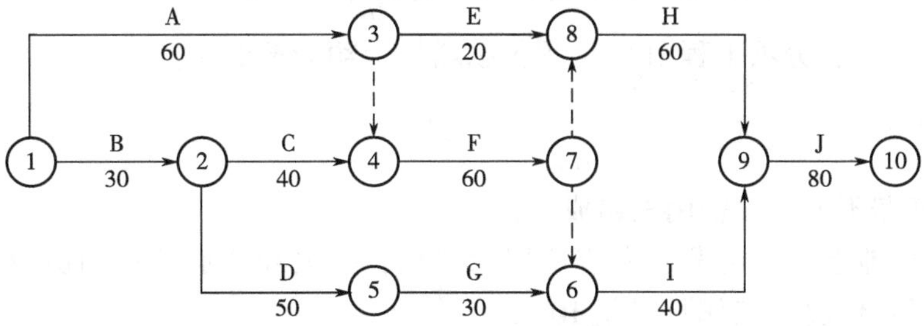

图 5.14　承包人施工进度计划（单位：天）

该工程项目施工过程中发生了如下事件：

事件1：分项工程A施工至第15天时，发现地下埋藏文物，由相关管理部门进行了处置，造成承包人停工10天，人员窝工110个工日，施工机械闲置20个台班；配合文物处置，承包人发生人工费3 000元、保护措施费1 600元，承包人及时提出工期延期和费用索赔。

事件2：文物处置工作完成后，①发包人提出了地基夯实设计变更，致使分项工程A延长5天工作时间，承包人增加用工50个工日、增加施工机械5个台班、增加材料费35 000元；②为了确保工程质量，承包人将地基夯实处理设计变更的范围扩大了20%，由此增加了5天工作时间，增加人工费2 000元、材料费3 500元、施工机械使用费2 000元。承包人针对①、②两项内容及时提出工期延期和费用索赔。

事件3：分项工程C、G、H共用同一台专用施工机械顺序施工，承包人计划第30天末租赁该专用机械进场，第190天末退场。

事件4：分项工程H施工中，使用的某种暂估价材料的价格上涨了30%，该材料的暂估单价为392.4元/m^2（含可抵扣进项税9%），监理工程师确认该材料使用数量为800m^2。【2020年真题（改编）】

问题：（1）事件1中，承包人提出工期延期和费用索赔是否成立？说明理由。如果索赔成立，承包人应获得的工期延期为多少天？费用索赔额为多少元？

（2）事件2中，分别指出承包人针对①、②两项内容所提出的工期延期和费用索赔是否成立？说明理由。承包人应获得的工期延期为多少天？说明理由。费用索赔额为多少元？

（3）根据图5.14，在答题卡给出的时标图5.15上，绘制继事件1、2发生后承包人早时标网络施工进度计划。实际工期为多少天？事件3中专用施工机械最迟须第几天末进场？在此情况下，该机械在施工现场的闲置时间最短为多少天？

20	40	60	80	100	120	140	160	180	200	220	240	260	280

图5.15　早时标网络施工进度计划（单位：天）

（4）事件4中，分项工程H的工程价款增加金额为多少元？

答案：

问题（1）：

1）工期索赔不成立，费用索赔成立；

理由：发现地下文物是发包人应承担的责任，损失和增加的费用由业主承担，但延误的工期10天未超过A工作总时差10天。

2）费用索赔额：

（110×150×60%+20×1 200×70%）×1.09+（3 000×1.2+1 600）×1.09=34 771.00（元）。

问题（2）：

1）索赔：

①工期延期和费用索赔均成立；

理由：设计变更应由发包人承担责任，造成的费用增加由业主承担，且 A 为关键工作，延长的 5 天应顺延。

②工期延期和费用索赔均不成立；

理由：为确保工程质量而采取的技术组织措施是承包方的责任，增加的工期及费用均已经包含在合同价格中。

2）应补偿工期 5 天；

理由：事件 1 发生后，A 工作转变为关键工作，延长 5 天造成总工期延长 5 天。

3）费用索赔：（50×150+5×1 200+35 000）×1.2×1.25×1.09＝79 297.50（元）。

问题（3）：

1）早时标网络施工进度计划见图 5.16。

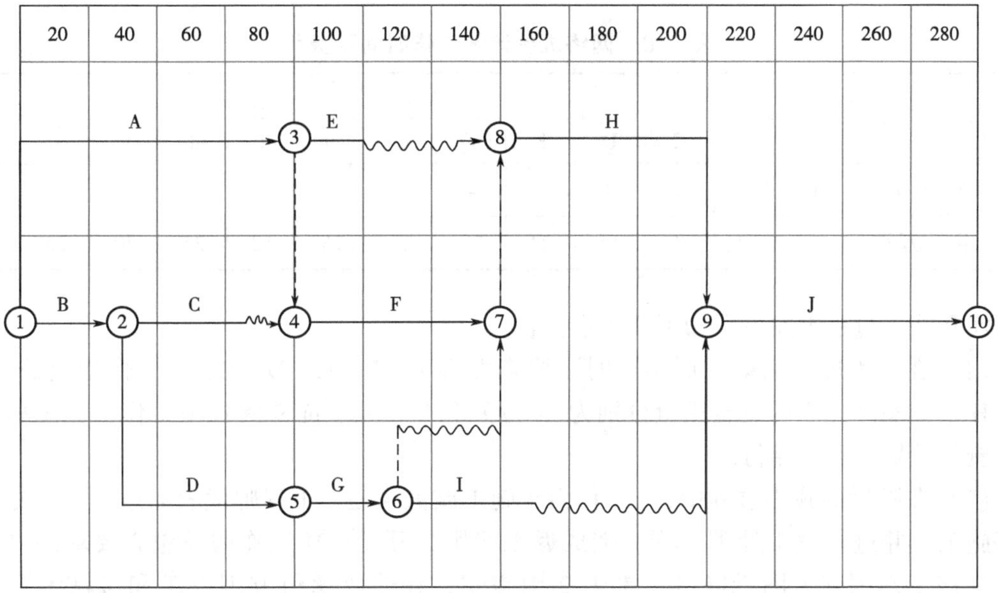

图 5.16 早时标网络施工进度计划（单位；天）

2）实际工期：280 天。

3）最迟 40 天末进场。

4）最短闲置时间最短为 30 天。

问题（4）：

1）不含税原单价 392.4/1.09＝360（元/m^2）。

2）实际采购单价 360×1.3＝468（元/m^2）。

3）（468－360）×800×1.09＝94 176.00（元）。

例题 5.11 某建筑公司（承包方）与某建设单位（发包方）签订了建筑面积为

2 100m² 的单层工业厂房的施工合同，合同工期为 20 周。承包方按时提交了施工方案和施工网络进度计划，如图 5.17 和表 5.6 所示，并获得工程师代表的批准。该项工程中各项工作的计划资金需用量由承包方提交，经工程师代表审查批准后，作为施工阶段投资控制的依据。

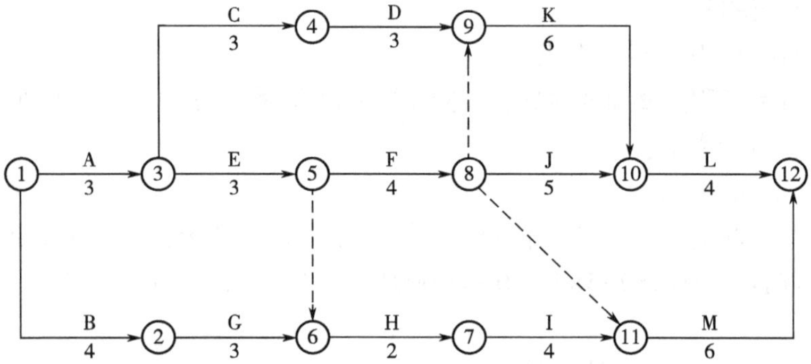

图 5.17　施工网络进度计划（单位：周）

表 5.6　网络进度计划工作时间及费用

项目	工作名称												
	A	B	C	D	E	F	G	H	I	J	K	L	M
持续时间/周	3	4	3	3	3	4	3	2	4	5	6	4	6
资金用量/万元	10	12	8	15	24	28	22	16	12	26	30	23	24

实际施工过程中发生了如下几项事件：

（1）在工程进行到第 9 周结束时，检查发现 A、B、C、D、E、G 工作均全部完成，F 和 H 工作实际完成的资金用量分别为 14 万元和 8 万元。前 9 周各项工作已完工程的实际投资与计划投资均相符。

（2）在随后的施工过程中，J 工作由于施工质量问题，工程师代表下达了停工令使其暂停施工，并进行返工处理 1 周，造成返工费用 2 万元；M 工作因发包方要求的设计变更，使该工作因施工图纸晚到，推迟 2 周施工，并造成承包方因停工和机械闲置而损失 1.2 万元。为此承包方向发包方提出了 3 周工期索赔和 3.2 万元的费用索赔。【教材例题】

问题：（1）试绘制该工程的早时标网络进度计划，根据第 9 周末的检查结果标出实际进度前锋线，分析 D、F 和 H 三项工作的进度偏差；到第 9 周末的实际累计资金用量是多少？

（2）如果后续施工按计划进行，试分析发生的进度偏差对计划工期产生什么影响？其总工期是否大于合同工期？

（3）试重新绘制第 10 周开始至完工的早时标网络进度计划。

（4）承包方提出的索赔要求是否合理？并说明原因。

（5）合理的工期索赔、费用索赔是多少？

答案：

问题（1）：

1）该工程早时标网络进度计划及第 9 周末的实际进度前锋线如图 5.18 所示。

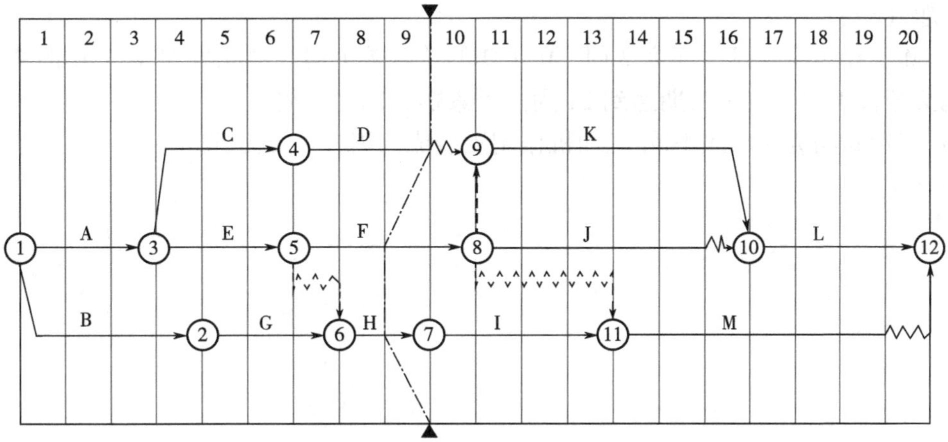

图 5.18　第 9 周末的实际进度前锋线（单位：周）

2）D 工作进度正常；F 工作进度拖后 1 周；H 工作进度拖后 1 周。

3）第 9 周末的实际累计投资额为 10+12+8+15+24+14+22+8＝113（万元）。

问题（2）：

1）F 工作的进度拖后 1 周，影响工期，因为该工作在关键线路上，导致工期延长 1 周，总工期将大于合同工期 1 周。

2）H 工作的进度拖后 1 周，不影响工期，因为该工作不在关键线路上，有 1 周的总时差，拖后的时间没有超过总时差。

问题（3）：

重新绘制的第 10 周开始至完工的早时标网络进度计划如图 5.19 所示。

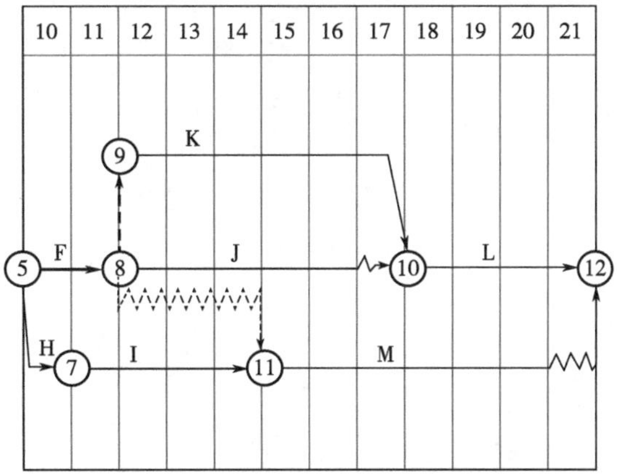

图 5.19　第 10 周开始至完工的早时标网络进度计划（单位：周）

问题（4）：

承包方提出的索赔要求不合理。

理由：因为J工作由于施工质量问题造成返工，其责任在承包方；而M工作造成的损失属于非承包方的责任。故承包方仅能就设计变更使M工作造成的损失向发包方提出索赔。

问题（5）：

1）M工作本身拖延时间为2周，M工作的总时差1周。由此可知M工作的拖延使计划工期又延长1周，实际工期达到22周。可索赔工期为1周。

2）费用索赔为M工作因停工和机械闲置造成的损失1.2万元。

第六章　工程结算与决算

一、本章考核要点

本章考核要点见表 6.1。

表 6.1　主要知识点及考核要点

序号	考试大纲要求	考核要点
1	工程价款结算与支付	安全生产措施费、签约合同价、工程预付款、安全生产预付款、工程进度款、综合单价调整、投资偏差、进度偏差、实际总造价、竣工结算款、施工单位增值税
2	投资偏差、进度偏差分析	
3	新增资产价值的确定	
4	竣工决算的编制	

二、精要·题眼

1. 结算名词辨析

（1）费用、工程款、合同价款的辨析。

1）分部分项工程费=工程量×综合单价。

2）分部分项工程款=工程量×综合单价×（1+增值税税率）。

（注："某某**工程费**"应为**不含增值税**的数值，如安全生产措施费、分部分项工程费。"某某**工程款**"应为**含增值税**的数值，如安全生产措施费工程款、分部分项工程款。考生在考试中应特别注意，题目要求的是"工程费"还是"工程款"，几乎是案例考试每年的必考点。）

3）分部分项合同价款=清单工程量×综合单价×（1+增值税税率）。

（注：**"某某合同价款"应为含增值税**的数值，分项工程签约合同价是指**签约合同价中的**分项工程费用取增值税，是**相对实际造价中的**调整后的实际的分项工程取税金而言的。）

（2）进度款、工程款、合同价款的辨析。

进度款、工程款、合同价款的辨析见图 6.1。

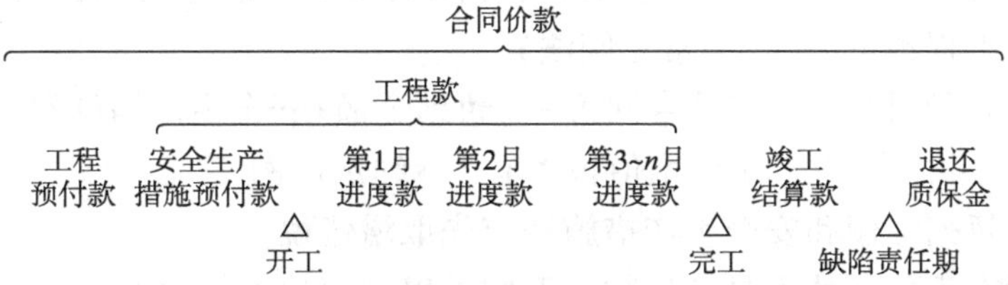

图 6.1　进度款、工程款、合同价款

1）第 2 月的进度款=第 2 月的工程款=第 2 月的合同价款。

2）累计到第 2 月**进度款**=第 1 月进度款+第 2 月进度款。

3）累计到第 2 月工程款=安全生产措施预付款+第 1 月进度款+第 2 月进度款。

4）累计到第 2 月**合同价款=工程预付款+安全生产措施预付款**+第 1 月进度款+第 2 月进度款。

工程预付款：材料预付款，其性质为合同价款，**不归类为工程款**。

安全生产措施预付款是指在**开工之前**支付的**工程款**。

进度款是指**施工期间**逐月支付的**工程款**。考生在考试中要注意区分题目要求的是“当月的进度款”还是“累计的进度款”，并且不应该包含开工前的安全生产措施预付款。

2. 安全生产措施费

安全生产措施费按**不含安全生产措施费的税前工程造价** 3%计取。

安全生产措施费=［分部分项工程费+（措施项目费−安全生产措施费）+计日工+总承包服务费］×3%

暂列金额、专业工程暂估价都不计入作为安全生产措施费的计费基数的“税前造价”。暂列金额因为并不一定发生，所以未计入作为安全生产措施费基数的“税前造价”；专业工程暂估价中包含完成其自身的需要的安全生产措施费，所以也未计入作为安全生产措施费基数的“税前造价”。

3. 签约合同价

（1）签约合同价计算如下：

签约合同价=分部分项工程费+措施项目+其他项目费+增值税

其中：分部分项工程费=Σ（分部分项工程清单量×清单综合单价）

措施项目费=安全生产措施费+其余措施费

其他项目费=暂列金额+专业工程暂估价（含税）+总承包服务费+计日工

总承包服务费=专业工程暂估价/1.09×总包服务费费率（增值税税率：9%）

增值税=（分部分项工程费+措施项目+暂列金额+总承包服务费+计日工）×增值税率

（2）由于造价考试中的签约合同价构成项很多，为节省时间，推荐考生用以下公式计算：

签约合同价=（分部分项工程费+安全生产措施费+其余措施费+暂列金额+专业工程暂估价/1.09+总承包服务费+计日工）×1.09（增值税税率为 9%）

4. 工程预付款

案例分析考试中，均是**按照约定**支付扣回工程预付款，并不对按照起扣点方式扣回工程预付款进行考察。

（1）题干描述：发包人按签约合同价（扣除安全生产措施费和暂列金额）的 20%支付给承包人作为工程预付款。(最常见问法)

材料预付款=［签约合同价−（暂列金额+安全生产措施费）×（1+增值税率）］×约定比例

易错点：①暂列金额和安全生产措施费应**先取增值税**。

②工程预付款不是工程款，**无需乘以**工程款支付比例。

（2）题干描述：发包人按**分项工程项目签约合同价**的 20%支付给承包人作为工程预

付款。(偶尔出现)

材料预付款=分部分项工程费用×(1+税率)×约定比例

易错点:①分部分项工程费**先取增值税**。

②工程预付款不是工程款,**无需乘以**工程款支付比例。

(3)题干描述:发包人按签约合同价的20%支付给承包人作为工程预付款。(尚未出现)

材料预付款=签约合同价×约定比例

易错点:工程预付款不是工程款,**无需乘以**工程款支付比例。

5. 安全生产措施预付款

案例分析考试中,均为按题目约定支付。

(1)题干描述:1)开工前,将安全生产措施费**按工程款方式**提前支付给承包人。

2)发包人按每次承包人应得工程款的90%支付。

安全生产措施预付款=安全生产措施费×(1+增值税率)×合同**约定的预付款比例**

×工程款**支付比例**

=安全生产措施费×(1+9%)×100%×90%

易错点:①安全生产措施费应**先取增值税**。

②不应遗漏工程款支付比例。

(2)题干描述:1)开工前,发包人将**安全生产措施费工程款的70%**支付给承包人。

2)在开工前和施工期间,发包人按每次承包人应得工程款的90%支付。

安全生产措施预付款=安全生产措施费×(1+增值税率)×

合同**约定的预付款比例**×工程款**支付比例**

=安全生产措施费×(1+9%)×70%×90%

6. 承包商完成进度款

承包商完成进度款=已完分项工程费+已完措施费+已完其他项目费+增值税

7. 综合单价调整

(1)工程量变化调整综合单价。

【例1】 某混凝土分项工程清单中,工程量为1 000m^3,综合单价为550元/m^3。合同中约定,当某一分项工程实际工程量比清单工程量增加(或减少)15%以上时,应进行调价,调价系数为0.9(或1.1)。该分部工程计划进度及实际进度如表6.2所示。

表6.2 分部工程计划进度及实际进度

月份	1月	2月	3月	4月	5月	合计
计划进度	200	200	200	200	200	1 000
实际进度	150	350	350	350	100	1 300

问题:求该分项工程每月完成的分部分项工程费。

答案:

(1 300−1 000)/1 000=30%>15%,应调整综合单价。

原价量=1 000×1.15=1 150(m^3)。

新价量=1 300−1 150=150(m^3)。

第 1 月工程费 = 150×550 = 82 500（元）。

第 2 月工程费 = 350×550 = 192 500（元）。

第 3 月工程费 = 350×550 = 192 500（元）。

第 4 月工程费 = 300×550+（1 200−1 150）×550×0.9 = 189 750（元）。

第 5 月工程费 = 100×550×0.9 = 49 500（元）。

［注：在工作施工中的各月不进行调整，在工程量**累计超过 15% 以上**的月份开始进行调整（一般多为分项工程完成的最后一个月）。］

【例 2】 某混凝土分项工程清单中工程量为 1 000m³，综合单价为 550 元/m³。合同中约定，当某一分项工程实际工程量比清单工程量增加（或减少）15% 以上时，应进行调价，调价系数为 0.9（或 1.1）。该分部工程计划进度及实际进度如表 6.3 所示。

表 6.3 分部工程计划进度及实际进度

月份	1 月	2 月	3 月	4 月	5 月	合计
计划进度	200	200	200	200	200	1 000
实际进度	150	200	150	100	150	750

问题：求该分项工程每月完成的分部分项工程费。

答案：

第 1 月工程费 = 150×550 = 82 500（元）。

第 2 月工程费 = 200×550 = 110 000（元）。

第 3 月工程费 = 150×550 = 82 500（元）。

第 4 月工程费 = 100×550 = 55 000（元）。

第 5 月工程费 = 750×550×1.1−（150+200+150+100）×550 = 123 750（元）。

【例 3】 某混凝土分项工程清单中，管理费和利润为不含税人材机费用之和的 10%。工程量为 1 000m³，综合单价为 550 元/m³。合同中约定，当某一分项工程实际工程量比清单工程量增加（或减少）15% 以上时，管理费和利润降低（或提高）30%。该分部工程计划进度及实际进度如表 6.4 所示。

表 6.4 分部工程计划进度及实际进度

月份	1 月	2 月	3 月	4 月	5 月	合计
计划进度	200	200	200	200	200	1 000
实际进度	150	350	300	300	200	1 300

问题：求该分项工程每月完成的分部分项工程费。

答案：

第 1 月工程费 = 150×550 = 82 500（元）。

第 2 月工程费 = 350×550 = 192 500（元）。

第 3 月工程费 = 300×550 = 165 000（元）。

第 4 月工程费 = 300×550 = 165 000（元）。

第 5 月工程费：

综合单价人材机=550/（1+10%）=500（元/m^3）。

新价量=1 300−1 000×1.15=150（m^3）。

原价量=200−150=50（m^3）。

工程费=50×550+150×500×（1+10%×70%）=107 750（元）。

（2）人材机价格上涨引起综合单价调整。

1）**价格指数调整价格差额法**（动态结算法、调值公式法）。

$$P = P_0\left(a_0 + a_1\frac{A}{A_0} + a_2\frac{B}{B_0} + a_3\frac{C}{C_0} + a_4\frac{D}{D_0}\right)$$

式中：P——调值后的合同价款或工程实际结算款；

P_0——合同价款中工程预算进度款；

a_0——固定要素，表示合同支付中不能调整的部分；

a_1，a_2，a_3，a_4——人工费、材料费等在合同总价中所占的比例，$a_0+a_1+a_2+a_3+a_4=1$；

A，B，C，D——现行价格指数；

A_0，B_0，C_0，D_0——基期价格指数。

（注：此种方法**考核的频率比较低**，曾经在 2015 年的造价案例考试中出现过。）

2）**造价信息调整价格差额法**。

案例分析题目中一般约定：人材机价格波动引起综合单价的调整增加（减少）费用材料价差调整约定，实际采购价与承包商的投标报价相比，增加（减少）幅度在 5%以内时不予调整，超过 5%以上的部分按实际采购价调整。其中，风险比例 5%并不是固定数值，可以约定其他数值。

$$实际综合单价 = 原清单综合单价 + \frac{分项工程材料总消耗量}{分项工程清单工程量} \times (实际采购价格 - 投标报价 \times 1.05)$$

$$实际综合单价 = 原清单综合单价 + \frac{分项工程材料总消耗量}{分项工程清单工程量} \times (实际采购价格 - 投标报价 \times 0.95)$$

易错点：①注意**不要遗漏**单位清单工程量对应的**材料消耗量**。

②根据工程量清单计价标准及 2025 版教材规定，人材机价格变化引起的合同价款调整，**不应调整管理费和利润**。

（3）材料暂估价调整综合单价。

$$实际综合单价 = 原清单综合单价 + \frac{分项工程材料总消耗量}{分项工程清单工程量} \times (实际采购价格 - 材料暂估价)$$

易错点：①无需考虑风险分担，**直接**以实际采购价格**替代暂估价**。

②注意**不要遗漏**单位清单工程量对应的**材料消耗量**。

③只能调整材料费，**不应调整管理费和利润**。。

8. 业主应付进度款

业主应付工程款=承包商已完工程款×工程款支付比例−材料预付款

易错点：**先乘**支付比例，**再减**材料预付款，**顺序不可颠倒**。

9. 投资偏差、进度偏差

（1）已完工程计划投资已完工程量（实际工程量）计划单价× **（1+增值税税率）**。

（2）已完工程实际投资已完工程量（实际工程量）实际单价× **（1+增值税税率）**。

（3）拟完工程计划投资拟完工程量（计划工程量）计划单价× **（1+增值税税率）**。

（4）投资偏差=已完工程**计划投资**-已完工程**实际投资**。

当投资偏差>0 时，说明工程投资节约；当投资偏差<0 时，说明工程投资超支。

（5）进度偏差=**已完工程**计划投资-**拟完工程**计划投资。

当进度偏差>0 时，说明工程进度超前；当进度偏差<0 时，说明工程进度拖后。

易错点：①已完工程工程量或拟完工程工程量，**应为累计工程量**，不是当月工程量。

②已完工程计划**投资**、已完工程实际**投资**、拟完工程计划**投资**都应**包含增值税**。

③解题中要注意看清**偏差分析的对象**，案例分析考试中**一般为分析分部分项工程**偏差，不考虑措施项目偏差。

10. 工程实际总造价（竣工结算价）

实际总造价=签约合同价-暂列金额（含增值税）+实际调整工程款（含增值税）

其中：

实际调整工程款=分项工程款调整+措施工程款调整+其他工程款调整额

其他工程款调整额=专业工程暂估调整工程款+总包服务费调整工程款+计日工调整工程款+索赔签证调整工程款

安全生产措施调整工程款=(分项工程款调整+**总包服务费调整工程款**+计日工调整工程款+索赔签证）×3%

易错点：①扣除暂列金额**先取增值税**。

②实际调整的工程款都应该是包**含增值税的工程款**。

③安全生产措施调整工程款的计费基数中**不应包含专业工程暂估价**的调整额。

11. 合同价增减额

合同价增减额=实际总造价-签约合同价

12. 工程竣工结算款

竣工结算款=(实际总造价-竣工结算调整工程款）×（1-支付比例）+竣工结算调整金额-质保金

（注：①当题目约定调整费用在**施工当期调整**或者**施工最后 1 个月调整**，则竣工结算调整工程款=0。②质保金如果**采用保函形式**，则需要**扣留的质保金金额为 0**。）

竣工结算款=实际造价-**累计支付的工程款**-材料预付款-质保金

（注：①当题目给定假设累计支付的工程款，采用此公式。②质保金如果采用保函形式，则需要扣留的质保金金额为 0。）

竣工结算款=实际造价-**累计支付的合同价款**-质保金

（注：①当题目给定假设累计支付的合同价款，采用此公式。②质保金如果采用保函形式，则需要扣留的质保金金额为 0。）

13. 施工单位销增值税、进项税、应纳增值税

增值税销项税=（分部分项工程费+措施项目费+暂列金额+计日工+总包服务费）×增值税率

分项工程销项税＝工程量×综合单价×增值税税率

进项税＝不含税的人材机费用×进项税税率（其中，人工费一般是免增值税）

施工单位应缴纳增值税＝销项税－**可抵扣**进项税

（注：造价案例分析考核中基本不涉及简易计税方法，考生掌握一般计税方法即可。需要注意的是，并不是所有的增值税专用发票都是可以进行抵扣的，比如因承包商非正常损失引起的材料损失而产生的增值税专票就不可抵扣，在考试中如有不可抵扣部分会给出说明。）

三、典型例题

例题 6.1 某施工项目发承包双方签订了工程合同，工期 5 个月。合同约定的工程内容及其价款包括：分部分项工程项目 4 项，费用数据与施工进度计划如表 6.5 所示；安全生产措施费为不含安全生产措施费的税前工程造价的 3%，其余措施项目费用为 8 万元（该费用为固定费用，不予调整）；暂列金额为 12 万元；管理费和利润为不含税人材机费用之和的 12%；增值税税率为 9%。

表 6.5 费用数据与施工进度计划

分部分项工程				施工进度计划/月				
名称	工程量	综合单价	费用/万元	1	2	3	4	5
A	600m^3	300 元/m^3	18.0	——	——			
B	900m^3	450 元/m^3	40.5		——	——		
C	1 200m^2	320 元/m^2	38.4		——	——	——	
D	1 000m^2	240 元/m^2	24.0				——	——
合计			120.9					

有关工程价款支付约定如下：

（1）开工前 1 周内，发包人按签约合同价（扣除安全生产措施费和暂列金额）的 20% 支付给承包人作为工程预付款，在施工期间第 2～4 个月工程款中平均扣回；同时将安全生产措施费按按签约合同价以工程款方式提前支付给承包人，在施工最后一个月按时调整。

（2）分部分项工程进度款在施工期间逐月结算支付。

（3）分部分项工程 C 所需的工程材料 C_1 用量 1 250m^2，承包人的投标报价为 60 元/m^2（不含税）。当工程材料 C_1 的实际价格在投标报价的±5% 以内时，分项工程 C 的综合单价不予调整；当变动幅度超过该范围时，按超过的部分调整分项工程 C 的综合单价。

（4）除安全生产措施费之外的措施项目工程款按签约合同价在施工期间第 1～4 月平均支付。

（5）其他项目工程款在发生当月按实结算支付。

（6）发包人按每次承包人应得工程款的 85% 支付。

(7) 发包人在承包人提交竣工结算报告后 45d 内完成审查工作，并在承包人提供所在开户行出具的工程质量保函（保函额为竣工结算价的 3%）后，支付竣工结算款。

该工程如期开工，施工期间发生了经发承包双方确认的下列事项：

(1) 分部分项工程 B 在第 2、3、4 月分别完成总工程量的 20%、40%、40%。

(2) 分部分项工程 C 所需的工程材料 C_1 实际价格为 70 元/m^2（含可抵扣进项税，税率为 3%）。

(3) 第 3 月新增分部分项工程 E 工程量为 300m^2，每 1m^2 不含税人工、材料、机械的费用分别为 60 元、150 元、40 元，可抵扣进项增值税综合税率分别为 0、9%、5%。

(4) 第 4 月发生现场签证、索赔等工程款 2.6 万元。【经典例题（自编）】

其余工程内容的施工时间和价款均与合同约定相符。

问题：(1) 该工程签约合同价中的安全生产措施费为多少万元？签约合同价为多少万元？开工前发包人应支付给承包人的工程预付款为多少万元？发包人应支付给承包人的安全生产措施费工程款为多少万元？

(2) 工程材料 C1 的不含税价格为多少元/m^2？价格变动幅度为多少？分部分项工程 C 的综合单价应调整为多少元/m^2？分部分项工程 C 的工程费用增加多少万元？

(3) 施工至第 2 月末，承包人累计完成分部分项工程的费用为多少万元？发包人累计应支付的工程进度款为多少万元？分部分项工程拟完工程计划投资、已完工程计划投资、已完工程实际投资、投资偏差、进度偏差分别为多少万元？

(4) 分部分项工程 E 的综合单价为多少元/m^2？销项税额、可抵扣增值税进项税额和应缴纳增值税分别为多少元？分部分项工程 E 的工程款为多少万元？

(5) 工程款，则竣工结算时，发包人应支付给承包人的结算款为多少万元？

(6) 若安全生产措施费为不含安全生产措施费的税前工程造价的 3%，施工期间随计取基数变化额调整。施工至第 2 月末，发包人累计应支付的工程进度款为多少万元？工程竣工结算款为多少万元？

(7) 若安全生产措施费为不含安全生产措施费的税前工程造价的 3%，调整额在竣工结算时一次性调整，竣工结算款为多少万元？

(8) 若如果开工前和施工期间发包人均按约定支付了各项工程款 120 万元，则竣工结算款为多少万元？

(9) 若如果开工前和施工期间发包人均按约定支付了各项合同价款 120 万元，则竣工结算款为多少万元？

(万元为单位保留三位小数，元为单位两位小数。)

答案：

问题 (1)：

1) 安全生产措施费：(120.9+8) ×3% = 3.867（万元）。

2) 签约合同价：(120.9+3.867+8+12) ×1.09 = 157.796（万元）。

3) 应支付工程预付款：[157.796−(3.867+12) ×1.09] ×20% = 28.100（万元）。

4) 应支付安全生产措施费工程款：3.867×1.09×85% = 3.583（万元）。

问题（2）：

1）工程材料 C_1 不含税实际价格：70/（1+3%）= 67.96（元/m^2）。

2）价格变化幅度：（67.96−60）/60×100% = 13.27% >5%。

3）分部分项工程 C 综合单价：320+1 250/1 200×（67.96−60×1.05）= 325.17（元/m^2）。

4）分部分项工程 C 的工程费用增加：1 200×（325.17−320）/10 000 = 0.620（万元）。

问题（3）：

1）累计完成分部分项工程费用：18.0+40.5×20% +400×325.17/10 000 = 39.107（万元）。

2）累计应支付进度款：（39.107+8/4×2）×1.09×85% −28.1×1/3 = 30.572（万元）。

3）拟完工程计划投资 =（18+40.5/2+38.4/3）×1.09 = 55.645（万元）。

4）已完工程计划投资 =（18+40.5/5+38.4/3）×1.09 = 42.401（万元）。

5）已完工程实际投资 =（18+40.5/5+400×325.17/10 000）×1.09 = 42.626（万元）。

6）投资偏差 = 42.401−42.626 = −0.225（万元），投资增加 0.225 万元。

7）进度偏差 = 42.401−55.645 = −13.244（万元），进度拖后 13.244 万元。

问题（4）：

1）综合单价 =（60+150+40）×（1+12%）= 280.00（元/m^2）。

2）销项税额 = 300×280×9% = 7 560.00（元）。

3）可抵扣进项税额 =（60×0% +150×9% +40×5%）×300 = 4 650.00（元）。

4）应缴纳增值税额 = 7 560−4 650 = 2 910.00（元）。

5）工程款 = 300×280×1.09/10 000 = 9.156（万元）。

问题（5）：

1）实际总造价 = 157.796−12×1.09+（0.62×1.09+9.156+2.6）×1.03 = 157.521（万元）。

2）合同价减少额 = 157.796−157.521 = 0.275（万元）。

3）应支付竣工结算款 = 157.521×（1−85%）= 23.628（万元）。

问题（6）：

1）累计应支付进度款 =（39.107+8/4×2+0.006）×1.09×85% −28.1×1/3 = 30.578（万元）。

其中：分项工程费 = 18.0+40.5×20% +400×325.17/10 000 = 39.107（万元）。

增加安全生产措施费 = 400×（325.17−320）×3%/10 000 = 0.006（万元）。

2）应支付竣工结算款 = 157.521×（1−85%）= 23.628（万元）。

问题（7）：

1）安全生产措施费调整工程款 =（0.62×1.09+9.156+2.6）×3% = 0.373（万元）。

2）应支付竣工结算款 =（157.521−0.373）×（1−85%）+0.373 = 23.945（万元）。

问题（8）：

竣工结算款 = 157.521−28.1−120 = 9.421（万元）。

问题（9）：

竣工结算款 = 157.521−120 = 37.521（万元）。

例题 6.2 某工程项目业主通过工程量清单招标方式确定中标人，并与其签订了工程承包合同，工期 4 个月。有关工程价款及其支付条款约定如下：

（1）工程价款：

1）分部分项工程项目清单，含有甲、乙两项混凝土工程及其模板工程，其中：甲项混凝土工程费为179.4万元（工程量2 300m^3，综合单价780元/m^3），乙项混凝土工程费为233.6万元（工程量3 200m^3，综合单价730元/m^3）；甲项混凝土模板工程费为22万元，乙项混凝土模板工程费为26万元。除甲、乙两项混凝土及其模板工程外的其他分部分项工程费为110万元。当某一混凝土工程实际工程量比清单工程量增加（或减少）15%以上时，应进行调价，调价系数为0.9（或1.08）；模板工程费在竣工结算时按相应混凝土工程的工程量变化比例调整，其他分部分项工程费不予调整。

2）措施项目清单，含有脚手架、垂直运输、大型机械设备进出场及安拆、临时设施、文明施工、环境保护、安全生产、已完工程及设备保护等八项，总费用96万元，其中：安全生产措施费、已完工程及设备保护费分别为24万元、10万元。竣工结算时，已完工程及设备保护费按分部分项工程项目费变化额的1%调整，安全生产措施费按不含安全生产措施费的税前工程造价变化额的3%调整，其余措施项目费不予调整。

3）其他项目清单，含有暂列金额16万元、专业工程暂估价30万元和总承包服务费三项，总承包服务费为税前专业工程分包价的5%。

4）增值税税率为9%。

（2）工程预付款与进度款：

1）开工之日10d前，业主向承包商支付工程预付款和安全生产措施费预付款。工程预付款为工程签约合同额（扣除暂列金额和安全生产措施费）的20%，在施工期的1-4月工程款中平均扣回；安全生产措施费按其签约合同额的70%与工程预付款一起支付给承包商。

2）甲、乙两项混凝土工程进度款按每月已完工程量计算与支付，模板工程和其余分部分项工程进度款按签约合同价在施工期内每月平均支付。

3）措施项目费除预付的安全生产措施费外，其余部分按签约合同额在施工期内第2、3月平均支付。

4）其他项目费在发生当月按实结算。

5）业主按每次承包商应得工程款的90%支付。

（3）竣工结算：

1）竣工验收通过后30d内结算。

2）模板工程费、措施项目费按合同约定，在竣工结算时根据取费基数的变化调整。

3）业主按竣工结算总造价的3%扣留工程质量保证金，其余工程款在收到承包商竣工结算支付申请后14d内支付。

承包商每月实际完成并经现场计量确认的混凝土工程工程量如表6.6所示。【教材例题（改编）】

表6.6　每月实际完成混凝土工程工程量表　　单位：m^3

混凝土工程		月份				累计
		1月	2月	3月	4月	
甲	计划工程量	600	600	600	500	2 300
	实际工程量	500	800	800	600	2 700

续表6.6

混凝土工程		月份				累计
		1月	2月	3月	4月	
乙	计划工程量	750	750	750	750	3 200
	实际工程量	700	900	800	300	2 700

施工期间，第2月发生零星工作日计费4.7万元，专业工程分包在第3月进行，实际总造价为31万元。

问题：(1) 该工程不含税、含税签约合同价分别为多少万元？开工前业主应支付给承包商的工程预付款和安全生产措施费预付款分别为多少万元？

(2) 施工至第2个月末，承包人累计完成分项工程合同价款为多少万元？发包人累计应支付承包人的进度款为多少万元？分项工程甲的进度偏差为多少万元？

(3) 分部分项工程费、措施项目费、专业工程暂估价、总承包服务费调整额为多少万元？

(4) 竣工结算总造价为多少万元？竣工结算款为多少万元？

(计算结果以万元为单位保留三位小数。)

答案：

问题（1）：

1）不含税签约合同价=179.4+233.6+22+26+110+96+16+30×（1+5%）/（1+9%）=711.899（万元）。

2）含税签约合同价=711.899×（1+9%）=775.970（万元）。

3）工程预付款=［711.899-（16+24）］×（1+9%）×20%=146.474（万元）。

4）安全生产措施费预付款=24×（1+9%）×70%×90%=16.481（万元）。

问题（2）：

1）分项工程合同价款=［（1 300×780+1 600×730）/10 000+（22+26+110）/2］×1.09=323.948（万元）。

2）累计应支付承包人的进度款=［323.948/1.09+（96-24×70%）/2+4.7］×1.09×90%-146.474/2=261.775（万元）。

3）分项工程甲的进度偏差=（1 300-1 200）×780×1.09/10 000=8.502（万元）。

问题（3）：

1）分项工程：

①甲项混凝土工程费增加额=（2 300×15%×780+55×702）/10 000=30.771（万元）。

②乙项混凝土工程费减少额=（2 700×788.4-3 200×730）/10 000=-20.732（万元）。

③甲项模板工程费增加额=22×（2 700-2 300）/2 300=3.826（万元）。

④乙项模板工程费减少额=26×（2 700-3 200）/3 200=-4.063（万元）。

⑤分部分项工程费增加额=30.771-20.732+3.826-4.063=9.802（万元）。

2）措施项目：

①已完工程及设备保护费调整额=9.802×1%=0.098（万元）。

②安全生产措施费调整额＝［9. 802+0. 098+4. 7+（31－30）×5%／（1+9%）］×3%＝0. 439（万元）。

③措施项目费增加额＝0. 098+0. 439＝0. 537（万元）。

3）专业工程暂估价调整额＝31－30＝1. 000（万元）。

4）总承包服务费＝1/1. 09×5%＝0. 046（万元）。

问题（4）：

1）竣工结算总造价＝775. 97－16×1. 09+9. 802×1. 09+0. 537×1. 09+1+0. 046×1. 09+4. 7×1. 09＝775. 973（万元）。

2）竣工结算款＝（775. 973－0. 327）×（1－90%）+0. 327－775. 973×3%＝54. 612（万元）。

其中：竣工结算调整工程款＝（3. 826－4. 063+0. 537）×1. 09＝0. 327（万元）。

例题 6. 3 某工程项目发承包双方签订了建设工程施工合同，工期 4 个月，分项工程项目费用合计 74. 5 万元，包括分项工程 A、B、C、D 四项，清单工程量分别为 $500m^3$、$900m^3$、$1\ 200m^2$、$600m^2$ 综合单价分别为 200 元/m^3、350 元/m^3、200 元/m^2、150 元/m^2。措施项目费 15 万元（其中，含安全生产措施费 5 万元）；暂列金额 8 万元。管理费和利润为人材机费用之和的 15%，增值税为人材机费用与管理费、利润之和的 9%。在开工之前承包商提交了施工进度计划，见图 6. 2，并得到监理人的批准。

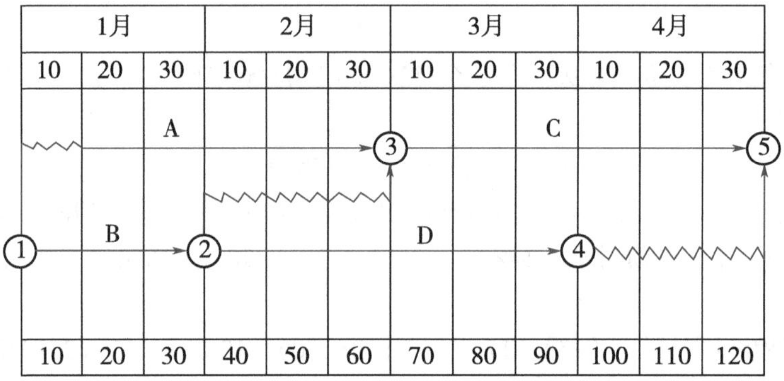

图 6. 2 施工进度计划

有关工程价款结算与支付的合同约定如下：

（1）开工前发包人向承包人支付签约合同价（扣除措施费与暂列金额）的 20% 作为预付款，预付款在第 2、3、4 月平均扣回。

（2）安全生产措施费工程款于开工前按工程款支付方式一次性支付；除安全生产措施费之外的措施项目费用工程款在开工后的前 3 个月平均支付；竣工结算时，安全生产措施费按不含安全生产措施费的税前工程造价变化额的 3% 调整，其余措施项目费不予调整。

（3）施工期间除措施项目费用外的工程款按实际施工进度逐月结算。

（4）发包人按每次承包人应得的工程款的 90% 支付。

（5）发包人在承包人提交竣工结算报告后 45 日内完成审查工作，并在承包人提供所在开户行出具的工程质量保函（保函额为竣工结算价的 3%）后，支付竣工结算款。

(6) D 分项工程所需的甲种材料用量为 300m^2，在招标时确定的投标价为 80 元/m^2，乙种材料用量为 240m^2，暂估价为 40 元/m^2。工程款逐月结算时，甲种材料当购买价在投标报价的±5%以内变动时，D 分项工程的综合单价不予调整，变动超过±5%以上时，超过部分的价格调整至 D 分项综合单价中，乙种材料按实际购买价格调整。

该工程如期开工，施工过程中于每月末检查核实的进度如图 6.3 中的实际进度前锋线所示。最后该工程在第 4 月末如期竣工。

施工中发生了经承发包双方确认的以下事项：

(1) D 分项工程甲种材料实际购买价为 85 元/m^2，乙种材料的实际购买价是 50 元/m^2；

(2) 第 2 月发生现场签证零星工作费用 2.4 万元。【教材例题（改编）】

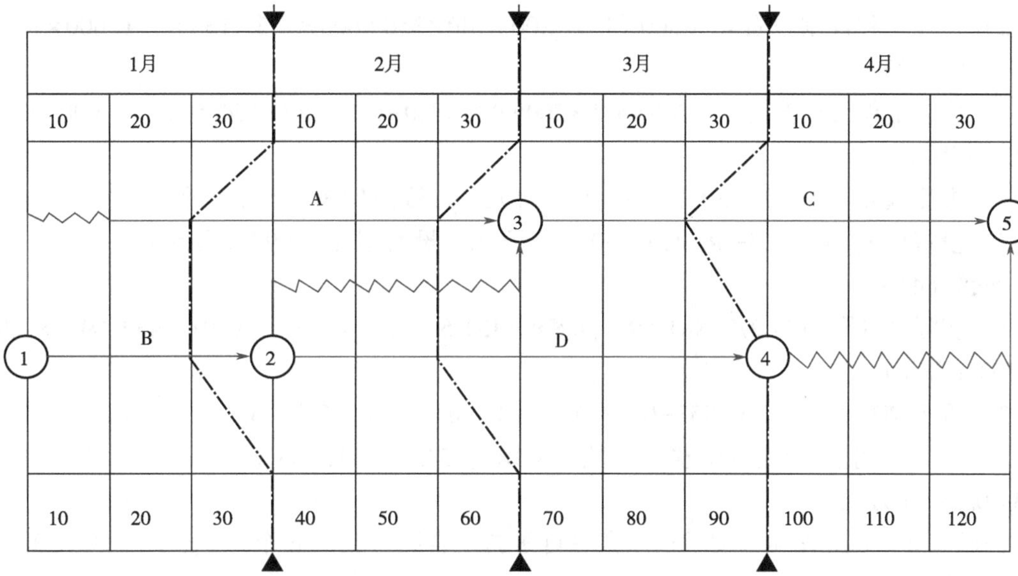

图 6.3 实际进度前锋线

问题：(1) 合同价为多少万元？工程预付款为多少万元？开工前支付的措施项目款为多少万元？

(2) D 分项工程的综合单价是多少元/m^2？2 月份完成的分部工程费是多少万元？2 月份业主应支付的工程款是多少万元？

(3) 列式计算第 2 月末分项工程的拟完工程计划投资、已完工程实际投资、已完工程计划投资，并分析进度偏差（数额表示）与投资偏差。

(4) 该工程实际造价为多少万元？竣工结算款为多少万元？

（计算结果均保留三位小数。）

答案：

问题（1）：

1) 签约合同价 = (74.5+15+8) ×1.09 = 106.275（万元）。

2）工程预付款=74.5×1.09×20%=16.241（万元）。

3）措施项目预付款款=5×1.09×90%=4.905（万元）。

问题（2）：

1）D 综合单价=150+300/600×（85－80×1.05）+240/600×（50－40）=154.50（元/m）。

2）2月份分部分项费用=（500×3/5×200+900×1/3×350+600×1/3×154.50）/10 000=19.590（万元）。

3）2月份应支付的工程款=（19.590+10/3+2.4）×1.09×90%－16.241/3=19.429（万元）。

问题（3）：

1）拟完工程计划投资=（500×200+900×350+600×1/2×150）/10 000×1.09=50.140（万元）。

2）已完工程计划投资=（500×4/5×200+900×350+600×1/3×150）/10 000×1.09=46.325（万元）。

3）已完工程实际投资=（500×4/5×200+900×350+600×1/3×154.50）/10 000×1.09=46.423（万元）。

4）进度偏差=46.325−50.14=−3.815 万元，进度滞后 3.815（万元）。

5）投资偏差=46.325−46.423=−0.098 万元，投资超支 0.098（万元）。

问题（4）：

1）实际总造价=106.275−8×1.09+［600×（154.5−150）×1.09/10 000+2.4×1.09］×1.03=100.553（万元）。

2）竣工结算款=（100.553−0.087）×（1−90%）+0.087=10.134（万元）。

其中：安全生产措施费调整工程款=600×（154.5−150）×1.09/10 000+2.4×1.09］×0.03=0.087（万元）。

例题 6.4 某工程项目发承包双方签订了施工合同，工期 6 个月。合同中有关工程内容及其价款约定如下：

（1）分项工程项目 4 项，总费用 162.16 万元，各分项工程项目造价数据和计划施工时间见表 6.7。

表 6.7 造价数据和计划施工时间

分项工程项目	工程量/m^3	综合单价/（元/m^3）	费用/万元	计划施工时间/月
A	800	320	25.60	1~2
B	960	410	39.36	2~4
C	1 200	480	57.60	3~5
D	1 100	360	39.60	4~6

(2) 措施项目费用 21 万元（其中安全生产措施费按不含安全生产措施费的税前工程造价的 3%，该费在竣工结算时根据计取基数变化一次性调整），其余措施项目费用不予调整。暂列金额为 12 万元。

(3) 管理费和利润为人、材、机费用之和的 17%，增值税税率为 9%。

有关工程价款结算与支付约定如下：

(1) 开工 10 日前，发包人按签约合同价（扣除安全生产措施费和暂列金额）的 20%支付给承包人作为工程预付款（在施工期间第 2~5 月的每个月工程款中等额扣回），并同时将安全生产措施费工程款的 70% 支付给承包人。

(2) 分项工程项目工程款按施工期间实际完成工程量逐月支付。

(3) 除开工前支付的安全生产措施费工程款外，其余措施项目工程款按签约合同价，在施工期间第 1~5 月分 5 次等额支付。

(4) 其他项目工程款在发生当月支付。

(5) 在开工前和施工期间，发包人按每次承包人应得工程款的 90% 支付。

(6) 发包人在竣工验收通过，并收到承包人提交的工程质量保函（额度为工程结算总造价的 3%）后 20 内，一次性结清竣工结算款。

该工程如期开工，施工期间发生了经发承包双方确认的下列事项：

(1) 因发包人提供场地问题，B 按计划施工当月工效降低，第 2、3、4、5 月每月实际完成的工程量分别为 $200m^3$、$320m^3$、$320m^3$、$120m^3$。分项工程 B 开工当月每立方米人工费和机械费增加 40 元。

(2) 发包人委托施工设计图绿建预评价健康舒适指标评价分较低，为达到预期星级标准，将分项工程 C 的主材 C_1（消耗量 1 $210m^2$，不含税单价为 150 元/m^2）更换为带有绿建标识的新品牌同规格材料（消耗量不变，需要通过询价或聘请专家评审确定价格）(管理费和利润不调整)。

(3) 施工期间第 5 月，发生现场计日工费用 2.6 万元。

其他工程内容的施工时间和费用均与原合同约定相符。【2024 年真题（改编）】

问题：(1) 该工程项目安全生产措施费为多少万元？签约合同价为多少万元？开工前发包人支付给承包人的工程预付款和安全生产措施费工程款分别为多少万元？

(2) 分项工程 B 的分部分项工程费增加多少万元？施工期间第 2 月，承包人完成分项工程项目工程费为多少万元？发包人应支付给承包人的工程进度款为多少万元？投资偏差和进度偏差为多少万元（不考虑措施项目变化的影响）？

(3) 经过询价，甲、乙、丙、丁四家供应商对 C_1 材料的不含税报价分别为 165 元/m^2、196 元/m^2、205 元/m^2、210 元/m^2，评审专家意见为：甲供应商报价缺项，应采用其余 3 家报价加权（权重分别为 0.5、0.3、0.2）平均数作为材料单价，计算 C_1 材料单价。C 分项工程费增加多少万元？

(4) 该工程项目安全生产措施费增减额为多少万元？合同价增加额为多少万元？如果开工前和施工期间发包人均按约定支付了各项工程款，则竣工结算时，发包人应向承包人一次性结清工程结算款为多少万元？

(计算过程和结果以万元为单位的保留三位小数，以元为单位的保留两位小数。)

答案：

问题（1）：

1）安全生产措施费=（162.16+21）/1.03×0.03=5.335（万元）。

2）签约合同价=（162.16+21+12）×1.09=212.724（万元）。

3）工程预付款=［212.724-（12+5.335）×1.09］×20%=38.766（万元）。

4）安全生产措施费工程款=5.335×70%×1.09×90%=3.664（万元）。

问题（2）：

1）B 分项工程费增加=200×40×1.17/10 000=0.936（万元）。

2）分项工程项目工程费=25.6/2+200×410/10 000+0.936=21.936（万元）。

3）应支付工程进度款=［21.936+（21-5.335×70%）/5］×1.09×90%-38.766/4=15.215（万元）。

4）投资偏差=-0.936×1.09=-1.020 万元，投资超支 1.02（万元）。

5）进度偏差=（200-960/3）×410×1.09/10 000=-5.363（万元），进度滞后 5.363（万元）。

问题（3）：

1）C_1 材料单价=196×0.5+205×0.3+210×0.2=201.50（元/m^2）。

2）C 分项工程费增加=1 210×（201.5-150）/10 000=6.232（万元）。

问题（4）：

1）安全生产措施费增加=（0.936+6.232+2.6）×3%=0.293（万元）。

2）实际造价=212.724-12×1.09+（0.936+6.232+2.6）×1.03×1.09=210.611（万元）。

合同价减少额=212.724-210.611=2.113（万元）。

3）竣工结算款=［210.611-（0.936+6.232+2.6）×3%×1.09］×（1-90%）+（0.936+6.232+2.6）×3%×1.09=21.349（万元）。

例题 6.5 某施工项目发承包双方签订了工程合同，工期 6 个月。工程内容及其价款约定如下：

（1）分项工程项目 4 项，总费用为 152.2 万元，有关数据如表 6.8 所示。

表 6.8 分项工程造价数据与施工进度

分项工程项目				施工进度计划/月					
名称	工程量	综合单价	费用/万元	1	2	3	4	5	6
A	900m	280 元/m^3	25.2	——	——				
B	1 000m	450 元/m^3	45.0		——	——	——		
C	1 300m^2	360 元/m^2	46.8			——	——	——	
D	1 100m^2	320 元/m^2	35.2					——	——
分项工程项目费用合计/万元			152.2	每项分项工程计划进度均为匀速进度					

（2）安全生产措施费按不含安全生产措施费的税前工程造价的 3%，（该费用在竣工结算时根据计取基数变化一次性调整），其余措施项目费用为 9 万元（不予调整）。

（3）其他项目费包括，暂列金额 10 万元，分包专业工程暂估价 20 万元（另计总承包服务费 5%），管理费和利润为不含税人材机费用之和的 16%，增值税税率为 9%。有关工程价款调整与支付条款约定如下：

1）开工日期 10 日前，发包人按签约合同价（扣除安全生产措施费和暂列金额）的 20% 支付给承包人作为工程预付款，在施工期间 2~5 月的每月工程款中等额扣回，并同时将安全生产措施费用工程款的 60% 支付给承包人。

2）分项工程项目工程款按施工期间实际完成工程量逐月支付。

3）除开工前支付的安全生产措施费工程款外，其余措施项目工程款按签约合同价，在施工期间第 1~5 月分 5 次等额支付。

4）其他项目工程款在发生当月支付。

5）在开工前和施工期间，发包人按每次承包人应得工程款的 85% 支付。

6）发包人在竣工验收通过，并收到承包人提交的工程质量保函（额度为工程结算总造价的 3%）后，一次性结清竣工结算款。

该工程如期开工，施工期间发生了经发承包双方确认的下列事项：

（1）分项工程 B 在第 2、3、4、5 月每月实际完成工程量分别为 $180m^3$、$300m^3$、$300m^3$、$220m^3$。

（2）因招标工程量清单的项目特征描述与设计图纸不符，需重新确认分部分项工程项目 C 的综合单价。经核定，该分项工程原综合单价中不含税的人工费（95 元/m^2）、机械费（45.3 元/m^2）、辅助材料费（23.47 元/m^2）不变，主要材料 C1 消耗量为 0.71m^2，单价为 176.8 元/m^2（含税，税率为 13%），主要材料 C1 消耗量为 0.34m^2，单价为 158.6 元/m^2（不含税）。

（3）因设计变更导致分项工程 D 增加分部分项工程费 5.6 万元，持续时间未变。

（4）4 月确认原专业工程暂估价的实际发生 21 万元。

其他工程内容的施工时间和费用均与原合同约定相符。【2023 年真题（改编）】

问题：（1）该施工项目签约合同价中的安全生产措施费为多少万元？签约合同价为多少万元？开工前发包人应支付给承包人的工程预付款和安全生产措施费工程款分别为多少万元？

（2）施工至第 2 个月末，完成分部分项工程进度款为多少万元？投资偏差和进度偏差分别为多少万元（不考虑安全生产措施费的影响）？

（3）列式计算分部分项工程 C 的综合单价及分项工程费用为多少万元？

（4）施工期间第 4 月，承包人完成的分部分项工程费用为多少万元？发包人应支付进度款为多少万元？

（5）分部分项工程费用增减额为多少万元？安全生产措施费增加额为多少万元？除安全生产措施费外合同增减额为多少万元？如果在开工前和施工期间发包人均已按合同约定支付了承包人预付款和各项工程款，则竣工结算时，发包人完成结清支付时，应支付给承包人的结算款为多少万元？

（计算过程和结果以万元为单位的保留三位小数，以元为单位的保留两位小数。）

答案：

问题（1）：

1）安全生产措施费=（152.2+9+20/1.09×5%）×3%=4.864（万元）。

2）合同价=（152.2+4.864+9+10+20/1.09×1.05）×1.09=212.910（万元）。

3）工程预付款=［212.91-（4.864+10）×1.09］×20%=39.342（万元）。

4）安全生产措施费预付款=4.864×1.09×60%×85%=2.704（万元）。

问题（2）：

1）分项进度款=（25.2+180×450/10 000）×1.09=36.297（万元）。

2）投资偏差=36.297-36.297=0，投资无偏差。

3）进度偏差=（180-1 000/3）×450×1.09/10 000=-7.521（万元），进度滞后7.521（万元）。

问题（3）：

1）C的综合单价=（95+45.3+23.47+0.71×176.8/1.13+0.34×158.6）×1.16=381.39（元/m^2）。

2）分项工程费用=381.39×1 300/10 000=49.581（万元）。

问题（4）：

1）第4月分项工程费=300×450/10 000+49.581/3=30.027（万元）。

2）第4月应支付进度款=［30.027+（4.864×40%+9）/5+21/1.09×1.05］×1.09×85%-39.342/4=38.755（万元）。

问题（5）：

1）分项工程费增加=49.581-46.8+5.6=8.381（万元）。

2）安全生产措施费增加=［8.381+（21-20）/1.09×5%］×3%=0.253（万元）。

3）除安全生产措施费外合同减少=［8.381+（21-20）/1.09×1.05-10］×1.09=-0.715（万元）。

4）竣工结算。

实际造价=212.91+0.253×1.09-0.715=212.471（万元）。

竣工结算款=（212.471-0.253×1.09）×（1-85%）+0.253×1.09=32.105（万元）。

例题6.6 某工程项目发承包双方签订了建设工程施工合同。工期5个月，有关工程价款及其支付条款约定如下：

（1）工程价款。

1）分项工程项目费用合计119.20万元，包括A、B、C、D四项。清单工程量分别为800m^3、800m^3、1 000m^3、600m^3，综合单价分别为260元/m^3、380元/m^3、488元/m^3、320元/m^3。分项工程造价数据与施工进度如表6.9。

2）措施项目费为分项工程项目费的17%，其中安全生产措施费为6.5%。安全生产措施费随计取基数在第5月调整，其他措施项目费不予调整。

3）暂列金额12.000万元。

4）管理费和利润按人材机费用之和的16%，增值税税率为9%。

表 6.9　分项工程造价数据与施工进度

名称				施工进度计划/月				
分项工程	清单工程量/m^3	综合单价/(元/m^3)	费用/万元	1	2	3	4	5
A	800	260	20.8	——	——			
B	800	380	30.4		——	——		
C	1 000	488	48.8			——	——	
D	600	320	19.2					——
合计			119.20	每项分项工程计划进度为均匀进度				

（2）工程款支付。

1）开工前，发包人按分部分项工程合同价款的 20% 支付给承包人作为预付款（在第 2~4 个月的工程款中平均扣回）。

2）安全生产措施费工程款按签约合同价的 70% 与预付款同时支付，除开工前支付的安全生产措施费以外的措施项目费工程款在第 1~4 个月平均支付。

3）分项工程项目工程款逐月结算；分项工程 C 所需的材料 C_1 是暂估材料，使用量 1 050m^3，不含税的暂估材料投标报价为 200 元/m^3。

4）发包人按每次承包人应得工程款的 90% 支付。

5）竣工验收通过后 45 天内办理竣工验收，扣除实际工程含税总价款的 3% 作为工程质量保证金，其余工程款发承包双方一次性结清。

（3）该工程如期开工，施工中发生了经发承包双方确认的下列事项：

1）分项工程 B 在第 2、3、4 月分别完成 300m^3、300m^3、200m^3。

2）分项工程 C 所需的工程材料 C_1 含税实际采购价格为 240 元/m^3（含可抵扣进项税，税率为 13%）。

3）分项工程 D 施工完成 40% 后因设计变更取消该分项工程，拆除分项工程 D 发生费用 1.5 万元。【2022 年补考真题（改编）】

问题：（1）措施项目费、安全生产措施费为多少万元？签约合同价为多少万元？开工前发包人应支付给承包人的预付款和安全生产措施费工程款分别为多少万元？

（2）施工至第 2 个月末，承包人已完分部分项工程费是多少万元？发包人应支付给承包人进度款为多少万元？进度偏差（不考虑措施项目费用的影响）为多少万元？

（3）计算材料 C_1 的实际单价与暂估单价的差异导致合同增减额，设计变更导致合同增减额。

（4）该工程的实际总造价为多少万元？竣工结算时发包人应支付给承包人的结算尾款为多少万元？

(计算过程和结果有小数时，以万元为单位保留三位小数。)

答案：

问题（1）：

1）措施项目费 119.2×17% = 20.264（万元）。

2）安全生产措施费 = 119.2×6.5% = 7.748（万元）。

3）签约合同价 =（119.2+20.264+12）×1.09 = 165.096（万元）。

4）工程预付款 = 119.2×1.09×20% = 25.986（万元）。

5）全生产措施费预付款 = 7.748×1.09×70%×90% = 5.321（万元）。

问题（2）：

1）分项工程费 = 20.8+300×380/10 000 = 32.200（万元）。

2）应支付进度款 =［32.2+（20.264−7.748×70%）/4×2］×1.09×90% −25.986/3 = 30.205（万元）。

3）进度偏差 =（300−400）×380/10 000×1.09 = −4.142（万元），进度拖后 4.142 万元。

问题（3）：

1）C 导致合同增加额 =（240/1.13−200）×1 050×1.065×1.09/10 000 = 1.510（万元）。

2）设计变更导致合同增加额 =（19.2×40%+1.5−19.2）×1.065×1.09 = −11.632（万元）。

问题（4）：

1）实际造价 = 165.096−12×1.09+1.510−11.632 = 141.894（万元）。

2）结算尾款 = 141.894×（1−90%−3%）= 9.933（万元）。

例题 6.7 分项工程项目 4 项，总费用 132.8 万元，各分项工程项目造价数据和计划施工时间见表 6.10。

表 6.10 分项工程项目造价数据和计划施工时间

分项工程项目	工程量	综合单价	费用/万元	计划施工时间/月
A	800m^3	280 元/m^3	22.4	1~2
B	900m^3	320 元/m^3	28.8	1~3
C	1 200m^2	430 元/m^3	51.6	3~5
D	1 000m^2	300 元/m^2	30.0	4~6

安全生产措施费按不含安全生产措施费的税前工程造价的 3%，（该费用在施工期间不予调整，竣工结算时根据计取基数变化一次性调整），其余措施项目费用 25.2 万元（该费用不予调整）。

其他项目费只考虑暂列金额 20 万元。

管理费和利润为人、材、机费用之和的 16%。上述工程费用均不含税，增值税税率为 9%。

有关工程价款结算与支付约定如下：

（1）开工前 1 周内，发包人按签约合同价（扣除安全生产措施费和暂列金额）的

20%支付给承包人作为工程预付款（在施工期间第2~5月的每个月工程款中等额扣回），并同时将安全生产措施费用工程款的70%支付给承包人。

（2）分项工程项目工程款按施工期间实际完成工程量逐月支付。

（3）除开工前支付的安全生产措施费工程款外，其余措施项目工程款按签约合同价，在施工期间第1~5月分5次等额支付。

（4）其他项目工程款在发生当月支付。

（5）在开工前和施工期间，发包人按每次承包人应得工程款的80%支付。

（6）发包人在竣工验收通过，并收到承包人提交的工程质量保函（额度为工程结算总造价的3%）后，一次性结清竣工结算款。

该工程如期开工，施工期间发生了经发承包双方确认的下列事项：

（1）经发包人同意，设计单位核准，承包人在该工程中应用了一种新型绿建技术，导致C分项工程项目工程量减少300m²、D分项工程项目工程量增加200m²，发包人考虑技术带来的工程品质与运营效益的提高，同意将C分项工程项目的综合单价提高50%，D分项工程项目的综合单价不变。

（2）B分项工程项目实际施工时间为第2~5月；其他分项工程项目实际施工时间均与计划施工时间相符；各分项工程在计划和实际施工时间内各月工程量均相等。

（3）施工期间第5月，发生现场签证和施工索赔工程费用6.6万元。【2022年真题（改编）】

问题：（1）该工程项目安全生产措施费为多少万元？签约合同价为多少万元？开工前发包人应支付给承包人的工程预付款和安全生产措施费工程款分别为多少万元？

（2）施工期间第2月，承包人完成分项工程项目工程进度款为多少万元？发包人应支付给承包人的工程进度款为多少万元？

（3）应用新型绿建技术后，C、D分项工程项目费用应分别调整为多少万元？

（4）从开工到施工至第3月末，分项工程项目的拟完工程计划投资、已完工程计划投资、已完工程实际投资分别为多少万元（不考虑安全生产措施费的影响）？投资偏差，进度偏差分别为多少万元？

（5）该工程项目安全生产措施费增减额为多少万元？合同价增加额为多少万元？如果开工前和施工期间发包人均按约定支付了各项工程款，则竣工结算时，发包人应向承包人一次性结清工程结算款为多少万元？

（计算过程和结果均保留三位小数。）

答案：

问题（1）：

1）安全生产措施费=（132.8+25.2）×3%=4.740（万元）。

2）签约合同价=（132.8+4.74+25.2+20）×1.09=199.187（万元）。

3）工程预付款=［199.187-（4.74+20）×1.09］×20%=34.444（万元）。

4）安全生产措施费预付款=4.74×1.09×70%×80%=2.893（万元）。

问题（2）：

1）分项工程进度款=（22.4/2+28.8/4）×1.09=20.056（万元）。

2）应付工程款=［20.056/1.09+（4.74×30%+25.2）/5］×1.09×80%－34.444/4=12.077（万元）。

问题（3）：

1）C分项工程项目费用=（1 200-300）×430×1.5/10 000=58.050（万元）。

2）D分项工程项目费用=（1 000+200）×300/10 000=36.000（万元）。

问题（4）：

1）拟完工程计划投资=（22.4+28.8+51.6/3）×1.09=74.556（万元）。

2）已完工程计划投资=（22.4+28.8/4×2+430×300/10 000）×1.09=54.173（万元）。

3）已完工程实际投资=（22.4+28.8/4×2+58.05/3）×1.09=61.204（万元）。

4）投资偏差=54.173-61.204=-7.031（万元）。，即投资超支7.031万元。

5）进度偏差=54.173-74.556=-20.383（万元），即进度拖后20.383万元。

问题（5）：

1）安全生产措施费增加=［（58.05-51.6）+（36-30）+6.6］×3%=0.572（万元）。

2）实际总造价=199.187-20×1.09+［（58.05-51.6）+（36-30）+6.6］×1.03×1.09=198.774（万元）。

合同价款减少=199.187-198.774=0.413（万元）。

3）工程结算款=（198.774-0.572×1.09）×（1-80%）+0.572×1.09=40.254（万元）。

例题6.8 某施工项目发承包双方签订了工程合同，工期6个月。工程内容及其价款约定如下：

（1）分项工程项目4项，有关数据如表6.11所示。

（2）安全生产措施费按不含安全生产措施费的税前工程造价的3%，（竣工结算时根据计取基数变化一次性调整），其余措施项目费用为分项工程项目费用的15%。

（3）其他项目费用包括，暂列金额18万元，分包专业工程暂估价20万元（另计总承包服务费5%），管理费和利润为不含税人材机费用之和的12%，增值税税率为9%。

表6.11 分项工程项目造价数据和每月计划完成工程量

分项工程项目				每月计划完成工程量/（m^3或m^2）					
名称	工程量	综合单价	费用/万元	1	2	3	4	5	6
A	900m^3	300元/m^3	27.0	400	500				
B	1 200m^3	480元/m^3	57.6		400	400	400		
C	1 400m^2	320元/m^2	44.8		350	350	350	350	
D	1 200m^2	280元/m^2	33.6			200	400	400	200
分项工程项目费用合计/万元			163.0	12	45.4	36	41.6	22.4	5.6

有关工程价款调整与支付条款约定如下：

（1）开工日期10日前，发包人按分项工程项目签约合同价的20%支付给承包人作为工程预付款，在施工期间2~5个月的每月工程款中等额扣回。

（2）安全生产措施费工程款分2次支付，在开工前支付签约合同价的70%，其余部分在施工期间第3个月支付。

（3）除安全生产措施费之外的措施项目工程款，按签约合同价在施工期间第1~5个月分5次平均支付。

（4）竣工结算时，根据分项工程项目费用变化值一次性调整措施项目费用。

（5）分项工程项目工程款按施工期间实际完成工程量逐月支付，当分项工程项目累计完成工程量增加（或减少）超过计划总工程量15%以上时，管理费和利润降低（或提高）50%。

（6）其他项目工程款在发生当月支付。

（7）开工前和施工期间，发包人按承包人每次应得工程款的90%支付。

（8）发包人在承包人提交竣工结算报告后20天内完成审查工作，并在承包人提供所在开户行出具的工程质量保函（额度为工程竣工结算总造价的3%）后，一次性结清竣工结算款。

该工程如期开工，施工期间发生了经发承包双方确认的下列事项：

（1）因设计变更，分项工程B的工程量增加300m^3，第2、3、4个月每月实际完成工程量均比计划完成工程量增加100m^3。

（2）因招标工程量清单的项目特征描述与工程设计文件不符，分项工程C的综合单价调整为330元/m^2。

（3）分包专业工程在第3、4个月平均完成，工程费用不变。

其他工程内容的施工时间和费用均与原合同约定相符。【2021年真题（改编）】

问题：（1）该施工项目签约合同价中的措施项目费用、安全生产措施费分别为多少万元？签约合同价为多少万元？开工前发包人应支付给承包人的工程预付款和安全生产措施费工程款分别为多少万元？

（2）截至第2个月末，分项工程项目的拟完工程计划投资、已完工程计划投资和已完工程实际投资分别为多少万元（不考虑措施项目费用的影响）？投资偏差和进度偏差分别为多少万元？

（3）第3个月，承包人完成分项工程项目费用为多少万元？该月发包人应支付给承包人的工程款为多少万元？

（4）分项工程B按调整后的综合单价计算费用的工程量为多少m^3？调整后的综合单价为多少元/m^3？分项工程项目费用、措施项目费用分别增加多少万元？竣工结算时，发包人应支付给承包人的竣工结算款为多少万元？

（计算过程和结果以万元为单位的保留三位小数，以元为单位的保留两位小数。）

答案：

问题（1）：

1）其余措施项目费用=163×15%=24.45（万元）。

安全生产措施费=（163+24.45+20/1.09×5%）×3%=5.651（万元）。

2）措施项目费用=24.45+5.651=30.101（万元）。

3）签约合同价=（163+30.101+18+20/1.09×1.05）×1.09=251.10（万元）。

4）工程预付款=163×1.09×20%=35.534（万元）。

5）安全生产措施预付款=5.651×1.09×70%×90%=3.881（万元）。

问题（2）：

1）拟完工程计划投资=（12+45.4）×1.09=62.566（万元）。

2）已完工程计划投资=（27+500×480/10 000+44.8/4）×1.09=67.798（万元）。

3）已完工程实际投资=（27+500×480/10 000+350×330/10 000）×1.09=68.180（万元）。

4）投资偏差=67.798-68.18=-0.382（万元），投资超支0.382万元。

5）进度偏差=67.798-62.566=5.232（万元），进度超前5.232万元。

问题（3）：

1）分项工程项目费=（500×480+350×330+200×280）/10 000=41.150（万元）。

2）应支付工程款=［41.15+24.45/5+5.651×30%+20/1.09/2×1.05］×1.09×90%-35.534/4=47.395（万元）。

问题（4）：

1）B新价工程量=1 500-1 200×1.15=120（m^3）。

2）B新综合单价=（480÷1.12）×（1+12%×50%）=454.29（元/m^3）。

3）分项工程费增加=［180×480+120×454.29+1 400×10］/10 000=15.491（万元）。

4）措施费增加：

其余措施费增加=15.491×15%=2.324（万元）。

安全生产措施费增加=（15.491+2.324）×3%=0.534（万元）。

合计=2.324+0.534=2.858（万元）。

实际造价=251.1-18×1.09+15.491×1.09+2.858×1.09=251.480（万元）。

竣工结算款=（251.480-2.858×1.09）×（1-90%）+2.858×1.09=27.952（万元）。

例题6.9 某施工合同工期5个月，合同约定：分项工程项目4项，费用数据与施工进度计划如表6.12所示；安全生产措施费按不含安全生产措施费的税前工程造价的3%计取（该费用在施工期间随计取基数变化额调整），其余总价项目费用为8万元；暂列金额为12万元；管理费和利润为不含税人才机费用之和的12%；增值税税率为9%。有关工程价款支付约定如下：

表6.12 分项工程项目费用数据与施工进度计划表

分项工程项目				施工进度计划/月				
名称	工程量	综合单价	费用/万元	1	2	3	4	5
A	600m^3	300元/m^3	18.0	——	——			
B	900m^3	450元/m^3	40.5		——	——		
C	1 200m^3	320元/m^2	38.4		——	——	——	

续表6. 12

名称	工程量	综合单价	费用/万元	1	2	3	4	5
D	1 000m^3	240 元/m^2	24. 0					
合计			120. 9	每项分项工程计划进度均为匀速进度				

（1）开工前，发包人按签约合同价（扣除安全生产措施费和暂列金额）的 20% 支付给承包人作为工程预付款（在施工期间第 2~4 月工程款中平均扣回），同时将安全生产措施费以工程款方式提前支付给承包人。

（2）分项工程进度款在施工期间逐月结算支付。

（3）措施项目工程款（不包括安全生产措施费工程款）按签约合同价在施工期间 1~4 月平均支付。

（4）其他项目工程款在发生当月按实结算支付。

（5）发包人按每次承包人应得工程款的 85% 支付。

（6）发包人在承包人提交竣工结算报告后 45 日内完成审查工作，并在承包人提供所在开户行出具的工程质量保函（保函额为竣工结算价的 3%）后，支付竣工结算款。

该工程如期开工，施工期间发生了经发承包双方确认的下列事项：

（1）分项工程 B 在第 2、3、4 月分别完成总工程量的 20%、30%、50%。

（2）第 3 月新增分项工程 E，工程量为 300m^3，每立方米不含税人工、材料、机械的费用分别为 60 元、150 元、40 元，可抵扣进项增值税综合税率为 0%、9%、5%。相应的除安全生产措施费之外的其余措施项目费用为 4 500 元。

（3）第 2 月发生现场签证、索赔等工程款 3. 5 万元。【2020 年真题（改编）】

问题：（1）该工程签约合同价中的安全生产措施费为多少万元？签约合同价为多少万元？开工前发包人应支付给承包人的工程预付款和安全生产措施费工程款分别为多少万元？

（2）施工至第 2 月末，承包人累计完成分项工程的费用为多少万元？发包人累计应支付的工程进度款为多少万元？分项工程进度偏差为多少万元？

（3）分项工程 E 的综合单价为多少元/m^3？可抵扣增值税进项税额为多少万元？E 分项工程工程款（含措施项目）为多少万元？

（4）该工程合同价增减额为多少万元？如果开工前和施工期间发包人均按约定支付了各项工程价款，竣工结算时，发包人应支付给承包人的结算款为多少万元？

（计算结果有小数时，以万元为单位的保留三位小数，其他单位的保留两位小数。）

答案：

问题（1）：

1）安全生产措施费 =（120. 9+8）×3% = 3. 867（万元）。

2）签约合同价 =（120. 9+3. 867+8+12）×1. 09 = 157. 796（万元）。

3）工程预付款 = ［157. 796-（3. 867+12）×1. 09］×20% = 28. 100（万元）。

4）安全生产措施费预付款＝3.867×1.09×85%＝3.583（万元）。

问题（2）：

1）分项工程的费用＝18+40.5×20%+38.4/3＝38.900（万元）。

2）应支付进度款＝（38.9+8/4×2+3.5/1.09×1.03）×1.09×85%－28.1/3＝33.444（万元）。

3）进度偏差＝（40.5×0.2－40.5/2）×1.09＝－13.244万元，进度拖后13.244万元。

问题（3）：

1）综合单价＝（60+150+40）×1.12＝280.00（元/m^3）。

2）进项税＝（150×9%+40×5%）×300/10 000＝0.465（万元）。

3）工程款＝（280×300+4 500）×1.03×1.09/10 000＝9.936（万元）。

问题（4）：

1）实际总造价＝157.796－12×1.09+9.936+3.5×1.03＝158.257（万元）。

合同价增加＝158.257－157.796＝0.461（万元）。

2）竣工结算款：158.257×（1－85%）＝23.739（万元）。

例题6.10 某工程项目发承包双方签订了建设工程施工合同。工期5个月，有关背景资料如下：

（1）工程价款：

1）分项工程项目费用合计824 000元，包括分项工程A、B、C三项，清单工程量分别为800m^3、1 000m^3、1 100m^2，综合单价分别为280元/m^3、380元/m^3、200元/m^2。当分项工程项目工程量增加（或减少）幅度超过15%时，综合单价调整系数为0.9（或1.1）。

2）措施项目费用合计220 000元，其中：与分项工程B配套的措施项目（脚手架）费用为36 000元，该费用根据分项工程B的工程量变化同比例变化，并在第5个月统一调整支付；安全生产措施费按不含安全生产措施费的税前工程造价的3%计取，该费用根据计取基数变化在第5个月统一调整支付，其余措施项目费用不予调整。

3）其他项目费用合计194 000元，包括暂列金额80 000元和需分包的专业工程暂估价109 000元（另计总承包服务费5%）。

4）上述工程费用均不包含增值税可抵扣进项税额。

5）管理费和利润按人材机费用之和的20%计取，增值税税率为9%。

（2）工程款支付方面：

1）开工前，发包人按签约合同价（扣除暂列金额和安全生产措施费）的20%支付给承包人作为预付款（在施工期间的第2~4个月的工程款中平均扣回），同时将安全生产措施费按工程款支付方式提前支付给承包人。

2）分项工程款逐月结算支付。

3）除安全生产措施费之外的措施项目工程款在施工期间的第1~4个月平均支付。

4）其他项目工程款在发生当月结算支付。

5）发包人按每次承包人应得工程款的90%支付。

6）发包人在承包人提交竣工结算报告后的30天内完成审查工作，承包人向发包人提供所在开户银行出具的工程质量保函（保函额为竣工结算价的3%），并完成结清支付。

施工期间各月分项工程计划和实际完成工程量如表6.13所示。

表 6.13 分项工程计划和实际完成工程量

分项工程		施工周期/月					合计
		1	2	3	4	5	
A	计划工程量/m^3	400	400				800
	实际工程量/m^3	300	300	200			800
B	计划工程量/m^2	300	400	300			1 000
	实际工程量/m^3		400	400	400		1 200
C	计划工程量/m^2			300	400	400	1 100
	实际工程量/m^2			300	450	350	1 100

施工期间第 3 个月，经发承包双方共同确认：分包专业工程合同价为 105 000 元。【2019 年真题（改编）】

问题：（1）该工程签约合同价为多少元？安全生产措施费工程款为多少元？开工前发包人应支付给承包人的预付款和安全生产措施费工程款分别为多少元？

（2）施工至第 2 个月末，承包人累计完成分项工程合同价款为多少元？发包人累计应支付承包人的工程款（不包括开工前支付的工程款）为多少元？分项工程 A 进度偏差为多少元？

（3）该工程的分项工程项目、措施项目、分包专业工程项目、总包服务费合同额分别增减多少元？

（4）该工程的竣工结算价为多少元？如果在开工前和施工期间发包人均已按合同约定支付了承包人预付款和各项工程款，则竣工结算时，发包人完成结清支付时，应支付给承包人的结算款为多少元？

（计算结果四舍五入取整数。）

答案：

问题（1）：

1）签约合同价=（824 000+220 000+80 000+109 000/1.09×1.05）×1.09=1 339 610（元）。

2）安全生产措施费工程款=（824 000+220 000+109 000/1.09×5%）/1.03×3%×1.09=33 303（元）。

3）工程预付款=［1 339 610−33 303−80 000×1.09］×20%=243 821（元）。

4）安全生产措施预付款=33 303×90%=29 973（元）。

问题（2）：

1）分项工程合同价款=（600×280+400×380）×1.09=348 800（元）。

2）累计支付工程款=［348 800+（220 000×1.09−33 303）/4×2］×90%−1/3×243 821=325 570（元）。

3）进度偏差=（600−800）×280×1.09=−61 040（元），进度拖后 61 040（元）。

问题（3）：

1）分项工程：

①（1 200−1 000）/1 000=20%>15%，超出 15% 以上部分综合单价调整为 380×0.9=342（元/m^3）。

②原价量：1 000×0.15=150（m^3）；新价量：200−150=50（m^3）。

分项增加合同额=（150×380+50×342）×1.09=80 769（元）。

2）措施项目：

①B 配套措施项目合同额增加=36 000×（1 200−1 000）/1 000×1.09=7 848（元）。

②安全生产措施费合同额增加=（80 769+7 848−200）×3%=2 653（元）。

措施项目合同额增加=7 848+2 653=10 501（元）。

3）专业工程合同额减少=109 000−105 000=4 000（元）。

4）总承包服务费合同额减少=4 000×5%=200（元）。

问题（4）：

1）竣工结算价=1 339 610−80 000×1.09+80 769+10 501−4 000−200=1 339 480（元）。

2）竣工结算款=1 339 480×（1−90%）=133 948（元）。

例题 6.11 某工程项目发承包双方签订了工程施工合同，工期 5 个月，合同约定的工程内容及其价款包括，分部分项工程项目 4 项。费用数据与施工进度计划见表 6.15；措项目费用 10 万元（其中含安全生产措施费为 6 万元）。暂列金额费用 5 万元；管理费和利润为不含税人材机费用之和的 12%；增值税税率为 9%。

表 6.14 分部分项工程费数据与施工进度计划表

分部分项工程项目				施工进度计划/月				
名称	工程量	综合单价	费用/万元	1	2	3	4	5
A	800m^3	360 元/m^3	28.8	——	——			
B	900m^3	420 元/m^5	37.8		——	——		
C	1 200m^2	280 元/m^2	33.6			——	——	——
D	1 000m^3	200 元/m^3	20.0				——	——
合计			120.2	计划和实际施工进度均为匀速进度				

有关工程价款支付条款如下：

（1）开工前，发包人按签约含税合同价（扣除安全生产措施费和暂列金额）的 20% 作为预付款支付承包人，预付款在施工期间的第 2~5 个月平均扣回，同时将安全生产措施费的 70% 作为提前支付的工程款。竣工结算时，安全生产措施费按不含安全生产措施费的税前工程造价变化额的 3% 一次性调整，其余措施项目费不予调整。

（2）分部分项工程项目工程款在施工期间逐月结算支付。

（3）分项工程 C 所需的工程材料 C1 用量 1 250m^2，承包人的投标报价为 60 元/m^2（不含税）。当工程材料 C1 的实际采购价格在投标报价的±5%以内时，分部分项工程 C 的综合单价不予调整；当变动幅度超过该范围时，按超过的部分调整分部分项工程 C 的综合单价。

（4）除开工前提前支付的安全生产措施费工程款之外的措施项目工程款，施少工期间的第 1~4 个月平均支付。

（5）发包人按每次承包人应得工程款的 90%支付。

（6）竣工验收通过后 45 天内办理竣工结算，扣除实际工程含税总价款的 3%作为工程质量保证金，其余工程款发承包双方一次性结清。

该工程如期开工，施工中发生了经发承包双方确认的下列事项：

（1）分部分项工程 B 的实际施工时间为第 2~4 月。

（2）分部分项工程 C 所需的工程材料 C1 实际采购价格为 70 元/m^2（含可抵扣进项税，税率为 3%）。

（3）承包人索赔的含税工程款为 4 万元。【2018 年真题（改编）】

问题：（1）该工程签约合同价（含税）为多少万元？开工前发包人应支付给承包人的预付款和安全生产措施费工程款分别为多少万元？

（2）第 2 个月发包人应支付给承包人的工程款为多少万元？截至第 2 个月末，分部分项工程的拟完成工程计划投资、已完工程计划投资分别为多少万元？分部分项工程进度偏差为多少万元？并根据计算结果说明进度快慢情况。

（3）分部分项工程 C 的综合单价应调整为多少元/m^2？如果除工程材料 C1 外的其他进项税额为 2.8 万元（其中，可抵扣进项税额为 2.1 万元），则分部分项工程 C 的销项税额、可抵扣进税额和应缴纳增值税额分别为多少万元？

（4）该工程实际总造价（含税）比签约合同价（含税）增加（或减少）多少万元？假定在办理竣工结算前发包人已支付给承包人的工程款（不含工程预付款）累计为 110 万元，则竣工结算时发包人应支付给承包人的结算尾款为多少万元？

（计算结果以元为单位的保留两位小数，以万元为单位的保留三位小数。）

答案：

问题（1）：

1）签约合同价 =（120.2+10+5）×1.09 = 147.368（万元）。

2）工程预付款 =［147.368-（5+6）×1.09］×20% = 27.076（万元）。

3）安全生产措施费预付款 = 6×1.09×70%×90% = 4.120（万元）。

问题（2）：

1）应付工程款 =［28.8/2+37.8/3+（10-6×70%）/4］×1.09×90%-27.076/4 = 21.140（万元）。

2）拟完成工程计划投资 =（28.8+37.8/2）×1.09 = 51.993（万元）。

3）已完工程计划投资 =（28.8+37.8/3）×1.09 = 45.126（万元）。

4）进度偏差 = 45.126-51.993 = -6.867（万元），进度拖后 6.867 万元。

问题（3）：

1）综合单价：

①不含税材料价：70/1.03=67.96（元/m^2）。

②（67.96−60）/60=13.27%>5%，超过5%部分调整价格。

综合单价=280+1 250/1 200×（67.96−60×1.05）=285.17（元/m^2）。

2）销项税=285.17×1 200×9%/10 000=3.080（万元）。

3）进项税=70/1.03×3%×1 250/10 000+2.1=2.355（万元）。

4）增值税=3.080−2.355=0.725（万元）。

问题（4）：

1）实际总造价=147.368−5×1.09+1 200×（285.17−280）×1.09/10 000×1.03+4×1.03=146.735（万元）。

合同价减少额=147.368−146.735=0.633（万元）。

2）竣工结算款=146.735−110−27.076−146.735×3%=5.257（万元）。

例题 6.12 某工程项目发承包双方签订了施工合同，工期为4个月。有关工程价款及其支付条款约定如下：

（1）工程价款：

1）分项工程项目费用合计59.2万元，包括分项工程A、B、C三项，清单工程量分别为600m^3、800m^3、900m^2，综合单价分别为300元/m^3、380元/m^3、120元/m^2。分项工程计划和实际进度见表6.15。

表6.15 分项工程计划和实际进度表

分项工程及其工程量		第1月	第2月	第3月	第4月	合计
A	计划工程量/m^3	300	300			600
	实际工程量/m^3	200	200	200		600
B	计划工程量/m^3	200	300	300		800
	实际工程量/m^3		300	300	300	900
C	计划工程量/m^2		300	300	300	900
	实际工程量/m^2		200	400	300	900

2）措施项目费用为14万元，其中，安全生产措施费按不含安全生产措施费的税前工程造价的3%计取（随计取基数的变化在第4个月调整），除安全生产措施费之外的其他措施项目费用不予调整。

3）暂列金额5万元。

4）管理费和利润按人材机费用之和的18%计取，增值税率为9%。

5）上述费用均不包含增值税可抵扣进项税额。

（2）工程款支付：

1）开工前，发包人按分项工程签约合同价的20%支付给承包人作为预付款（在第2~4个月的工程款中平均扣回），同时将安全生产措施费工程款全额支付给承包人。

2）分项工程价款按完成工程价款的85%逐月支付。

3）除安全生产措施费之外的措施项目工程款在工期第1~4个月均衡考虑，按85%比例逐月支付。

4）其他项目工程款按85%在发生当月支付。

5）第4个月调整安全生产措施费工程款，增（减）额当月全额支付（扣除）。

6）竣工验收通过后30天内进行工程结算，扣留工程总造价的的3%作为质量保证金，其余工程款作为竣工结算最终付款一次性结清。

在施工期间第3个月，发生一项新增分项工程D，经发承包双方核实确认，其工程量为300m^2，每平方米所需不含税人工和机械费用为110元，每平方米机械费可抵扣进项税额为10元；每平方米所需甲、乙、丙三种材料不含税费用分别为80元、50元、30元，可抵扣进项税率分别为3%、11%、17%。【2017年真题（改编）】

问题：（1）该工程签约合同价为多少万元？开工前发包人应支付给承包人的工程预付款和安全生产措施费工程款分别为多少万元？

（2）第2个月，承包人完成分项工程款为多少万元？发包人应支付合同价款为多少万元？截至第2个月末，分项工程B的进度偏差为多少万元？

（3）新增分项工程D的综合单价为多少元/m^2？该分项工程费为多少万元？销项税额、可抵扣进项税额、应缴纳增值税额分别为多少万元？

（4）该工程竣工结算合同价增减额为多少万元？如果发包人在施工期间均已按合同约定支付给承包商各项工程款，假定累计已支付合同价款87.099万元，则竣工结算最终付款为多少万元？

（计算过程和结果保留三位小数。）

答案：

问题（1）：

1）签约合同价=（59.2+14+5）×1.09=85.238（万元）。

2）工程预付款=59.2×1.09×20%=12.906（万元）。

3）安全生产措施费工程款=（59.2+14）/1.03×0.03×1.09=2.324（万元）。

问题（2）：

1）分项工程款=（200×300+300×380+200×120）/10 000×1.09=21.582（万元）。

2）应支付合同价款=［21.582+（14×1.09−2.324)/4］×85%−12.906/3=16.792（万元）。

3）B进度偏差=（300−500）×380×1.09/10 000=−8.284（万元），进度拖后8.284万元。

问题（3）：

1）D综合单价=（110+80+50+30）×1.18=318.60（元/m^2）。

2）分项工程费=300×318.6/10 000=9.558（万元）。

3）销项税额=9.558×9%=0.860（万元）。

4）进项税=（10+80×3%+50×11%+30×17%）×300/10 000=0.690（万元）。

5）应纳增值税=0. 86−0. 69=0. 170（万元）。

问题（4）：

1）实际总造价=85. 238−5×1. 09+（100×380/10 000+9. 558）×1. 03×1. 09=94. 785（万元）。

合同价增加=94. 785−85. 238=9. 547（万元）。

2）竣工结算款=94. 785−87. 099−94. 785×3%=4. 842（万元）。

例题 6. 13 某工程项目发包人与承包人签订了施工合同，工期 5 个月。分项工程的造价数据与经批准的施工进度计划如表 6. 16 所示；措施项目费用 9 万元（其中含安全生产措施费 3 万元）；暂列金额 12 万元。管理费和利润为人材机费用之和的 15%，税金为人材机费用与管理费、利润之和的 9%。

表 6. 16 分项工程的造价数据与经批准的施工进度计划

分项工程				施工进度计划/月				
名称	工程量	综合单价	合价/万元	1	2	3	4	5
A	600m^3	180 元/m^3	10. 8	——	——			
B	900m^3	360 元/m^3	32. 4		——	——		
C	1 000m^2	280 元/m^2	28. 0		——	——	——	
D	600m^2	90 元/m^2	5. 4				——	——
合计			76. 6	计划与实际施工均为匀速进度				

有关工程价款结算与支付的合同约定如下：

（1）开工前发包人向承包人支付签约合同价（扣除措施项目费与暂列金额）的 20% 作为预付款，预付款在第 3、4 个月平均扣回。

（2）安全生产措施费工程款于开工前一次性支付；除安全生产措施费之外的措施项目费用工程款在开工后的前 3 个月平均支付；安全生产措施费按不含安全生产措施费的税前工程造价的 3%，在施工期间随计取基数变化额调整，其余措施项目费不予调整。

（3）施工期间除措施项目费用外的工程款按实际施工进度逐月结算。

（4）包人按每次承包人应得的工程款的 85% 支付。

（5）竣工验收通过后的 60 天内进行工程竣工结算，竣工结算时扣除工程实际总价的 3% 作为工程质量保证金，剩余工程款一次性支付。

（6）C 分项工程所需的甲种材料用量为 500m^2，在招标时确定的暂估价为 80 元/m^2，乙种材料用量为 400m^2，投标报价为 40 元/m^2。工程款逐月结算时，甲种材料按实际购买价格调整，乙种材料当购买价在投标报价的±5% 以内变动时，C 分项工程的综合单价不予调整，变动超过±5% 以上时，超过部分的价格调整至 C 分项综合单价中。

该工程如期开工，施工中发生了经承发包双发确认的以下事项：

(1) B 分项工程的实际施工时间为 2~4 月；

(2) C 分项工程甲种材料实际购买价为 85 元/m^2，乙种材料的实际购买价是 50 元/m^2；

(3) 第 4 个月发生现场签证零星工作费用 2.4 万元。【2016 年真题（改编）】

问题：(1) 合同价为多少万元？工程预付款是多少万元？开工前支付的措施项目款为多少万元？

(2) 求 C 分项工程的综合单价是多少元/m^2？3 月份完成的分部分项工程费是多少万元？3 月份业主应支付的工程款是多少万元？

(3) 第 3 月末分项工程的拟完工程计划投资、已完工程实际投资、已完工程计划投资及投资偏差、进度偏差分别为多少万元？根据计算结果说明投资增减和进度快慢情况。

(4) 如果除现场签证零星工作费用外的其他应从暂列金额中支付的工程费用为 8.7 万元，则该工程实际造价为多少万元？发包人实际应支付的竣工结算款为多少万元？

(计算结果均保留三位小数。)

答案：

问题 (1)：

1) 签约合同价 = (76.6+9+12) ×1.09 = 106.384 (万元)。

2) 工程预付款 = [106.384- (9+12) ×1.09] ×20% = 16.699 (万元)。

3) 措施项目预付款 = 3×1.09×85% = 2.780 (万元)。

问题 (2)：

1) 综合单价 = 280+500/1 000× (85-80) +400/1 000× (50-40×1.05) = 285.70 (元/m^2)。

2) 分部分项工程费 = 32.4/3+1 000/3×285.7/10 000 = 20.323 (万元)。

3) 应支付工程款 = [20.323+ (9-3) /3+1 000/3× (285.7-280) /10 000×3%] ×1.09×85% -16.699/2 = 12.338 (万元)。

问题 (3)：

1) 拟完工程计划投资 = (10.8+32.4+28×2/3) ×1.09 = 67.435 (万元)。

2) 已完工程实际投资 = (10.8 + 32.4 × 2/3 + 1 000 × 285.7/10 000 × 2/3) × 1.09 = 56.077 (万元)。

3) 已完工程计划投资 = (10.8+32.4×2/3+28×2/3) ×1.09 = 55.663 (万元)。

4) 投资偏差 = 55.663-56.077 = -0.414 万元，投资超支 0.414 (万元)。

5) 进度偏差 = 55.663-67.435 = -11.772 万元，进度滞后 11.772 (万元)。

问题 (4)：

1) 实际造价 = 106.384-12×1.09+ (2.4+8.7) ×1.09 = 105.403 (万元)。

2) 竣工结算款 = 105.403× (1-3%-85%) = 12.648 (万元)。

例题 6.14 某工程项目发包人与承包人签订了施工合同，工期为 4 个月。分项工程工程内容包括 A、B 分项工程，综合单价分别为 360.00 元/m^3、220.00 元/m^3；管理费和利润为不含税人材机费用之和的 16%，增值税（销项税）税率为 9%。各分项工程每月计划和实际完成工程量见表 6.17。

表 6.17　各分项工程每月计划和实际完成工程量　　单位：m^3

月份	分项工程名称			
	A		B	
	计划	实际	计划	实际
第 1 月	200	200	180	180
第 2 月	300	320	200	210
第 3 月	300	360	200	220
第 4 月	200	300	120	90
合计	1 000	1 180	700	700

措施项目费为 6 万元（其中安全生产措施费为 3.6 万元）；暂列金额为 15 万元。合同中有关工程款结算与支付的约定如下：

（1）开工 10 日前，发包人向承包人支付合同价（扣除暂列金额和安全生产措施费用）的 20% 作为预付款，工程预付款在第 2、3 个月的工程款中平均扣回。

（2）开工 10 日前，发包人向承包人支付安全生产措施费用的 60%，剩余部分和其他措施项目费在第 2、3 个月平均支付。

（3）发包人按每月承包人应得工程进度款的 90% 支付。

（4）当分项工程量增加（或减少）幅度超过 15% 时，应调整相应的综合单价，调价系数为 0.9（或 1.1）。

（5）B 分项工程所用的两种材料采用动态结算方法结算，该两种材料在 B 分项工程费中所占比例分别为 12% 和 10%，基期价格指数均为 100。

（6）该工程竣工验收通过后 30 日内进行竣工结算。扣留总造价的 3% 作为工程质量保证金，其余工程款全部支付给承包人。

施工期间，经监理工程师核实及发包人确认的有关事项如下：

（1）第 2 个月发生现场计日工的人材机费用 6.8 万元。

（2）第 4 个月 B 分项工程动态结算的两种材料价格指数分别为 110 和 120。【2015 年真题（改编）】

问题：（1）该工程的合同价为多少万元？工程预付款为多少万元？安全生产措施费预付款为多少万元？

（2）第 2 个月发包人完成的分部分项工程费为多少万元？应支付给承包人的工程款为多少万元？

（3）第 3 个月末 B 分项工程的进度偏差为多少万元？

（4）第 4 个月 A、B 两项分项工程的工程款各为多少万元？

（5）该工程实际总造价为多少万元？竣工结算款为多少万元？

（计算结果保留三位小数。）

答案：

问题（1）：

1）合同价 =［（1 000×360+700×220）/10 000+6+15］×1.09 = 78.916（万元）。

2）工程预付款=［78.916-（3.6+15）×1.09］×20%=11.728（万元）。

3）安全生产措施费预付款=3.6×1.09×60%×90%=2.119（万元）。

问题（2）：

1）分部分项工程费=320×360+210×220/10 000=16.140（万元）。

2）应支付工程款=［16.14+（6-3.6×60%）/2+6.8×1.16］×1.09×90%-11.728/2=19.591（万元）。

问题（3）：

B的进度偏差=［（180+210+220）-（180+200+200）］×220×1.09/10 000=0.719（万元），进度超前0.719万元。

问题（4）：

1）A分项工程：

①180/1 000=18%>15%，超出15%以上的执行新价：360×0.9=324.00（元/m^3）。

②原价量：1 000×1.15-200-320-360=270m^3；新价量：300-270=30（m^3）。

（270×360+30×324）×1.09/10 000=11.654（万元）。

2）B分项工程：

定值权重：1-0.12-0.1=0.78。

90×220×（0.78+0.12×110/100+0.1×120/100）×1.09/10 000=2.227（万元）。

问题（5）：

1）实际总造价=78.916-15×1.09+6.945+0.069+6.8×1.16×1.09=78.178（万元）。

其中：分项工程A增加工程款=（150×360+30×324）×1.09/10 000=6.945（万元）。

分项工程B增加工程款=90×220×（0.78+0.12×110/100+0.1×120/100-1）×1.09/10 000=0.069（万元）。

2）竣工结算款=78.178×（1-90%-3%）=5.472（万元）。